区块链技术分析及应用

翟社平　杨　锐　著

西安邮电大学学术专著出版基金资助

科 学 出 版 社

北 京

内 容 简 介

　　本书以区块链研究和比特币为代表的数字加密货币的应用现状为切入点，系统并深入地介绍区块链基础理论和关键技术；从区块链应用面临的机遇与挑战出发，探究区块链技术与各领域融合发展的应用前景；以区块链技术应用平台为基础，给出基于区块链的版权存证开发实例。本书技术原理详尽，内容全面，开发步骤清晰。

　　本书可供高等院校计算机信息安全专业的本科生或研究生作为参考书使用，也可供对区块链技术感兴趣的研发人员参考。

图书在版编目（CIP）数据

区块链技术分析及应用/翟社平，杨锐著. —北京：科学出版社，2021.10
ISBN 978-7-03-067185-1

Ⅰ. ①区⋯　Ⅱ. ①翟⋯②杨⋯　Ⅲ. ①区块链技术-研究　Ⅳ. ①TP311.135.9

中国版本图书馆 CIP 数据核字（2020）第 246793 号

责任编辑：宋无汗 / 责任校对：杨　赛
责任印制：张　伟 / 封面设计：陈　敬

科 学 出 版 社 出版
北京东黄城根北街 16 号
邮政编码：100717
http://www.sciencep.com

北京中石油彩色印刷有限责任公司 印刷
科学出版社发行　各地新华书店经销
*

2021 年 10 月第 一 版　开本：720×1000　B5
2022 年 7 月第二次印刷　印张：15
字数：302 000

定价：128.00 元

（如有印装质量问题，我社负责调换）

前　　言

随着互联网技术的发展和 5G 技术的推广，区块链技术成为各行业的新兴研究方向。目前，区块链技术已成为很多领域研究创新的必备技能，同时也是广大相关从业人员进一步提升自身技术素养的新学习热点。

本书作者多年从事计算机技术教学和研究工作，并承担多项区块链技术相关的工业和信息化部科研项目，发表了多篇区块链技术领域的科研论文，积累了丰富的研究成果。在此基础上，结合当前区块链的常用技术和最新成果，将近年的学习与研究成果集于本书，旨在使读者系统地了解区块链技术原理、应用现状和发展前景。

本书注重知识体系的连贯性、逻辑性，按照先基础后应用的方式，循序渐进地介绍区块链技术。全书共 10 章，第 1 章介绍区块链技术现状；第 2~5 章介绍区块链技术基础；第 6 章介绍区块链技术问题和挑战；第 7、8 章介绍区块链与各领域的技术融合；第 9 章介绍区块链的常用开发平台；第 10 章介绍区块链的开发实例。本书作为区块链技术的基础著作，注重知识的循序渐进，建议读者按照章节顺序阅读。

本书主要特点如下：

（1）重视区块链技术基础，分 4 个章节详细讲解；

（2）在阐明技术原理的基础上，理论与实际应用兼顾；

（3）基础理论叙述详细，多配有示意图，以帮助读者理解；

（4）开发项目包括开发背景、开发步骤、结果展示等内容，便于组织实施。

本书由翟社平、杨锐完成撰写工作，翟社平撰写第 1~6 章，合计约 20 万字，并负责全书统稿；杨锐撰写第 7~10 章，合计约 10.2 万字。研究团队的李婧、邱程、杨媛媛、陈思吉、汪一景、董苏苏、尚定蓉、王书桓、李兆兆和段宏宇参与了本书素材的整理和校对工作。感谢西安邮电大学王忠民教授、吕建东高工、陈文学教授、李鹏飞教授在本书成稿过程中给予的建设性建议和支持。最后，特别感谢科学出版社宋无汗编辑对本书出版的帮助。

由于区块链技术的发展还处于初期阶段，理论方法和应用场景演进速度较快，加之时间及作者水平有限，书中难免存在不足之处，敬请同行和广大读者不吝赐教。

作者联系方式：zhaisheping@xupt.edu.cn，yangyy0614@163.com。

目　　录

第 1 章　区块链技术现状

1.1　区块链起源

20 世纪下半叶互联网飞速发展，电子邮件转瞬可以环游全球，美丽的风景照片很快可以分享给全世界。可以看到，互联网发展至今，每一项新技术的诞生都在深刻改变着人们的生活方式。如今，一个新兴的技术——区块链（blockchain），登上历史舞台前沿。区块链技术是以比特币（bitcoin，BTC）为代表的数字加密货币体系的核心支撑技术，其核心优势是去中心化[1]。下面从货币的起源探讨区块链技术的诞生过程。

1.1.1　货币演进过程

货币起源于一般等价物，一般等价物产生于满足人们日常所需之外用来交换的剩余物品，随着社会中以物易物的交易方式逐渐频繁，大型物品携带困难和物品价值不匹配等问题暴露出来。因此，人们开始使用具有一定价值的媒介，即一般等价物进行交易。一般等价物起初主要是人们饲养的牲畜，由于其体积庞大、不易携带，逐渐向体积更小的物品发展，如贝壳或丝帛。

随着人类逐渐掌握冶金技术，金、银、铜等贵金属开始成为新的一般等价物，商品交易进入新的时代。但是，贵金属被大量交易使用后，人们发现其作为一般等价物仍存在弊端。例如，金属容易出现生锈损坏的情况，保存期限有限；大量金属不便于携带，并存在一定的安全隐患。因此，一般等价物产生了新的代替形式——银票，同时产生的还有发放银票的机构票号，人们使用金、银等金属在机构票号交换等价的银票，在日常生活中使用银票进行交易。后来，银票与金属不再挂钩，逐渐发展为一种信用货币，时至今日成为人们使用的货币。在现代信用货币制度下，货币就是债权。人们所拥有的纸币代表银行欠纸币持有者金额的总和，当人们向他人付款时，只要把纸币付给对方，这时对方所拥有的纸币总额就代表了银行所欠金额，完成一笔交易即可实现价值或购买力的转移。

然而，有些地区货币的诞生并没有经过一般等价物这一阶段。据说在西太平洋的一个小岛上，人们使用一种名为费（Fei）的巨大石盘作为货币。由于石盘体积巨大难以流通，当交易完成时，费的新主人无需将其带走，也不做任何标记，而是日后做类似清算的账目抵消。甚至有人的费掉入海中，其他人仍然认为他拥有这一块费，并同意与他进行交易。因此，费成了一个记账系统，也是一种信用货币。其主要体现在巨石本身虽并无任何价值，但在当地人心中，巨石就代表着财富，人们愿意与拥有石头多的人进行交易，并接受他开的欠条。

纵观我国的货币发展史，大多数时期是使用铜钱和纸币等不足值的非一般等价物作为货币，并非黄金白银。北宋首次出现印刷在纸上的货币"交子"。人们发现，使用脱离一般等价物的货币仍然能够进行交易，可以认为货币就是债权，但是并非所有的债权都是货币，只有那些能记载数字、不易被伪造且便于保存和流通的债权才是货币。人们相信货币是因为实物货币代表着信用，使用它能够进行交易，所以无论是实物货币还是信用货币，信用都是货币更为本质的属性。

1.1.2　数字货币

随着全球市场化的发展，特别是信息技术在金融领域的广泛应用，逐渐出现非法定形式的货币，主要有电子货币、虚拟货币和数字密码货币三种。

（1）电子货币是法定货币的电子化形式，通过将法定货币存在银行或其他金融机构等途径转换为电子货币。当用户使用电子货币进行转账交易时，银行或金融机构通过更新资金信息实现资金的流动。电子货币的源头是中央银行发行的法币，其稳定流通的前提是政府法定货币和金融体系的正常运转。

（2）虚拟货币分为广义和狭义两种，广义的虚拟货币是指一切没有实物形态的货币，包括电子货币和密码货币等；狭义的虚拟货币是指网络上使用的货币，又被称为网络货币，来源于对真实世界货币体系的模拟，如网络游戏中发行的游戏币、百度文库设计的积分等。虚拟货币通过现实货币进行购买，但无法通过虚拟货币购买现实货币，这种单向流通的方式使虚拟货币只能在互联网上供用户使用，而不能充当真实世界的电子货币。人们对虚拟货币的信任来自对互联网发行企业的信心。

（3）数字密码货币是基于节点网络和数字加密算法的虚拟货币。数字密码货币和电子货币的最大区别是没有现实货币的存在，本身就能够表现财富。数字密码货币具有三个显著特点：一是没有发行主体，货币由特定的算法产生；二是由于算法的固定，数字密码货币总量是固定的，其优点是不会出现货币滥发造成通货膨胀；三是交易过程非常安全，使用数字密码货币进行交易时，需要网络中所有节点进行确认，这种方式能够保证交易的有效性。

无论是纸质货币还是数字货币，都需要背后的支持机构（如银行）来完成生产、分发、管理等操作。中心化的结构带来了管理和监管上的便利，但系统安全性存在很大挑战，如伪造、信用卡诈骗、盗刷、转账骗局等安全事件屡见不鲜。如果能实现一种新型货币，保持既有货币方便易用的特性，并能消除使用上的缺陷，将有可能进一步提高社会整体经济活动的运作效率。

虽然数字货币的预期优势可能很美好，但要设计和实现一套能经得住实际考验的数字货币并非易事。现实生活中常用的纸币具备良好的可转移性，可以相对容易地完成价值的交割。但是对于数字货币，数字化内容容易被复制，数字货币持有人可以将同一份货币发给多个接收者，就出现"双重支付"问题。也许有人会想到，银行中的货币实际也是数字化的，是通过电子账号里面的数字记录了客户的资产。这种情况实际上依赖一个前提：假定存在一个安全可靠的第三方记账机构负责记账，该机构负责所有的担保环节，最终完成交易。中心化控制下，数字货币的实现相对容易。但是，很多时候很难找到一个安全可靠的第三方记账机构进行中心管控。例如，发生贸易的两国可能缺乏足够的外汇储备用以支付；汇率的变化等导致双方对合同有不同意见；网络上的匿名双方进行直接买卖而不通过电子商务平台；交易的两个机构彼此互不信任，找不到双方都认可的第三方担保；使用第三方担保系统，但某些时候可能无法与其连接；第三方的系统可能会出现故障或受到篡改攻击，要解决这些问题，就需要实现去中心化（de-centralized）或多中心化（multi-centralized）的数字货币系统。在去中心化的场景下，实现数字货币存在三个难题：①货币的防伪，谁来负责对货币的真伪进行鉴定；②货币的交易，如何确保货币从一方安全转移到另外一方；③避免双重支付，如何避免同一份货币支付给多个接收者。

　　可见，在无第三方记账机构的情况下，实现一个数字货币系统难度很大。比特币的出现，去除了第三方记账机构，实现了去中心化的记账系统。

1.1.3　比特币的诞生

　　比特币的本质是由分布式网络系统生成的数字货币，具有以下五个基本特性。

　　（1）去中心化的电子现金系统，进行交易时比特币直接从付款人账户转到收款人账户，无需第三方的参与。

　　（2）使用点对点（peer to peer，P2P）网络解决双重支付问题。

　　（3）所有的交易都加有时间戳，每一笔交易都记录在一个基于哈希算法的链条上，该链条通过工作量证明机制的确认不断延长，最终形成的交易记录除非完成全部的工作量证明，否则无法更改。

　　（4）最长链条记录了所有的交易信息，并且形成该链条的区块来自计算能力最大的 CPU 池。只有当操控超过所有 CPU 计算能力的一半时，才能够对最长链条造成攻击。

　　（5）该系统中的节点负责给其他节点传播信息，不限制节点加入和离开网络的时间。当节点重新加入时，只需按照最长链更新节点信息。

　　上述五条基本特性保障了比特币系统无须中心化的参与，通过让网络中各个节点扮演信用中介的角色，实现有效的点对点交易。

　　比特币网络由分布于全球各地的上万个节点组成，利用分布式机制保障了比特币系统交易的稳定，实现了完全的去中心化。比特币首次实现了安全可靠的去中心化数字货币机制，这也是它受到无数金融科技从业者热捧的根本原因。作为一种概念货币，比特币被期望解决已有货币系统面临的几个核心问题：由单一机构掌控，容易被攻击；自身的价值无法保证，容易出现波动；无法匿名化交易，隐私性不能得到保护。

现有的银行机制作为金融交易的第三方中介机构，有代价地提供了交易记录服务。如果参与交易的多方都完全相信银行的记录（数据库），就不存在信任问题。但如果是更大范围，甚至跨多家银行进行流通的货币呢？哪家银行的系统能提供完全可靠不中断的服务呢？唯一可能的方案是利用一套分布式账本。该账本可以被所有用户自由访问，而且任何个体都无法对所记录的数据进行恶意篡改和控制。为了实现这样一个前所未有的账本系统，比特币系统采用了区块链结构，保障了数字货币账本的安全可靠。比特币系统中，货币的发行是通过比特币协议规定的。货币总量受到控制，发行速度随时间自动进行调整。由于比特币总量是一个定值，其单价会随着比特币的推广与使用而越来越高。发行速度的自动调整则会避免出现通胀或者滞胀的情况。

比特币的开源特性吸引了众多开发者贡献其技术和创新方法，目前比特币系统已经形成覆盖发行、流通和市场的生态圈，如图 1.1 所示。比特币系统使用工作量证明（proof of work，PoW）机制确保网络中算力最强的节点获得生成新区块的权利，并为该节点奖励一定的比特币，因此比特币系统的各个节点可以进行共享算力，凭借更大的算力赚取比特币共享收益。比特币一经发行进入流通环节后，持币人可通过比特币钱包等平台支付比特币，购买商品或服务，这体现了比特币的

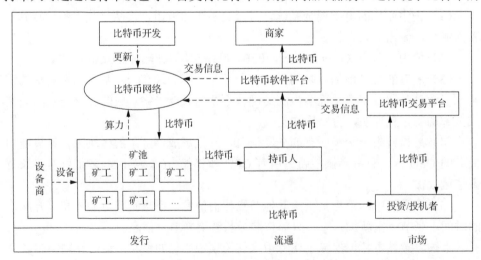

图 1.1　比特币系统生态圈

货币属性。同时，比特币的价格具有涨跌机制，使其具备金融衍生物的所有属性，因此比特币具有投资价值。比特币的每一次交易都会被比特币网络的矿工节点记录在区块链中并进行全网广播。

　　比特币系统 2009 年上线以来，在无人管理的情况下，已经在全球范围内连续运行超过 10 年时间，成功处理了几百万笔交易，甚至支持过单笔 1.5 亿美元的交易。值得一提的是，比特币网络诞生以来并未出现严重的系统故障。区块链技术作为比特币系统的底层核心技术，为未来更安全可靠的去中心化商业网络提供了可能。

1.2　区块链概述

1.2.1　区块链定义

　　区块链技术并非是一种全新的技术，而是由分布式存储、点对点传输、共识算法和加密算法等多种技术集成创新，是一种新的去中心化数据存储体系，通过对存储数据的区块加上时间戳并链接到主链上形成一个连续的存储结构，最终形成一个不可篡改的数据系统[2]。在区块链系统中，利用区块的形式存储数据，并根据生成区块的时间顺序将区块链接成一个链，通过共识机制使系统中的所有节点都存储该链的所有信息，共同保障区块链系统的数据安全可靠、不被篡改。当区块链系统生成新的区块时，需要经过全网多数节点的确认，并广播实现所有节点的同步。然后这一区块就被成功链接，区块内的信息便不可被修改和删除，只能进行授权查询。

　　维基百科定义区块链是一种分布式数据库，起源于比特币。区块链是由使用密码学算法产生的区块链接形成，每个区块内存储了比特币系统自上一个区块生成至今的所有交易信息，该信息可验证交易的有效性并生成下一区块。中本聪在比特币系统创建的第一个区块被称为"创世区块"。英国政府发布的 *Distributed Ledger Technology: beyond block chain* 报告认为"区块链是数据库的一种。它拥有大量的记录，并将这些记录全部存放在区块内（而非整理在一页纸或表格中）。每个区块通过使用加密签名，链接到下一个区块。人们可以像使用账本一样使用区块链，可以共享，也可以被拥有适当权限的人查阅"。区块链论坛巴比特网站认为区块链是由一串使用密码学算法产生的数据库组成，区块是按照时间顺序依次产生，自创世区块开始不断链接包含当前区块哈希值的新区块，最终形成区块链。

　　区块链系统与传统的分布式数据库相比具有以下特点：一是分布式记账。传统的记账方式是记录多个账目信息，最后进行对账。区块链使用所有节点共同记账，通过共识机制确保数据的一致和不可篡改。二是从"增、删、改、查"变为仅"增、查"两个操作。相较于传统数据库的基本功能——增、删、改、查，区块链技术仅支持增加和查询操作，通过特有的块链式结构结合时间戳形成难以篡改的可信数据信息。三是从单方维护变成多方维护。对各主体而言，传统的数据库是一种单方维护的信息系统，不论是分布式架构，还是集中式架构，都对数据记录具有高度控制权。区块链引入了分布式账本，由网络中的所有节点共同维护，若某个节点出现故障，不会对整个系统造成影响，数据的写入需要通过全网的验证并达成共识。四是从外挂合约发展为内置合约。传统上，财务的资金流和商务的信息流是两个截然不同的业务流程，商务合作签订的合约，经人工审核、鉴定成果后，再通知财务进行打款，形成相应的资金流。智能合约的出现，基于事先约定的规则，使用代码运行来独立执行、协同写入，通过算法代码形成了一种将信息流和资金流整合到一起的内置合约。

区块链除了被认为是一种去中心化数据库，更为广义的定义是利用加密链式区块结构来验证与存储数据、利用分布式节点共识算法来生成和更新数据、利用自动化脚本代码（智能合约）来编程和操作数据的一种全新的去中心化基础架构与分布式计算范式。

1.2.2 区块链原理

区块链中的每一笔交易都会使账本发生变化，区块记录了上一区块产生至今的所有交易信息和状态，对当前账本的状态进行共识；链是区块按照时间顺序产生并链接而成，记录了账本状态变化的所有信息。如果把区块链视为一个状态机，那么每进行一笔交易就会改变一次状态，生成的新区块是对由交易改变状态的确认。

区块链的基本结构是一个线性链表，并且只允许添加，不允许删除，链表由一个个区块串联组成，区块中包含数据记录、当前区块的根哈希、前一区块的根哈希、时间戳和其他信息，后继区块记录前一区块的哈希值，如图 1.2 所示。数据的类型可以根据场景决定，如资产交易、智能合约和物联网数据等。区块链存储数据时，使用 merkle 树结构，通过 SHA256 算法对记录数据的树自底向上进行计算得到树根节点，即区块根哈希。时间戳记录了区块生成的时间，其他信息包括随机值和签名信息等。当要加入新数据时，需要存储至新的区块，而块内数据的合法性能够通过哈希算法进行验证。网络中任意节点都能提出新的区块，只要通过全网共识就能够链接至区块链。

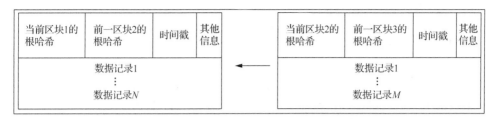

图 1.2　区块链的基本结构示意图

1.2.3　区块链分类

随着区块链技术的发展及其在各个场景中的融合创新应用，区块链技术的分类也越来越清晰，目前主要按照三种形式来划分。

1）按照网络范围

根据网络范围，区块链可分为公有链、私有链和联盟链。

（1）公有链。公有链是最早出现的完全分布式去中心化的区块链，其对外完全开放，任何节点都能够随时随地加入或退出网络，网络中不存在中心化节点，各个节点以扁平化拓扑结构连接，接入网络的节点都可参与链上数据的读写、交易发送和共识过程，而且能够随意查看所有发生的交易数据。公有链适用于需要大量用户参与，并且数据可公开透明的系统，如众筹系统、数字货币系统和存证系统等。

（2）私有链。私有链并不对外公开，节点需要通过认证才可以加入，其内部通过制定相关规则来控制各节点的写入和读取权限。私有链适用于无需大众参与且数据保密的系统，虽无法完全解决信任问题，但多节点的工作方式能够提高数据的管理效率。私有链主要应用于金融系统内部的数据管理、审计等相关工作。

（3）联盟链。联盟链同时包含了公有链的开放性和私有链的封闭性，其开放性是由联盟内的组织根据其应用场景需求共同决策的结果。联盟链中的各个节点通常是一些机构或企业，当有节点加入或退出时，需要经过现有节点的授权许可，因此联盟链也称为许可链。联盟链中的各个机构组织组成一个共同的利益联盟，共同保障联盟链的稳定运转。联盟链这种不完全封闭的形式可以看作是几个私有链组成的一个小规模公有链。

上述三种类型的区块链及特性对比如表 1.1 所示。

表 1.1　三种类型的区块链及特性对比

比较项	公有链	私有链	联盟链
参与者	节点自由加入	个体或公司内部	联盟成员
记账人	所有节点	指定节点	联盟成员协定
激励机制	有	无	可选
中心化程度	去中心化	中心化	多中心化
吞吐率/（笔/秒）	3~20	1000~100000	1000~10000
典型场景	虚拟货币	数据管理等	存证、溯源等

2）按照部署环境

根据部署环境，区块链可分为主链和测试链。

（1）主链。主链是日常所使用的部署在生产环境中的区块链系统，是区块链系统的正式版本。主链具有完善的功能，为用户提供所需的服务，常见的主链有BTC、以太坊（ethereum，ETH）等。区块链在运行过程中会出现分叉的情况，默认最长的区块链为主链。

（2）测试链。软件在发布前会有多个测试版本，用于发现存在的错误和漏洞，测试链则是区块链开发人员为测试和方便他人学习提供的区块链网络，如比特币和以太坊的测试链。用户可根据自己的需求搭建测试链，其功能也可与主链有所不同。

3）按照互联类型

根据互联类型，区块链可分为单链、侧链和互联链。

（1）单链。单链是一个具有完整组件，能够独立运行的区块链系统，如比特币主链、测试链；以太坊主链、测试链；超级账本（hyperledger）中 Fabric 搭建的联盟链等。单链需要自成体系独立运行，如基于以太坊的众筹系统必须依靠其他独立的区块链系统才能运行，因此它只是一个智能合约应用，而不是单链。

（2）侧链。侧链是一种区块链系统的跨链技术，包括所有符合侧链协议的区块链。侧链协议是一种实现双向锚定（two-way peg）的协议，通过侧链协议实现资产在主链和其他链之间互相转换，可以是独立的、隔离系统的形式，降低核心区块链上发生交易的次数。需要注意的是，侧链本身也可以理解为一条主链，如果一条主链符合侧链协议，它也被称为侧链。因此，只要是遵循侧链协议的区块链都能被称作侧链，如以太坊和莱特币。

（3）互联链。互联链是在特定领域形成其特有的区块链，通过某种协议互相连接形成更大的区块链网络。每一类系统都会有长处和不足之处，区块链系统之间的互联，可以进行功能上的互补，还可以彼此进行验证，大大提高了系统的性能。

1.3　区块链技术研究

区块链技术凭借去中心化、不可篡改和可共享的特性，对金融和其他领域产生了重大影响，已得到世界各国政府和科研机构的广泛关注。全球领先的信息技术研究和分析公司 Gartner 给出 2018 年新兴科技技术成熟度曲线，如图 1.3 所示，区块链技术已经由 2016 年的技术萌芽期发展至期望膨胀期，在这一阶段，区块链技术体系逐步成型，大型互联网公司开始积极研发区块链技术，各大产业持续关注区块链行业发展，预计将在 5～10 年达到高峰期。

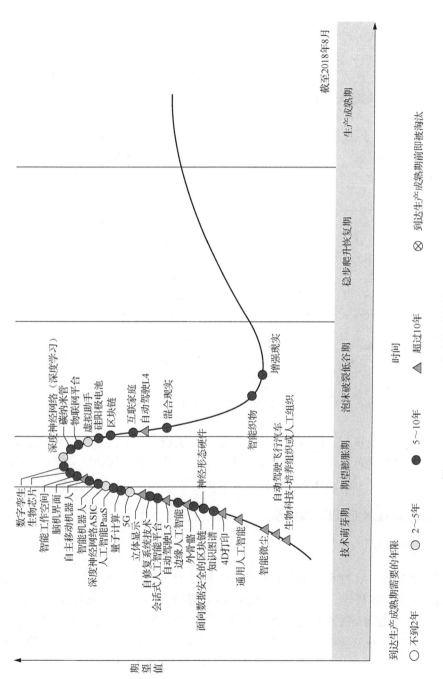

图 1.3　Gartner：2018 年新兴科技技术成熟度曲线图

近几年，区块链技术的学术研究成果数量快速增长。在中国知网中检索"区块链"显示，2013 年我国相关研究文献数量仅有 2 篇，2018 年剧增至 5890 篇，2019～2020 年共有文献 18434 篇。2008 年中本聪在其论文 *Bitcoin: A Peer-to-Peer Electronic Cash System* 中最先提出区块链技术思想，在谷歌学术上以"blockchain"为检索词，相关文献从 2013 年的 586 篇增长到 2019 年的 37500 篇，增长近 64 倍，2020 年全年文献 55200 篇。区块链学术研究论文时间分布如图 1.4 所示。

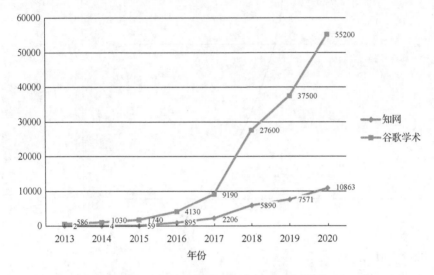

图 1.4　区块链学术研究论文时间分布图

目前，随着数字货币的成功应用，底层区块链技术的应用和研究价值逐渐被产业界和学术界认可。下面分别从区块链技术平台及演进、区块链关键技术和区块链技术应用三个方面对国内外研究进行总结。

1.3.1　区块链技术平台及演进研究

1. 技术平台

（1）比特币。比特币模型主要利用 P2P 网络解决第三方电子支付存在的双重支付问题，使用密码学、共识机制等技术保障交易的匿名性和交易数据不可篡改，实现电子交易的完全去中心化。比特币区块链系统 2009 年以来已经稳定运行至今，但仍存在一些有待解决的技术问题，如主链分叉、区块容量有限、延展性攻击等。

（2）以太坊。Buterin 在白皮书 *Ethereum: A Next-Generation Smart Contract and Decentralized Application Platform* 中首次提出以太坊模型,使用可实现智能合约的脚本语言 Solidity,实现系统的图灵完备。在以太坊区块链系统中,用户使用几行代码就能创建一个应用于不同场景的区块链应用程序,通过编写智能合约即可实现状态之间的变化。从技术架构角度,以太坊是一个底层区块链和协议无关的通用分布式应用开发平台,包括数字货币以太币（ether）和以太脚本（ether script）。以太坊完全公开,网络中的任意节点都能使用其图灵完备的虚拟机发布分布式智能合约程序。

（3）超级账本。它是 Linux 基金会于 2015 年发起的推进区块链技术和标准的开源项目,最初由 30 家初始企业成员（包括 IBM、Accenture、Intel、J.P.Morgan、R3、DAH、DTCC、FUJITSU、HITACHI、SWIFT、Cisco 等）组成。目标是让区块链开发者共同合作搭建一个区块链开放平台,降低区块链使用难度,使区块链应用于更多应用场景。Hyperledger 社区发布的白皮书 *An Introduction to Hyperledger* 中列出了区块链的基本需求和高级体系结构,说明了超级账本的实现过程,引入权限控制和安全保障构建了基于区块链的技术联盟。

2.　演进研究

在区块链未来演进研究方面,袁勇等[3]提出了平行区块链架构,徐蜜雪等[4]提出了拟态群游体系结构。袁勇指出随着人工智能、语义 web 等技术的发展,区块链将与智能 agent、语义协商等技术深度融合,最终演进到基于人工智能方法的平行区块链,即基于语义协商的群体智能。平行区块链研究范式中,区块链系统可被视为一个由大规模智能体节点通过社会网络连接组成的虚拟区块链"智能 agent"。平行区块链技术是平行智能理论方法与区块链技术的有机结合,通过实际区块链系统与人工区块链系统的平行互动与协同演化,为目前的区块链技术增加计算实验与平行决策功能,实现描述、预测和引导相结合的区块链系统管理与决策。如图 1.5 所示,平行区块链采用基于 ACP 的平行学习方法实现区块链系统的知识自动化,即实现面向区块链系统的开源数据获取、人工区块链系统建模、计算场景推演实验、实验解析与预测、管控决策优化与实施、虚实系统的平行反馈、实施效果的实时评估共七个步骤的闭环处理过程。

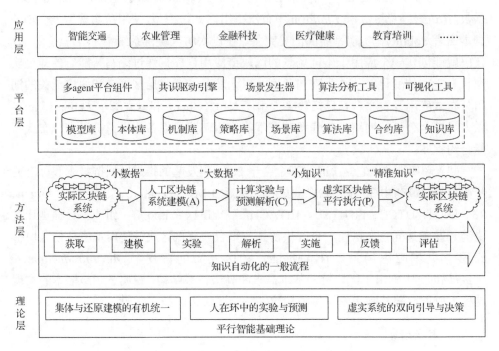

图 1.5　平行区块链研究框架

　　有学者根据理想区块链系统的特点，从自然界的拟态、群飞、群游现象中得到启发，指出未来区块链演进的体系结构为拟态群体异构（mimicry colony heterogeneity，MCH）体系结构。利用拟态防御技术核心的动态异构冗余架构，在区块链原有的同构冗余的基础上增加动态、异构的成分，从签名机制、共识机制两个角度构建动态异构区块链，增强区块链的安全性。借鉴拟态防御的思想，MCH 体系结构有三种不同的共识算法，并使用密码抽签技术动态异构共识机制，在每一共识轮中，每个共识参与者需要根据上一区块的哈希值和当前区块序号形成的哈希值的签名值进行密码抽签，确定每个节点在此共识轮中需要采用的共识算法[5]。MCH 区块链体系中的部件能够按照使用场景动态调节，不同部件采用不同实现方式，完成统一的目的，体系中各个部件同构，从而构建最适合当前场景的区块链体系。总体来说，区块链体系结构在未来可能演化为针对特定的应用场景选择合适的异构部件，构建最优的体系结构，从而达到理想的应用目标，MCH 体系结构如图 1.6 所示。

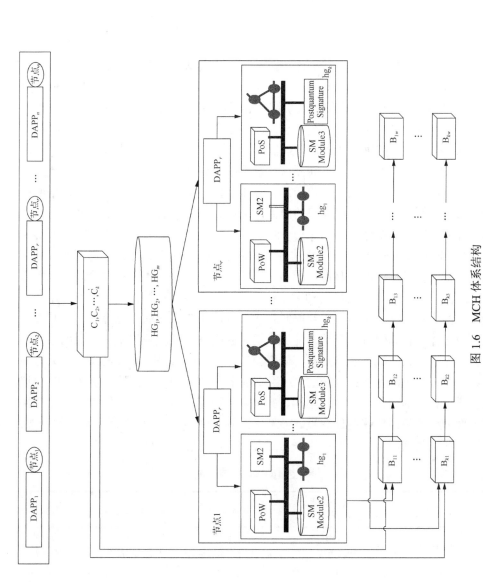

图 1.6　MCH 体系结构

DAPP: 分布式 APP；C: 提炼参数；HG: 异构候选结构；PoW: 工作量证明算法；SM2: SM2 国密算法；SM Module: 智能合约模块；B: 区块

1.3.2　区块链关键技术研究

目前，国内外关于区块链关键核心技术的研究主要集中在数据存储及传输、分布式共识、智能合约、效率及安全问题等方面。

1. 数据存储及传输

目前，国内外学者主要依据区块链技术设计数据存储系统。Renner 等[6]提出了一种用于验证文件完整性和跟踪文件历史的框架——Enolith，该框架不依赖第三方，同时使用基于智能合约的区块链。Xie 等[7]采用双链存储结构的区块链设计了一种可追溯的农产品交易平台，农产品数据交易信息存储在一个链式数据结构上，将该链与区块链进行链接，保证信息不可被篡改。Do 等[8]设计了基于区块链的私有关键字搜索安全数据存储系统，该系统允许用户以加密的形式上传数据，将数据内容分发到云节点，并使用加密技术确保数据的可用性。同时为数据所有者提供授予他人搜索其数据权限的能力，并支持加密数据集上的私有关键字搜索。郝琨等[9]结合区块链的特点，提出一种去中心化的分布式存储模型（decentralized metadata blockchain，DMB），通过将元数据保存在区块中、冗余存储区块链和协作验证来保证元数据的完整性。模型分为两个阶段，即元数据存储阶段和元数据验证阶段。赵国峰等[10]提出一种区块链系统区块文件存储模型，并将其应用于超级账本区块链系统。模型基于纠删码技术改进区块链系统的存储性能，对其存储的区块文件进行编码分片存储，能够以更小的数据冗余度获得不弱于原始系统的数据可靠性，大幅减少了节点对存储资源的需求。武岳等[11]对比特币、以太坊和超级账本三种主流区块链系统的 P2P 协议进行了详细研究，讨论区块链 P2P 协议在演进过程中的变化，从网络结构、去中心化程度、节点接入网络效率、安全性等方面分析了不同协议的优缺点。为了区分不同 P2P 网络结构在区块链中的表现，按照表现优劣使用 1~4 分对不同平台进行评分，对比结果如表 1.2 所示。

表 1.2　网络协议评分表

评分项	银行类金融中介系统	比特币	以太坊	超级账本
网络结构	中心化网络结构	全分布式非结构化网络结构	全分布式结构化网络结构	半分布式网络结构
去中心化程度	1	4	4	2
节点接入网络效率	4	2	1	3
安全性	4	2	2	3
隐私保护	2	4	3	3
应用的丰富程度	3	1	4	3
合计	14	13	14	14

2. 分布式共识

随着研究者对区块链技术在更多领域应用的深入研究，区块链共识机制不断创新。比特币区块链系统是使用工作量证明的共识机制，网络中各个节点通过竞争算力获取生成新区块的权利，工作量证明机制确保了比特币发行与交易的有效性，可避免任意节点被恶意破坏后对整个系统的损害，保证整个系统的稳定运行。工作量证明机制的缺点是网络中所有节点都需要做算力竞争，因此使用该共识机制的区块链系统存在大量算力和电力资源浪费的问题。

2011 年 7 月，一位数字货币爱好者在比特币论坛上首次提出了权益证明（proof of stake，PoS）共识算法。随后，该算法于 2012 年 8 月发布的点点币中首次实现。PoS 共识算法的优点是共识速度快和节省算力资源，后来出现的基于区块链的加密货币都采用了该算法。

2013 年 8 月，Larimer[12]提出授权股份证明（delegated proof of stake，DPoS）算法，该算法取消了挖矿机制，可进一步降低算力和能耗的浪费，提高共识速度。2014 年，Ongaro 等[13]提出了 Raft 共识算法，目前已在多个主流的开源语言中得以实现。

2014 年，Schwartz 等[14]提出了瑞波协议共识算法（Ripple protocol consensus algorithm，RPCA），该算法同样去除了共识算法的挖矿机制，采用集体信任的子网络在最小信任和最小连通性的网络环境中实现低延迟、高鲁棒性的拜占庭容错共识算法，推动了区块链技术商业化发展。

随着比特币和区块链技术快速进入公众视野，不少学者开始关注共识算法的改进，许多新共识算法相继被提出。基于 PoW 算法和 PoS 算法的有机结合，权益-速度证明（proof of stake velocity，PoSV）、燃烧证明（proof of burn，PoB）、行动证明（proof of activity，PoA）和二跳（2-hop）等共识算法被相继提出，这些算法能够有效解决 PoW 算法与 PoS 算法存在的能源消耗与安全风险问题。其中，PoSV 共识算法是 Ren[15]在蜗牛币（Reddcoin）白皮书中提出的，该共识算法针对 PoS 算法中币龄是时间的线性函数这一问题进行改进，消除持币人的囤币现象。PoB 共识算法是借鉴比特币和点点币的设计，基于 PoW 算法和 PoS 算法提出的，该算法中用户通过"烧掉"加密货币表明其愿意为了长期投资而承受短期损失，由于"燃烧证明"交易记录被写入区块，用户在燃烧加密货币之后可以得到其他加密货币作为奖励。PoA 共识算法是由 Bentov 等[16]针对比特币中的安全隐患问题提出的，能够防御未来针对比特币的攻击，为比特币提供安全保障，且该协议可强化网络拓扑、减少能源消耗。Duong 等[17]为解决 PoW 算法潜在的 51%算力攻击问题提出了二跳共识算法，该算法将 PoW 算法和 PoS 算法相结合，利用权益证明机制减少了系统的资源消耗，提高了公平性和安全性。

现有的常见区块链共识算法如表 1.3 所示。表中拜占庭容错是指在使用对应共识算法时系统的容错能力，"否"表示该共识算法不具备容错能力，"是"表示该共识算法具备容错能力，同时给出了具体容错性能的数学表示，基础算法则说明了该共识算法的提出依据。

表 1.3   现有的常见区块链共识算法

名称	提出年份	拜占庭容错	基础算法	代表性应用
Viewstamped replication	1988	否	无	BDB-HA
Paxos（族）	1989	否	无	Chubby
PBFT	1999	是（<1/3）	BFT	Hyperledger v0.6.0
PoW	1999	是（<1/2）	无	Bitcoin
PoS	2011	是（<1/2）	无	Peercoin、Nxt
DPoS	2013	是（<1/2）	PoS	EOS、Bitshares
Raft	2013	否	无	etcd、braft
Ripple	2013	是（<1/5）	无	Ripple
Proof of activity	2014	是（<1/2）	PoW+PoS	Decred
Proof of burn	2014	是（<1/2）	PoW+PoS	Slimcoin
Proof of space	2014	是（<1/2）	PoW	Burstcoin
PoSV	2014	是（<1/2）	PoW+PoS	ReddCoin
Casper	2015	是（<1/2）	PoW+PoS	Ethereum
Quorumvoting	2015	是（<1/3）	Ripple+Stellar	Sawtooth Lake
SCP	2015	是（<1/3）	Ripple+BFT	Stellar
Algorand	2016	是（<1/3）	PoS+BFT	ArcBlock
dBFT	2016	是（<1/3）	PoS+pBFT	NEO
Proof of luck	2016	是（<1/2）	PoW	Luckychain
ScalableBFT	2016	是（<1/3）	Tangaroa	Kadena
2-hop	2017	是（<1/2）	PoW+PoS	—
ByzCoinX	2017	是（<1/3）	ByzCoin+Elastico	OmniLedger
Proof of authority	2017	是（<1/2）	PoS	Parity

3. 智能合约

1994 年密码学家 Szabo 首次提出智能合约的概念，是以数字形式定义的一系列承诺和支撑合约参与方执行这些承诺的协议，受当时计算程序难以控制现实世界资金转移的影响，智能合约没有得到很好的应用。区块链技术的出现使得学者重新重视智能合约。区块链系统中的智能合约是一个能够自动执行合约条款的计算机程序，其以代码和数据集合的形式存储在区块链上，通过区块链节点在时间或事件的驱动下以分布式的方式执行，所有相关条款都由代码编成，能够进行自动结算，通过签名或其他外部数据信息触发条件来执行。智能合约通过状态机进行事务的保存和处理，事务主要由节点之间传送的数据和数据描述信息构成，事务信息进入智能合约后，更新合约资源状态，进而触发智能合约进行状态机判断，若事务信息满足状态机的触发条件，则自动执行相应的合约动作。图 1.7 为智能合约运作机理，智能合约有如下特点。

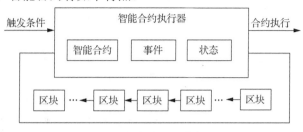

图 1.7　智能合约运作机理

（1）多方用户共同参与制定一份智能合约，合约包含双方的权利和义务，以可执行的算法和程序方式发布，参与者分别用各自的私钥进行签名，从而确保合约的有效性；

（2）智能合约在区块链 P2P 网络中直接扩散，当验证节点将收到的合约保存在内存中，待全网进行共识时处理该合约，最终达成一致的合约集合以区块的形式扩散到全网；

（3）智能合约在工作时检测每条合约内的状态和触发条件，若条件满足，则自动执行。

智能合约伴随区块链发展迅速，但其内部仍然存在一些需要解决的问题，主要包括隐私问题和安全问题。学者对智能合约中的隐私问题进行研究，旨在设计可行的系统框架以保护用户隐私。例如，Kosba 等[18]设计了一款智能合约开发框架 Hawk，该框架可根据开发人员编写的公共智能合约自动生成高效的、具有良好隐私保护性的私密智能合约，从而有效解决交易信息存放在区块链上暴露个人隐私的问题。Zhang 等[19]提出了 Town Crier 数据加密系统，通过对发送前的数据进行加密以保证链上数据无法被其他人查看。研究人员针对智能合约存在的漏洞设计了相关检测工具，Luu 等[20]提出了智能合约漏洞检测工具 Oyente，使用该工具发现 45%以太坊智能合约存在漏洞。Chen 等[21]提出了 Gasper 高燃料操作检测工具，能够发现代码中冗余的部分，该工具发现以太坊中超过 80%的智能合约存在高燃料操作，这些操作可能被攻击者利用进而引发拒绝服务攻击。

4. 效率及安全问题

1）效率问题

开采比特币时需要网络中所有节点解决算力难题，会消耗大量的计算机算力和能耗，同时由于比特币设计的区块大小为 1M，系统每秒只能处理 7 笔交易，比特币系统存在严重的效率低下问题。针对该问题，有学者引入额外字节，利用时间戳修改区块头，使比特币开采能耗得到降低。Anish[22]提出了中央处理器（central processing unit，CPU）结合图形处理器（graphics processing unit，GPU）的高效开采比特币方案，结果显示在大型开采池中，该方案能提高整体散列率。Sompolinsky 等[23]提出了 GHOST 方案，使用树状结构代替链状结构，用于提高区块产生速度和交易量。Eyal 等[24]设计了允许比特币区块并行产生的扩展协议bitcoin-NG，用于提高交易的吞吐量。由于前两种方案无法进行交易的本地化验证，有学者提出采用分片技术支持本地验证的 Elastico 协议，通过一种闪电网络解决方案，建立支付通道，使中小额交易信息在主链之外进行处理，该方案大大减少了区块链需要记录的交易信息，缓解了区块链容量小的问题。Decker 等[25]和 Miller等[26]对闪电网络进行了进一步改进，通过扩充支付通道和降低通道抵押开销复杂度来提高闪电网络工作效率。

2）安全问题

区块链中的安全问题主要指隐私泄露风险，按照区块链体系结构可将现有的解决方案分为 3 类，即网络层隐私保护、交易层隐私保护和应用层隐私保护。

网络层隐私保护。网络层包含底层通信的整个过程，包括区块链节点设置模式、节点通信机制、数据传输机制等。在区块链系统中，任何用户都可以通过运行相应程序成为系统节点，攻击者能够轻易接入系统获取网络信息和隐私数据。因此，网络层隐私保护的重点是控制节点权利，对抗监听和主动攻击。网络层通过提高攻击者获得网络数据的难度来抵御攻击，常用的方法有限制接入、数据混淆和恶意节点检测与剔除。限制接入方法是当有节点接入网络时，需要获得授权才可接入，私有链和联盟链使用该方法控制节点的进出，在超级账本中需要通过证书节点的认证才能够接入网络。数据混淆方法防止攻击者利用网络拓扑发现身份隐私数据，研究人员提出将区块链运行在具有隐私保护特性的网络（如洋葱网络）上，或采用可隐藏 IP 的协议进行匿名通信，如门罗币采用的 I2P 协议。恶意节点检测与剔除方法是指在公有链网络中通过检测机制，采用基于聚类的恶意节点检测与剔除方法限制恶意节点获取网络中的数据信息。

交易层隐私保护。交易层包含区块链中数据产生、验证、存储和使用的整个过程，由于区块链系统每个节点都存有完整的交易账本，存在着严重的交易数据和身份信息泄露的问题。交易层隐私保护是在满足共识机制的前提下尽可能地保护交易数据和身份隐私信息，主要采用避免攻击者获取准确交易数据的方法。目前，区块链系统已存在多种交易层隐私保护技术，如数据加密、数据失真和限制发布等，这些技术可满足不同的隐私保护需求。数据加密技术，顾名思义是对交易数据进行加密处理，使数据即使被窃取也不会造成隐私泄露，如门罗币对交易输出进行加密，Zcash 加密封装了交易的来源、去向和数额。数据失真技术是指对交易数据进行混淆，提高攻击者获得准确数据的难度，该方法的典型应用是隐

藏交易输入和输出地址关系的"混币"，目前很多加密货币网站提供这种服务，如
bitlaunder、bitcoin Fog 等。限制发布技术是采用少量交易信息发布或不发布交易
信息的方式，从源头避免交易数据的泄露。该方法相对安全性最高，但对应用领
域限制较多并且实现起来相对复杂，如闪电网络方案采用交易细节线下进行的方
式保护交易隐私信息。

　　应用层隐私保护。应用层包括用户对区块链程序的使用和其他应用程序对区
块链接口的调用等。区块链因其公开透明的特性使得被外部使用时可能发生隐私
信息泄露，攻击者常通过攻击区块链应用漏洞、收集用户因不规范操作而泄露自
身数据等方式来窃取隐私信息。因此应用层隐私保护的重点是提升区块链自身的
安全水平、提高用户保护隐私的意识。例如，在应用方面，达世币通过破坏输入
和输出之间的对应关系，使其他用户无法得到资金来源信息，从而实现交易匿名
性；也可通过基于环签名的区块链隐私保护算法，利用环签名技术的隐私保护特
性，使用智能合约控制签名的生成与验证过程，在保证效率的前提下提高区块链
的隐私保护能力[27]。对用户来说，需要提高个人的安全意识，使用复杂度高的密
码，注意自身隐私信息的保护等。

1.3.3　区块链技术应用研究

　　随着区块链核心技术研究的不断深入，其应用场景也从数字货币交易拓宽至
更广阔的应用场景。近年来，区块链技术与产业深度融合，很多区块链研究成果
已转化为现实生产力。金融行业是区块链技术应用最早且最成功的领域，典型的
区块链数字交易平台有 Binance、OKEx、BitMart 等。医疗方面，飞利浦医疗、麻
省理工学院媒体实验室等与不同企业展开合作，探索区块链在医疗保健行业、医
疗数据管理等方面的应用。数字鉴证领域主要集中在权益证明和保护领域，典型
产品如公证通、Blockai、Stampery 等。供应链领域主要利用区块链技术的可追溯
特性提高数据透明度，打通供应链中的采购、生产、物流、监管等环节，如京东
开发智臻链解决供应链溯源问题等。在智能制造领域，多家智能制造企业已使用
区块链技术来实现制造数字化和网络化，空中客车公司加入超级账本项目探索区
块链在航空制造领域的应用。房地产领域使用区块链技术实现房产转让，如
Ubiquity 公司开发区块链驱动的房地产转让系统跟踪房地产转让过程中的一系列
法律流程。社会公益领域充分利用区块链技术不可篡改、可追溯的特性，为慈善
捐赠提供更大的透明度，在捐赠和项目成果之间建立更清晰的联系，目前较为成
熟的平台有 BitGive 基金会推出的 GiveTrack 区块链基金跟踪平台、腾讯可信区块
链研究院推出的"公益寻人链"平台、京东公益物资捐赠平台等。

　　区块链技术的发展及应用也得到了各国政府与大型企业的重视。欧洲中央银
行发布了《分布式账本技术报告》，探讨区块链技术在交易清算结算、证券发行等

场景的应用。IBM 公司发布了《IBM 区块链技术白皮书》，提出区块链可能的应用场景是证券、国际贸易、公共档案等。麦肯锡区块链研究报告认为区块链技术是有望引起第五次科技革命的核心技术，具有广泛的应用领域。美国国会发布的《2018 联合经济报告》指出，区块链技术可以用来打击网络犯罪、保护国家财产。京东《区块链金融应用白皮书》详细介绍了区块链技术在金融领域的主要应用，提出需建立完善的监管体系。《中国区块链技术和应用发展白皮书》分析了区块链技术在金融、教育、供应链、智能制造、公益和娱乐六大领域的应用前景，并提出区块链技术的标准路线。

1.4　区块链技术发展

区块链技术的发展大致经历了三个阶段，从区块链 1.0 时代的数字货币，到区块链 2.0 时代的智能合约，再到区块链 3.0 时代对区块链技术全面应用的探索。区块链 1.0 是以比特币为代表的数字加密货币应用。区块链 2.0 是以以太坊、瑞波币为代表的智能合约，是经济、市场和金融领域的区块链应用。区块链 3.0 是区块链技术在社会领域下的多应用场景实现，为各行业提供了去中心化的解决方法。

1.4.1　区块链 1.0

自 2009 年比特币诞生开始，区块链便进入 1.0 阶段，主要应用在基于比特币等数字加密货币平台的相关金融领域。比特币是区块链 1.0 阶段最为成熟的应用代表，是由分布式网络生成的数字货币，使用工作量证明机制完成比特币交易的记录和验证。区块链无需中间方参与，在互不信任的网络系统中建立一个分布式记账系统的技术。区块链 1.0 的特征如下。

（1）以区块为单位的链状数据块结构：区块链系统通过共识机制选择具有记录交易信息生成新区块的节点，该节点通过将交易信息、时间戳和前一区块的哈希值等内容记录在新区块内，并将新区块链接到主链上，最后进行全网广播。每个区块内都包含前一区块的哈希值，这种设计保证了区块链内的信息不可篡改。

（2）全网共享账本：区块链系统中的所有节点都可以存储区块链自创建以来记录的所有交易信息。即使更改个别节点的信息，也不会影响全网账本信息。这种去中心化服务器的方式使区块链系统没有单一攻击入口，同时还能避免双重支付情况的发生。

（3）安全性高：工作量证明机制规定只有掌握网络中一半以上的节点才能够修改网络数据，因此攻击者需要花费巨大的成本才能够对区块链系统造成攻击，这使区块链系统具有很高的安全性。

（4）开放可追溯：区块链 1.0 是公有链时代，任何节点都能够加入区块链系统并获得所有数据信息。这些数据中除交易者私有信息被加密外，其余都能通过公开接口进行查询，因此整个系统信息高度透明。区块链系统的每个区块存储前一区块哈希值的链式结构，也可保证数据可追溯。

区块链 1.0 主要实现了点对点的去中心化支付系统功能，对于传统支付手段，区块链网络可以实现点对点交易，并不依赖大型金融机构。在这方面比特币作为区块链 1.0 的代表应用是成功的，它为区块链的发展奠定了坚实的基础，也极大地推动了区块链技术向前发展。

1.4.2　区块链 2.0

区块链 2.0 阶段开始于 2013 年以太坊项目的诞生，通过使用智能合约使区块链技术的应用不仅仅局限于数字加密货币，在金融基础设施等其他领域也有了广泛的应用，其中最大的突破是可以在区块链网络上实现简单的应用开发，以太坊是区块链 2.0 的代表性项目。区块链 2.0 是区块链技术发展的里程碑，将区块链技术从金融领域带到了更广阔的商业领域。区块链 2.0 部署的智能合约通过判断是否达到特定事件信息的条件来自动执行相应的合约操作，大大提高了区块链系统处理事务的能力。区块链 2.0 创建的共用技术平台为开发者提供区块链即服务（blockchain as a service，BaaS），简化了去中心化应用（decentralization application，DAPP）的开发难度。区块链 2.0 的特征如下。

（1）智能合约：智能合约是区块链 2.0 的核心，本质是一种通过状态机进行事务保存和处理的计算机程序，利用智能合约能够使区块链系统具有自动处理数据、执行操作和控制链上资产等功能。智能合约使区块链技术的应用不仅局限于数字加密货币的发行和交易，也能够在资产管理和监管等方面进行创新应用。

（2）DAPP：一种互联网应用程序，与传统 APP 最大的区别是其运行在去中心化的网络上，即区块链网络中。网络中不存在中心化的节点可以完全控制整个DAPP，完整的 DAPP 是一个同时具有开源特性和自治特性的 APP，部署完成后不允许被更改，应用的升级需要大部分用户经过共识后才可完成，同时 DAPP 中的所有数据均加密存储于区块链应用平台。DAPP 能够进行容错，不会出现单点故障，没有中心化机构的干扰。

（3）虚拟机：用于执行智能合约编译后的代码，虚拟机是图灵完备的。区块链底层通过虚拟机模块支持合约的调用与执行，调用时先根据合约地址获取代码，生成具体的执行环境，然后将代码载入到虚拟机中运行。通常智能合约的开发流程是首先使用 Solidity 语言编写逻辑代码，其次通过编译器编译元数据，最后发布到区块链上。

随着区块链技术的深入研究和相关应用的迅速发展，以智能合约、DAPP 为代表的区块链 2.0 为各行各业应用提供了新的技术方案，同时在各类组织中形成了区块链分布式协作的工作模式。

1.4.3　区块链 3.0

当前对区块链 3.0 阶段的具体时间划分并无统一认识,区块链 3.0 通常被认为是使用更复杂的智能合约,使区块链应用不再局限于金融领域,在制造、食品、医疗、物流等多个领域也能够被应用,具体表现为可编程的社会经济活动。区块链 3.0 主要是在区块链 2.0 的基础上发展而来,即解决区块链 2.0 存在的问题,全方面提升其性能和扩展能力,同时更加安全,成本更低。区块链 3.0 的特征如下。

(1)高并发处理能力:每秒处理的交易数(transaction per second,TPS)性能是区块链断代的一个硬性标准。之所以将以太坊的出现视作区块链 1.0 和区块链 2.0 的分界线,就是因为以太坊的 TPS 较比特币有了很大的提升,从 7 笔/秒的交易处理能力,提高到了约 40 笔/秒。但即便提升了近 6 倍,以太坊的 TPS 依然难以满足区块链技术真正落地应用的需求。区块链进入 3.0 时代一定是在性能上较以太坊有大幅度提升,并且幅度不再是数倍,而是数百倍甚至上万倍。

(2)多行业应用:区块链 3.0 技术不同于以往的"发币时代",是以多维多功能区块链生态圈为引导,不仅正在不断革新且能够改变大多数行业架构,而且在改变时代和人类的价值导向。区块链 3.0 技术能够解决行业信任问题和提高工作效率,最终实现信息互联网向价值互联网的转变。

相对于区块链 2.0,区块链 3.0 架构的底层计算、储存、网络传输都是建立在去中心化服务上,从底层实现更彻底完善的去中心化,同时在应用层能够提供丰富的开发工具和管理工具,在用户体验上实现与互联网的无缝对接。

1.4.4　体系架构

从区块链技术诞生之初的比特币到引入智能合约的以太坊,再到区块链技术应用于各行各业中,不断有新的技术被引入到区块链中,区块链技术也实现了从 1.0 到 2.0,进而到 3.0 的发展,其体系架构演进如图 1.8 所示。

从体系架构演进图中可以看出,在区块链 1.0 阶段,系统主要包括数据层、网络层和共识层三部分。数据层封装了数据区块和相关的数据加密与时间戳等技术。在数据层中,区块链网络中的任一节点都能够记录一段时间的交易数据,通过将数据和时间戳封装到区块中并链接到主链上形成新的区块。网络层中包含区块链系统的消息传播协议和数据验证机制,在实际应用时,可根据需求设定相应的传播协议和验证机制,控制区块链节点参与记账的权限。共识层采用高度依赖节点算力的 PoW 机制来保证网络分布式记账的一致性。随着区块链技术的发展和可编程金融的相继涌现,区块链技术发展到 2.0 阶段。在此阶段,更多的共识机

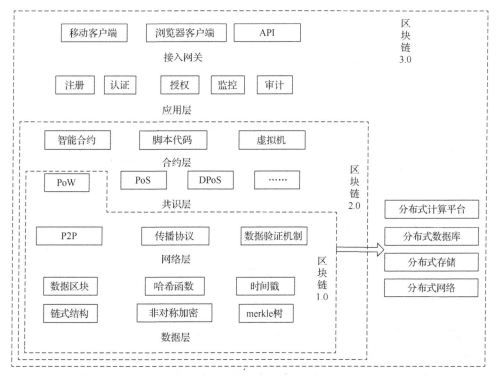

图 1.8　区块链体系架构演进

制被引入到共识层中，如 PoS 机制和 DPoS 机制等。为了实现可编程区块链，2.0
阶段引入了封装各类脚本、算法和智能合约的合约层。合约层主要是由建立在虚
拟机上的算法组成，依靠合约层的内容可轻松实现区块链程序的开发。比特币等
区块链数字货币均采用非图灵完备的脚本来控制交易的发生，这些脚本就是早期
的智能合约。随着区块链技术的飞速发展，图灵完备的区块链系统被应用于数字
货币领域，区块链技术在其他领域的应用引发了新一轮研究热潮，推动了具有更
高分布式计算与存储能力的区块链 3.0 诞生。区块链 3.0 致力于创建一个执行速度
快、能耗低和吞吐量大的区块链系统，并向用户提供多形式且灵活的应用程序接
口（application programming interface，API）调用，满足多行业、多用户需要。

　　区块链技术被认为是互联网发明以来又一项颠覆性的技术创新，其不依赖第
三方中心，通过自身分布式节点，结合共识机制、密码学、数据传输等技术进行
网络数据的存储、验证和传递，从而具有点对点传输、不可篡改等特点，以极低
的成本解决了信任与价值的可靠传递。未来区块链将从单一到多元方向发展，实
时性、高并发性、延迟和吞吐等多个维度上的应用需求将催生出多样化的技术解
决方案。目前，区块链技术已在数字货币、供应链管理、物联网、智能制造等领
域得到了广泛应用，未来区块链技术将结合人工智能、大数据、云计算等新一代
信息技术引发新一轮技术创新和产业变革。

第 2 章　区块链数据存储

分布式存储技术用于数据存储,通过 P2P 网络将分散的数据资源构成虚拟的存储空间,网络中的所有节点分散地存储数据资源,每个节点的磁盘空间中都存有完整的数据副本,对所有参与成员都是透明的,无需中央机构或第三方验证服务。区块链技术作为一个去中心化的数据库,用于保存每个事务的详细信息,按时间顺序将交易添加到分布式账本中,并存储为一系列的块,每个块引用前面的块以形成一个互连的链条。

2.1　分布式数据库

分布式数据库(distributed database)将多个分散的数据单元利用计算机网络连接构成逻辑统一的数据库集合。它的三个基本特性是物理分散、逻辑统一、节点自主管理,其中物理分散是指数据单元分散在不同节点上;逻辑统一强调分散的数据单元在逻辑上是统一的一个整体;节点自主管理说明计算机网络中的每一个节点都具有在安全环境中独立处理数据的能力。

分布式数据库系统是指用于管理分布式数据的数据库系统,以计算机网络为基础进行构建,网络节点组成包括不同的数据库单元,相当于在网络中的所有节点上都分布着一个数据库系统[28]。分布式数据库系统中的每一节点既可以通过网络中节点之间相互通信来处理计算机网络中的全局事务,又可以在本节点系统中处理本节点数据读写的局部事务。其结构模式如图 2.1 所示。

随着结构化和非结构化数据量不断增大,集中式数据库为了满足数据存取的需求,逐渐演化出分布式数据库系统,除具有集中式数据库数据逻辑和物理独立的特征外,还具有如下特征。

(1)数据分布独立,又被称为分布透明性(distribution transparency),是指在分布式数据库中,用户访问数据时采取与集中式数据库一致的策略,不必清楚地知道该数据存放节点的具体位置。

(2)数据冗余,集中式数据库系统的目标是通过数据共享尽可能降低冗余度,从而减少冗余数据占用的存储空间,提高系统性能。分布式数据库系统中,通过增加适当的数据冗余来减少分布式节点间的通信,优化系统性能。

(3)数据片段透明性(data fragment transparency),将数据关系按照一种方式分割为多个数据片段,之后分布于各个节点上,用户不必知道数据分割和分布的

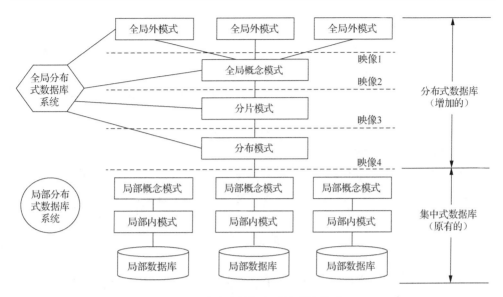

图 2.1　分布式数据库系统结构模式

具体操作。

（4）全局集中与局部自治，分布式数据库系统可以协调局部数据库的事务处理工作，执行全局的数据分发。同时，不同节点上分散的局部数据库可以自主管理本节点数据存取，具有节点自治能力。

（5）可扩展性高，分布式数据库系统更易扩展，通过增加多个计算节点（即数据库服务器）来分布数据、处理事务，能够动态添加节点从而实现存储空间的扩展，相比集中式数据库系统通过增加配置进行扩展的方式较为简单、易用。

基于以上对分布式数据库系统本质和特征的描述，相比传统集中式数据库系统，分布式数据库系统具有以下优点：

（1）分布式管理与控制，分布式数据库系统中的常用数据在本地节点存储，可以减少与其他节点之间的通信开销，并且可以同时支持本地局部事务和全局事务操作。例如，由于用户靠近计算机资源，全局数据在本地的存储、查询操作可以大幅减少网络数据传输量，并且可以保证本地数据的安全性。

（2）数据共享性好，同一节点可以进行本地共享和全局共享两个层次的数据共享，能够提高分布式数据库系统中数据共享的效率。

（3）系统可靠性高、可用性好，由于数据分散在多个局部数据库并存在大量的数据复制，某一节点或通道故障时可以通过邻近节点的数据对其进行数据恢复，不会导致全局系统崩溃。

（4）局部应用的响应速度快，用户访问的数据存储在本地数据库中时，用户所在本地计算节点可以直接、快速地执行操作。

（5）可扩展性好，可以通过增加局部数据库的方式快速扩充已有分布式数据库存储容量，系统扩充和集成比较简单，而且系统扩充不会影响已有的用户程序。

分布式数据库系统主要缺点如下：

（1）系统实现结构复杂，通常情况下分布于各节点的数据库在对数据进行操作时的处理工作比较复杂。

（2）通信开销较大，分布式数据库系统中在分散的计算资源和数据复制上，会增加较多的通信消耗。

（3）数据安全性处理复杂，本地节点使用本地局部数据具有安全性，但是在通信网络和其他节点之间的数据共享安全性难以保障，需要采用密码学方式解决。

2.2　数据存储方式

分布式数据库的主要功能是数据存储分发。数据存储分发过程是指在分布式数据库中，用户数据被系统按照存储需求分割为逻辑片段，再按照一定的策略将分割好的数据片段分散地存储至分布式数据库中的各个节点上，通过一定的冗余片段在各个站点上的分布，提高系统的可靠性，缩短局部应用的响应时间，减少系统的数据通信代价。在分布式数据库设计中，数据存储分发有以下 4 种基本方式。

（1）集中式：数据被分割成片段，并且分割的所有数据片段都分布在同一个独立服务器上，本质上与集中式数据库的数据管理方法相同，较容易进行数据库管理和控制，能够保证数据的完整性和一致性。但是集中式分配必须由该服务器检索、修改数据，会造成服务器负载过重，一旦出现故障将导致整个系统崩溃。

（2）分割式：将数据分割为若干逻辑片段后，每一个片段被分发至一个已经被指定的数据库服务器上。该方式中的一个局部系统可以是任何一台数据库服务器，当数据被进行全局操作时，可能会有多台服务器并行运行，一个服务器故障，其他服务器会正常进行，提高了系统的可靠性。按照分割的维度，可以将分割式分为水平分割和垂直分割。

（3）全复制式：每一个数据库服务器节点上都存有全部数据的完整副本。某一服务器节点可以在本地访问、检索局部数据，响应时间较快，但是该策略中数据更新会花费较大的通信代价。

（4）混合式：分割后的逻辑片段根据应用需要进行分发，局部使用的片段被分发至需要的节点上，全局共享的数据片段进行复制，产生的副本被分发至不同节点。该方式是一种将分割式和全复制式融合的数据分配方式，系统组织灵活性较好。

区块链中的数据存储方式可以采用混合式的数据分配方式，该方式能够保证数据的一致性和不可篡改性，同时提高数据检索效率。表 2.1 对 4 种数据存储方式进行了比较。

表 2.1 4 种数据存储方式比较

数据分布方式	集中式	分割式	全复制式	混合式
存储开销	很小	小	很大	大
检索代价	很大	很小	很小	由检索比确定
更新代价	小	很小	很大	由更新比确定
可靠性	很差	差	好	一般
复杂性	很低	低	一般	高
灵活性	很小	小	一般	大
数据分布问题	无	少	一般	多

2.3 区块链数据结构

区块链的数据无法以数据表等结构化形式存放，其存放形式可以从链式结构、区块结构和交易结构三个层次描述。

1. 链式结构

相比传统分布式系统数据分散存储、极易遭受网络攻击的不足，区块链采用分布式数据存储技术，以特殊的链式结构存放数据，只提供写、读权限，不允许修改和删除数据，并且全网中每个节点都保存完整数据的副本，单节点故障并不影响系统运行。同时区块链的链式结构使得所有数据都可追溯，数据安全性得到较大提高。

取得记账权的矿工将当前区块链接到前一区块，形成最新的区块主链。各个区块依次链接，形成从创世区块到当前区块的一条最长主链，从而记录了区块链数据的完整历史，能够提供区块链数据的溯源和定位功能。

如图 2.2（a）所示，区块链系统中的每个区块在生成时都会产生一个时间戳标记，同时会记录前区块的哈希值，将区块按照时间顺序以哈希值相连的方式串成一条链表，便形成了区块链的链式数据结构。但是在区块链的实际运行中，如图 2.2（b）所示，可能出现同一时刻产生两个区块的情况，被称为区块链分叉，即两个区块同时指向上一区块。区块链系统通过节点间的共识算法解决分叉问题，被多数节点验证接受的区块分支成为主分支链接至区块链中，舍弃其他区块分支。不同共识算法确认主链产生的周期不同，比特币中 PoW 共识默认确定主链需要 6 个区块周期。区块链的链式数据结构可以保证网络上区块数据的一致性，进而维护区块链上的数据安全。

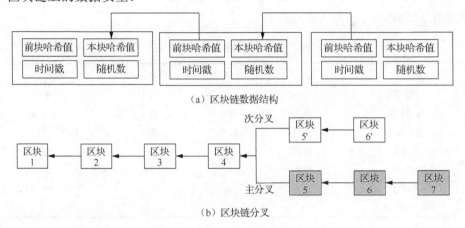

（a）区块链数据结构

（b）区块链分叉

图 2.2　区块链式结构

2. 区块结构

区块结构是包含区块链全网数据的一种数据结构，主要由包含元数据的区块头和由交易数量与交易构成的区块体组成，区块结构如表 2.2 所示。

表 2.2　区块结构

字段	描述	大小/字节
blocksize/区块大小	用字节表示该字段之后的区块大小	4
blockheader/区块头	包含 6 个数据项	80
transaction counter/交易数量	交易计数器	1~9
transactions/交易	交易列表（非空）	可变

区块头由表 2.3 中所描述的 6 个字段构造而成。前一区块哈希值是用于区块链连接成链的核心字段，该字段中引用该区块连接的上一个区块进行 SHA256 运算得到数据摘要，区块之间利用该数据摘要按照哈希值计算规则链接成一条主链，用于记录完整的数据信息，实现区块链的数据定位和追溯功能。区块链的链式结构如图 2.3 所示。

表 2.3　区块头字段结构表

字段	说明	更新时间	大小/字节
版本	区块版本号	更新软件后,指定一个新版本号	4
前一区块哈希值	前一区块哈希值添加至该区块进行链接形成区块链	新区块生成时	32
随机数	记录解密该区块相关数学题的答案值	产生哈希值时	4

续表

字段	说明	更新时间	大小/字节
时间戳	从 1970-01-01 00:00 UTC 开始到现在以秒为单位的当前时间	区块生成时	4
难度目标	区块相关数学题的难度目标	挖矿难度调整时	4
merkle 根	该区块中包含所有交易 merkle 树的根哈希值	接受一个交易时	32

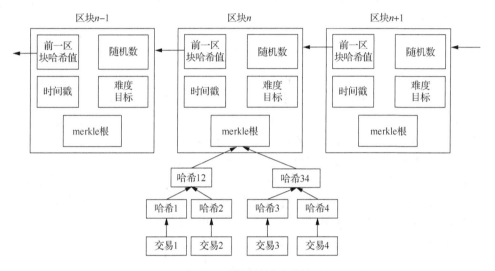

图 2.3　区块链的链式结构

其中，"前一区块哈希值"字段是对其前一区块头的所有数据进行 SHA256 运算得到的结果，该字段使得各个区块之间可以连接起来。区块链一般不直接保存交易数据，只保存原始数据的哈希摘要，该摘要通过哈希函数计算获得。哈希函数的单向性、随机性、不可碰撞性适用于区块链的数据存储，比特币区块链中采用 SHA256 哈希函数，经过计算可以将数据转换为 32 字节的字符串进行存储。

时间戳、随机数、难度目标字段与新区块的形成有关，每个字段的解释如下。

时间戳：拥有记账权的节点对区块数据存储加盖时间戳，用来表示数据写入区块的时间，因此链中区块会根据时间顺序依次连接。时间戳技术应用于区块链具有创新意义，可以对区块数据进行存在性证明（proof of existence），也可以实现区块链基础构建的不可篡改性和可追溯性。

随机数（nonce）：每个数据区块的头部信息中都含有一个随机数，初始值为 0，运行比特币矿机的节点对区块整体数据不断地进行 SHA256 运算，若当前随机数计算出来的 SHA256 值（哈希值的一种）不满足要求，那么该随机数便增加一个单位，继续进行 SHA256 运算，直到 SHA256 值比当前数据区块 SHA256 值小，新的数据区块便产生。因此，生成新区块的过程实际上是计算 SHA256 值并与目标值比较的过程。比特币数据区块生成的这一过程被称为工作量证明。

难度目标：难度目标是使整个网络的计算力在约 10min 产生一个区块所需要的难度数值。区块链网络根据过去两周的计算结果，自动重新计算未来两周的难度目标。难度目标由区块中的 SHA256 值决定，通过控制区块头中的 SHA256 值应恰好落在可控范围目标区间之内来增加或减少难度目标。区块链系统规定每经过 2016 个区块对难度目标进行调整，使得每个区块的生成时间保持在 10min，新难度目标的计算公式为

$$T_{\text{new}} = T_{\text{old}} \times \frac{t_{\text{total}}}{2016 \times 10}$$

其中，T_{new} 为新难度目标；T_{old} 为旧难度目标；t_{total} 为过去 2016 个区块的生成总时间。目标难度的调整由区块链系统自行完成，保证了系统的稳定性。

merkle 树是一种用于存储哈希值的二叉树或多叉树，通过提取数据的摘要信息在比较短的时间内校验数据的完整性。一个 merkle 树的结构如图 2.4 所示，系统输入需要进行交易的数据并对其进行两次哈希运算，得到的哈希值作为叶子节点，然后对相邻叶子节点两两串联组成的字符串进行哈希运算，重复这一步操作直到生成 merkle 根节点。在区块链系统中，将 merkle 根节点的哈希值存放在区块头中，这样可以提高区块链存储的可扩展性，也能快速对数据进行检验，极大地降低了运行时的资源占用。

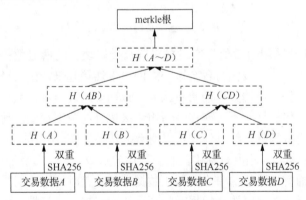

图 2.4　一个 merkle 树的结构

merkle 树自底向上构建，步骤如下。

（1）对一特定时间段内的每笔交易数据进行双重 SHA256 运算，每笔交易可以得到相应的哈希序列。

（2）将每笔交易的哈希序列存储至相应的叶子节点。

（3）对相邻叶子节点的哈希值进行哈希运算，如此递归操作直至只剩顶部的一个节点，即 merkle 根。

（4）将该 merkle 根节点存入区块头中。

merkle 树构建算法如表 2.4 所示。

表 2.4　merkle 树构建算法

算法：merkle 树构建算法
输入：交易数据
输出：merkle 根哈希值
步骤 1：对交易数据做双重 SHA256 运算，$Node_{0i}=SHA256(SHA256(Data_{0i}))$，$i=1,2,3,4$;
步骤 2：相邻两个 hash 块串联，进行双重 SHA256 运算;
步骤 3：递归操作步骤 2，直至只剩顶部一个节点;
步骤 4：返回 merkle 根的哈希值。

比特币所使用的 merkle 树结构最为常见，树中叶子节点为交易数据双重 SHA256 哈希值，父节点是两个相邻节点的哈希值。merkle 树的不同变化结构还包括稀疏 merkle 树（sparse merkle tree，SMT）和以太坊所采用的 merkle 前缀树（merkle patricia trie，MPT）等。merkle 树的主要优点在于：①可提高区块链的存储效率，增强应用的可扩展性。区块链中可以只存储 merkle 树根产生的哈希值，不需要封装全部的底层原始交易数据，极大地节省了区块链的存储空间。②支持简单支付验证（simple payment verification，SPV）协议，参与简单支付验证的节点能够通过下载存储空间占用较小的区块头对交易数据进行正确性检验，不需要将完整的区块数据下载存储至本地节点。通常情况下，在 N 个交易组成的区块体中确认任一交易的时间复杂度仅为 $\log_2 N$，在保证数据完整性、防止恶意篡改的同时极大地减少了运算量，提高了运算效率，并实现了仅保存部分区块链数据的轻量级客户端。

随着交易规模的增加，merkle 树的高效变得明显。表 2.5 说明了区块中存在某种交易所需转化为 merkle 树路径的数据量，其中哈希数量为某个节点到 merkle 根的路径个数。

表 2.5　merkle 树数据存储规模

交易数量/笔	区块大小/KB	哈希数量/个	路径大小/字节
16	4	4	128
512	128	9	288
2048	512	11	352
65535	16384	16	512

由表 2.5 中可以看出，当交易数量从 16 笔增加至 65535 笔时，区块大小也相应地急速变大，但 merkle 树路径大小的增长相对缓慢，由 128 字节至 512 字节仅增加了 384 字节，因此使用 merkle 树可以高效地对数据进行存储。区块链使用 merkle 树存储结构，网络中的节点只需要下载 80 字节大小的区块头，通过一条最

短的路径就可以验证某一交易是否存在，不需要对整个区块的数据进行下载，这被称为区块链中的简单支付验证。

3. 交易结构

交易数据是区块链最重要的组成部分。区块链综合应用多重技术以确保新交易数据的快速生成、安全传播和有效验证，并且最终添加至整个分布式总账，即区块链。全网每个节点都拥有总账的副本以确保交易数据一致可靠、不可篡改。与区块成链过程一致，区块链中的所有交易也构成了一组链式结构来保证数据的一致性，区块交易结构如图 2.5 所示，其中"coinbase"是每个区块中第一笔交易。

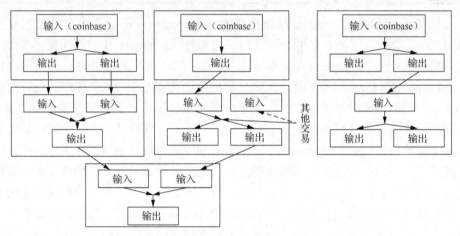

图 2.5　区块交易结构

交易的数据结构如表 2.6 所示。

表 2.6　交易的数据结构

大小/字节	名称	数据类型	描述
4	version	uint32	交易版本号
varint	tx_in_count	uint	交易输入数量
varies	tx_in	tx_in	交易输入
varint	tx_out_count	uint	交易输出数量
varies	tx_out	tx_out	交易输出
4	lock_time	uint32	锁定时间

表 2.6 中，varint 为可变长度整数，表示下一条数据中的字节数。针对不同的数值，存储的空间不一样。对于 0~252 的值，只占用一个字节；对于其他小于 0xffffffffffffffff 的值，第一个字节将成为长度标识位。varint 存储对应表如表 2.7 所示。

表 2.7　varint 存储对应表

值	存储空间/字节	数据类型
>=0 && <=252	1	uint8_t
>=253 && <=0xffff	3	后 2 个字节 uint16_t
>=0x10000 && <=0xffffffff	5	后 4 个字节 uint32_t
>=0x100000000 && <=0xffffffffffffffff	9	后 8 个字节 uint64_t

在区块链交易系统中，交易的基本单位被定义为未花费交易输出（unspent transaction output，UTXO），用于记录区块链系统中无法再细分、被所有者"锁住"并被整个网络识别成货币单位的一定量货币。每一笔交易可以分为交易输入（input）和交易输出（output）两个字段。交易输入由被花费的 UTXO 所在交易的交易哈希值、被花费的 UTXO 索引号的输出索引、满足 UTXO 解锁条件的解锁脚本等字段构成；交易输出主要包含一个定义了支付输出所需要条件的锁定脚本。

交易输入的结构如表 2.8 所示。

表 2.8　交易输入的结构

大小/字节	名称	数据类型	描述
32	previous_output_hash	COutPoint	前置交易哈希
4	previous_output_index	uint32	前置交易索引
varint	script_bytes	uint	解锁脚本长度
varies	signature_script	char[]	解锁脚本
4	sequence	uint32	序列号

交易输出的结构如表 2.9 所示。

表 2.9　交易输出的结构

大小/字节	名称	数据类型	描述
8	value	int64	花费的数量，单位是聪
1+	pk_script_size	uint	pubkey 脚本中的字节数量
varies	pk_script	char[]	花费这笔输出需要满足的条件

按照交易输入和输出的个数可以将交易分为三种类型：拥有一个输入和一个输出的一般交易、拥有一个输入和多个输出用来分配资金的分散型交易和拥有多个输入和一个输出用于清理支付过程中收到的小数额找零的集合型交易。每一笔交易的输出都链接到下一笔交易的输入，因此全网所有合法交易都可以通过这种方式追溯到之前的一笔或者多笔交易的输出。交易链的源头是生成新区块的系统奖励，又称 coinbase 交易，交易链的末尾则是许多 UTXO。交易输入和交易输出

同时包含两个用来验证交易合法性的脚本。输出脚本位于交易输出，明确了下一笔交易取得当前 UTXO 使用权的条件，又称锁定脚本。输入脚本位于交易输入，满足锁定脚本在其交易输出上所设定花费 UTXO 的花费条件，又称解锁脚本，通常含有一个由用户私钥生成的数字签名，允许交易输出被消费。在交易验证阶段，需要将两个脚本组合在一起，以堆栈执行引擎形式进行验证，只有组合脚本验证通过，包含在交易中的 UTXO 才可以被使用，证明交易有效，从而保证了全网中所有数据一致可信。

2.4　数据存储案例

2.4.1　比特币数据存储

比特币数据模型包含 4 个实体：区块、交易、输入和输出。一个区块对应多个交易，一个交易对应多个输入和多个输出。除了 coinbase 的输入外，一笔输入对应另一笔交易的输出[29]，其数据模型如图 2.6 所示。

比特币存储系统由普通文件和 kv 数据库（LevelDB）组成。普通文件用于存储区块链数据，kv 数据库用于存储区块链元数据。用于存储区块链数据的普通文件以 blk00000.dat、blk00001.dat 文件名格式命名，区块元数据存储在 index 目录。

比特币将数据主要存放于以下 4 个文件或目录中。

（1）blocks/blk*.dat 文件，其中存储了实际的块数据，这些数据以网络格式存储。它们仅用于重新扫描钱包中丢失的交易，将这些交易重新组织到链的不同部分，并将数据块提供给其他正在同步数据的节点。

（2）blocks/index 目录，其中的文件为 LevelDB 数据库，存放已知块的元数据，这些元数据记录所有已知块和它们存储在磁盘上的位置，如果没有这些文件，查找一个块将非常慢。

（3）chainstate 目录，其中的文件同样为 LevelDB 数据库，以紧凑的形式存储所有当前未花费的交易和它们的元数据，用于验证新传入的块与交易。理论上，这些数据可以从块数据中重建，但是需要很长时间。没有这些数据也可以对数据进行验证，但是需要对现有块数据进行扫描，这无疑是非常慢的。

（4）blocks/rev*.dat 文件，其中包含了"撤销"数据，可以将区块视为链的"补丁"（它们消耗一些未花费的输出并生成新的输出），撤销数据将是反向补丁，用于回滚链。比特币程序从网络中接收数据后，将数据以.dat 的形式转储到磁盘上。一个块文件大约为 128MB，每个块文件 blocks/blk*.dat 有一个对应的撤销文件 blocks/rev*.dat。

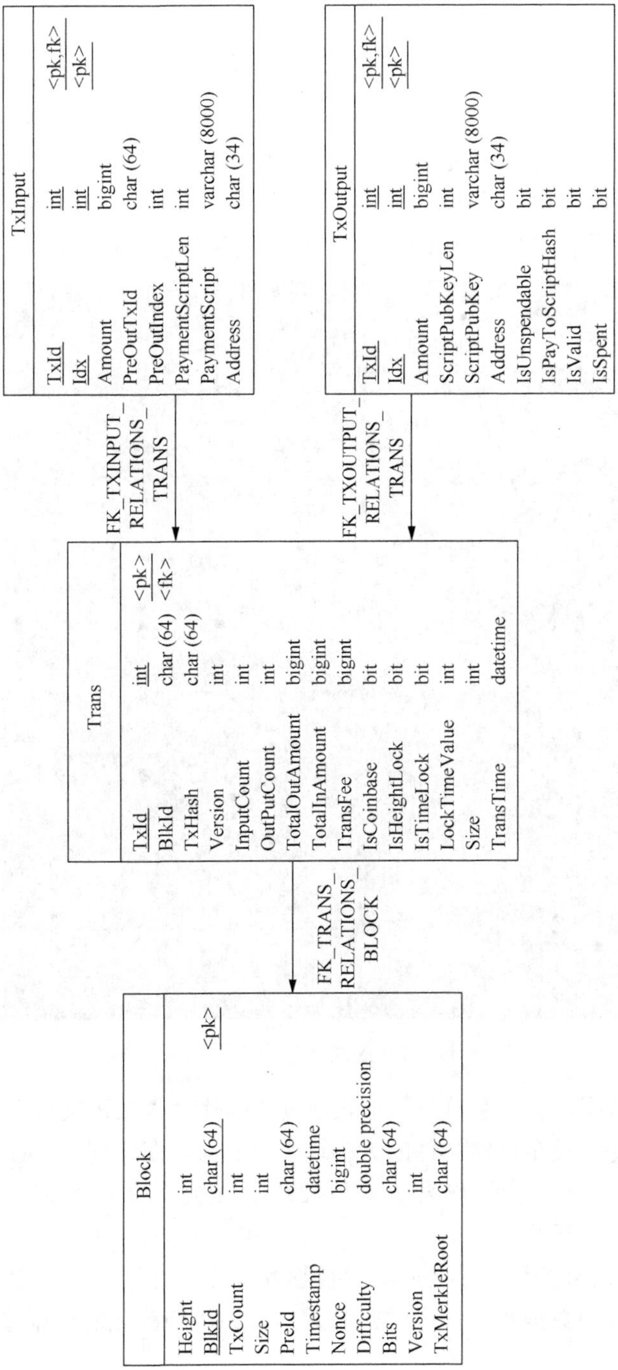

Block

Height	int	<pk>
BlkId	char(64)	
TxCount	int	
Size	int	
PreId	char(64)	
Timestamp	datetime	
Nonce	bigint	
Difficulty	double precision	
Bits	char(64)	
Version	int	
TxMerkleRoot	char(64)	

Trans

TxId	int	<pk>
BlkId	char(64)	<fk>
TxHash	char(64)	
Version	int	
InputCount	int	
OutPutCount	int	
TotalOutAmount	bigint	
TotalInAmount	bigint	
TransFee	bigint	
IsCoinbase	bit	
IsHeightLock	bit	
IsTimeLock	bit	
LockTimeValue	int	
Size	int	
TransTime	datetime	

TxInput

TxId	int	<pk,fk>
Idx	bigint	<pk>
Amount	char(64)	
PreOutTxId	int	
PreOutIndex	int	
PaymentScriptLen	varchar(8000)	
PaymentScript	char(34)	
Address		

TxOutput

TxId	int	<pk,fk>
Idx	bigint	<pk>
Amount	int	
ScriptPubKeyLen	varchar(8000)	
ScriptPubKey	char(34)	
Address	bit	
IsUnspendable	bit	
IsPayToScriptHash	bit	
IsValid	bit	
IsSpent	bit	

FK_TRANS_RELATIONS_BLOCK

FK_TXINPUT_RELATIONS_TRANS

FK_TXOUTPUT_RELATIONS_TRANS

图 2.6　比特币数据模型

可以在命令提示符中使用 hexdump 命令打开 blkXXX.dat 文件：

```
> hexdump -n 10000 -C blk00000.dat
```

hexdump 命令的作用是将区块文件转化为十六进制和 ASCII 码表示，每一个区块记录了 5 个信息：魔法数、区块大小、区块头部信息、交易计数、交易详情。其中，魔法数是 4 个字节的不变常量，含义是比特币等区块链系统客户端应用解析区块数据时的识别码。不同币种的魔法数一般不同，如比特币魔法数是 0xd9b4bef9、莱特币魔法数是 0xdcb7c1fc。区块文件信息如图 2.7 所示。

```
00000000  f9 be b4 d9 1d 01 00 00  01 00 00 00 00 00 00 00  |................|
00000010  00 00 00 00 00 00 00 00  00 00 00 00 00 00 00 00  |................|
00000020  00 00 00 00 00 00 00 00  00 00 00 00 3b a3 ed fd  |............;...|
00000030  7a 7b 12 b2 7a c7 2c 3e  67 76 8f 61 7f c8 1b c3  |z{..z.,>gv.a....|
00000040  88 8a 51 32 3a 9f b8 aa  4b 1e 5e 4a 29 ab 5f 49  |..Q2:...K.^J)._I|
00000050  ff ff 00 1d 1d ac 2b 7c  01 01 00 00 00 01 00 00  |......+|........|
00000060  00 00 00 00 00 00 00 00  00 00 00 00 00 00 00 00  |................|
00000070  00 00 00 00 00 00 00 00  00 00 00 00 00 00 ff ff  |................|
00000080  ff ff 4d 04 ff ff 00 1d  01 04 45 54 68 65 20 54  |..M.......EThe T|
00000090  69 6d 65 73 20 30 33 2f  4a 61 6e 2f 32 30 30 39  |imes 03/Jan/2009|
000000a0  20 43 68 61 6e 63 65 6c  6c 6f 72 20 6f 6e 20 62  | Chancellor on b|
000000b0  72 69 6e 6b 20 6f 66 20  73 65 63 6f 6e 64 20 62  |rink of second b|
000000c0  61 69 6c 6f 75 74 20 66  6f 72 20 62 61 6e 6b 73  |ailout for banks|
000000d0  ff ff ff ff 01 00 f2 05  2a 01 00 00 00 43 41 04  |........*....CA.|
000000e0  67 8a fd b0 fe 55 48 27  19 67 f1 a6 71 30 b7 10  |g....UH'.g..q0..|
000000f0  5c d6 a8 28 e0 39 09 a6  79 62 e0 ea 1f 61 de b6  |\..(.9..yb...a..|
00000100  49 f6 bc 3f 4c ef 38 c4  f3 55 04 e5 1e c1 12 de  |I..?L.8..U......|
00000110  5c 38 4d f7 ba 0b 8d 57  8a 4c 70 2b 6b f1 1d 5f  |\8M....W.Lp+k.._|
00000120  ac 00 00 00 00 f9 be b4  d9 d7 00 00 00 01 00 00  |................|
00000130  00 6f e2 8c 0a b6 f1 b3  72 c1 a6 a2 46 ae 63 f7  |.o......r...F.c.|
00000140  4f 93 1e 83 65 e1 5a 08  9c 68 d6 19 00 00 00 00  |O...e.Z..h......|
00000150  00 98 20 51 fd 1e 4b a7  44 bb be 68 0e 1f ee 14  |.. Q..K.D..h....|
00000160  67 7b a1 a3 c3 54 0b f7  b1 cd b6 06 e8 57 23 3e  |g{...T.......W#>|
00000170  0e 61 bc 66 49 ff ff 00  1d 01 e3 62 99 01 01 00  |.a.fI......b....|
00000180  00 00 01 00 00 00 00 00  00 00 00 00 00 00 00 00  |................|
00000190  00 00 00 00 00 00 00 00  00 00 00 00 00 00 00 00  |................|
000001a0  00 00 00 ff ff ff ff 07  04 ff ff 00 1d 01 04 ff  |................|
000001b0  ff ff ff 01 00 f2 05 2a  01 00 00 00 43 41 04 96  |.......*....CA..|
000001c0  b5 38 e8 53 51 9c 72 6a  2c 91 e6 1e c1 16 00 ae  |.8.SQ.rj,.......|
000001d0  13 90 81 3a 62 7c 66 fb  8b e7 94 7b e6 3c 52 da  |...:b|f....{.<R.|
000001e0  75 89 37 95 15 d4 e0 a6  04 f8 14 17 81 e6 22 94  |u.7..........".|
000001f0  72 11 66 bf 62 1e 73 a8  2c bf 23 42 c8 58 ee ac  |r.f.b.s.,.#B.X..|
00000200  00 00 00 00 f9 be b4 d9  d7 00 00 00 01 00 00 00  |................|
00000210  48 60 eb 18 bf 1b 16 20  e3 7e 94 90 fc 8a 42 75  |H`..... .~....Bu|
00000220  14 41 6f d7 51 59 ab 86  68 8e 9a 83 00 00 00 00  |.Ao.QY..h.......|
00000230  d5 fd cc 54 1e 25 de 1c  7a 5a dd ed f2 48 58 b8  |...T.%..zZ...HX.|
00000240  bb 66 5c 9f 36 ef 74 4e  e4 2c 31 60 22 c9 0f 9b  |.f\.6.tN.,1`"...|
00000250  b0 bc 66 49 ff ff 00 1d  08 d2 bd 61 01 01 00 00  |..fI.......a....|
00000260  00 01 00 00 00 00 00 00  00 00 00 00 00 00 00 00  |................|
00000270  00 00 00 00 00 00 00 00  00 00 00 00 00 00 00 00  |................|
00000280  00 00 ff ff ff ff 07 04  ff ff 00 1d 01 0b ff ff  |................|
```

图 2.7　区块文件信息

每个区块的数据都会以字节码的形式通过序列化写入 dat 文件。为了快速检索区块数据，比特币设定存储文件的大小均为 128M，在序列化的过程中，如果发现当前写入文件大小加上区块大小大于 128M，则会生成一个额外的 dat 文件。具体的序列化过程如下所述：

（1）获取当前 dat 文件大小 npos，并将区块大小追加写入 dat 文件中；

（2）序列化区块数据和区块中的交易数据，并将序列化的数据追加写入 dat 文件；

（3）在写入数据的过程中，会生成区块和交易相关的元数据。

比特币区块体读取原始交易数据的流程如下：

（1）读取前 4 个字节，比对 magic no；

（2）一旦匹配，读取后 4 个字节，得到块的大小 m；

（3）读取后面 m 个字节，得到区块的数据；

（4）返回第一步，读取下一个区块。

表 2.2 已经详细描述了比特币区块结构，在存储时前一区块哈希字段采用内部字节顺序存储，其他值以小端序存储。其中，内部字节顺序需要以字节为单位逆序读取，如下面的 python 代码。

```
def format_hash(data):
    // data 为读取的 32 字节的二进制数据
    return str(hexlify(data[::-1]).decode('utf-8'))
```

如下所示是一个区块头的实例。

```
02000000 ........................ Block version: 2

b6ff0b1b1680a2862a30ca44d346d9e8
910d334beb48ca0c0000000000000000 ... Hash of previous block's
header
9d10aa52ee949386ca9385695f04ede2
70dda20810decd12bc9b048aaab31471 ... Merkle root

24d95a54 ........................ Unix time: 1415239972
30c31b18 ........................ Target: 0x1bc330 *
256**(0x18-3)
fe9f0864 ........................ Nonce

//对 header 进行两次哈希,可以得到区块的哈希值
def double_sha256(data):
    return hashlib.sha256(hashlib.sha256(data).digest()).
digest()
```

比特币区块链交易流程解析如下：

（1）读取 4 个字节版本号；

（2）解析 varint，得到输入数量 n；

（3）执行 $1 \sim n$ 次循环，解析交易输入；

（4）解析 varint，得到输出数量 m；

（5）执行 $1 \sim m$ 次循环，解析交易输出。

一个示例交易数据如下。

```
01000000 ............................ Version

01 .................................. Number of inputs
```

```
        7b1eabe0209b1fe794124575ef807057
        c77ada2138ae4fa8d6c4de0398a14f3f ......... Outpoint TXID
        00000000 ................................ Outpoint index
number
        49 ...................................... Bytes in sig.
script: 73
         48 ..................................... Push 72 bytes as
data
        30450221008949f0cb400094ad2b5eb3
        99d59d01c14d73d8fe6e96df1a7150de
        b388ab8935022079656090d7f6bac4c9
        a94e0aad311a4268e082a725f8aeae05
        73fb12ff866a5f01 ..................... secp256k1
signature
        ffffffff................................Sequence number:
UINT32_MAX
        01 ...................................... Number of outputs
        f0ca052a01000000 ...................... Satoshis
(49.99990000 BTC)
        19 ...................................... Bytes in pubkey
script: 25
        76 ...................................... OP_DUP
        a9 ...................................... OP_HASH160
        14 ...................................... Push 20 bytes as
data
        cbc20a7664f2f69e5355aa427045bc15
        e7c6c772 ............................. PubKey hash
        88 ...................................... OP_EQUALVERIFY
        ac ...................................... OP_CHECKSIG
      00000000 ................................ locktime: 0 (a
block height)
```

2.4.2　以太坊数据存储

以太坊数据存储模型如图 2.8 所示，以太坊的区块主要由区块头和交易数据组成，区块在存储过程中分别将区块头和交易数据经过递归的长度前缀（recursive length prefix，RLP）编码后转换为 kv 数据。以太坊在数据存储的过程中，每个 value 对应的 key 都有相对应的前缀，不同类型的 value 对应不同的前缀。

以太坊区块交易数据的存储过程如下：

（1）将区块中的交易数据和区块头信息进行 RLP 编码，从而生成存储值 value；

（2）将数据类型前缀、编码后的区块高度和区块哈希拼接生成 key；

（3）将<key,value>存储至 LevelDB 数据库中。

区块的信息可以通过区块哈希和区块高度进行检索，检索过程如下：

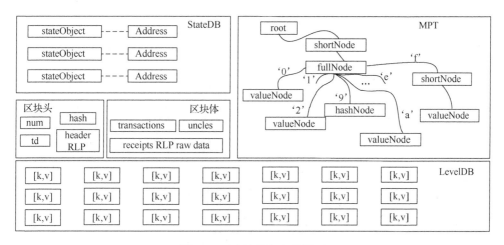

图 2.8　以太坊数据存储模型

（1）将区块头信息进行 RLP 编码生成存储值 value；

（2）将区块高度进行编码（转发成大端格式数据）生成 encNum；

（3）将数据类型前缀（headerPrefix）和 encNum 生成以区块高度为检索信息的 key；

（4）将<key,value>存储至 LevelDB 数据库中，生成以区块高度为检索的信息；

（5）将数据类型前缀（blockHashPrefix）和区块哈希生成以区块哈希为检索信息的 key；

（6）将<key,value>存储至 LevelDB 数据库中，生成以区块哈希为检索的信息。

数据查询时，应用层只需要提供交易哈希值、区块高度和区块哈希值就能得到交易 key，从而查询到相关的交易信息。

在以太坊中，数据的最终存储形式是[k,v]键值对，目前使用的[k,v]型底层数据库是 LevelDB；所有与交易、操作相关的数据，呈现的集合形式是 block（header）；如果以 block（区块）为单位链接起来，则构成更大粒度的 blockchain（headerchain）；若以 block 作切割，则交易和合约就是更小的粒度；所有交易或操作的结果，将以个体账户的状态存在，账户的呈现形式是 stateObject，所有账户的集合受 StateDB 管理。数据单元 block、stateObject、StateDB 使用 MPT 数据结构组织和管理[k,v]型数据，通过高效的分段哈希验证机制和灵活的节点插入/载入设计，调用方可快速且高效地实现对数据的插入、删除、更新、压缩和加密。

1．block 和 header

block 是以太坊的核心数据结构之一。所有账户的相关活动都以交易的格式存储，每个 block 有一个交易对象的列表；每个交易的执行结果由一个 receipt 对象与其包含的一组 log 对象记录；所有交易执行完后生成 receipt 列表，经过压缩加密存储至 block 中。不同区块之间，通过前向指针 parentHash 相互串联形成一个单向链表，blockchain 结构体管理该链表。block 结构体可分为 header 和 body 两个部分，以太坊 UML 关系如图 2.9 所示。

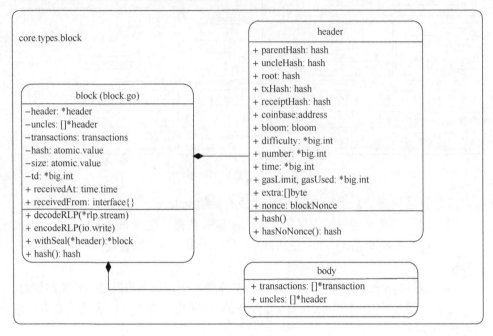

图 2.9　以太坊 UML 关系图

1）header 部分

header 是 block 的核心，成员变量具有公共属性，方便向调用者提供关于 block 属性的操作，具体解释如下。

parentHash：指向父区块（parent block）的指针。除了创世区块（genesis block）外，每个区块有且只有一个父区块。

uncleHash：block 结构体的成员 uncles 的 RLP 哈希值。uncles 是一个 header 数组。

root：StateDB 中，状态树"state trie"经过 RLP 编码产生的哈希值。区块中，stateObject 代表每个账户对象，每个账户对象对应唯一的状态标识为 address，在某一次相关交易的执行过程中，address 包含的信息会被修改。状态树"state trie"是通过将所有账户对象依次插入 MPT 树状结构而构建生成的。

txHash：block 中"tx trie"根节点的 RLP 哈希值。block 的成员变量 transactions 中的所有 tx 对象被逐个插入一个 MPT 结构中，形成"tx trie"。

receiptHash：block 中"receipt trie"根节点的 RLP 哈希值。block 的所有 transaction 执行完后会生成一个 receipt 数组，该数组中的所有 receipt 被逐个插入

一个 MPT 结构中，形成 "receipt trie"。

coinbase：挖掘出该区块的作者地址。在每次执行交易时，系统会给予一定金额补偿的 Ether，发给该地址。

bloom：bloom 过滤器（filter），用来快速判断一个参数 log 对象是否存在于一组已知的 log 集合中。

difficulty：区块的难度。block 的 difficulty 由共识算法基于 parent block 的 time 和 difficulty 计算得出，应用在区块的 "挖掘" 阶段。

number：区块的序号。block 的 number 等于其父区块 number+1。

time：区块被创建的时间。由所采用的共识算法确定，一般来说，等于 parentBlock.Time+10s，或者等于当前系统时间。

gasLimit：区块内所有 gas 消耗的理论上限。该数值在区块创建时设置，与父区块有关。具体来说，根据父区块的 gasUsed 同 gasLimit*2/3 的大小关系计算得出。

gasUsed：区块内所有 transaction 执行时所实际消耗的 gas 总和。

nonce：64bits 哈希数，应用在区块数据打包生成阶段，计算出 nonce 值的节点就能获得区块生成权，进行区块广播并获得奖励。在使用时，nonce 值会被修改。

MPT 是一种 trie 前缀树，可以存储[k,v]键值对的树状数据结构。Ethereum 中用来加密存储区块数据，其中账户的交易信息、状态和相应变更、相关交易信息等都采用 MPT 结构进行管理。

root、txHash 和 receiptHash 分别是三个 MPT 结构 stateTrie、txTrie 和 receiptTrie 的根节点哈希值。用 32 字节的哈希值代表一个有若干节点的树形结构或一个有若干元素的数组，用来对数据进行加密。例如，在区块同步生成过程中，可以通过对比验证 txHash 来确认数组中的交易是否完整。txHash 和 receiptHash 的生成稍微特殊一点，是由于其数据来源是数组，而不像 root 所对应的原本就存在。以太坊源码中将数组中每个元素的索引作为 k，该元素的 RLP 编码值作为 v，组成[k,v]键值对作为一个节点，这样所有数组元素作为节点逐个插入一个初始化为空的 MPT，形成 MPT 结构。

在 stateTrie、txTrie、receiptTrie 三个 MPT 结构的产生时间上，stateTrie 存储了所有账户的信息，如余额、发起交易次数、虚拟机指令数组等，因此随着每次交易的执行，stateTrie 一直变化，使得 root 值不断变化；txTrie 理论上只需 tx 数组 transactions 即可，不过依然被限制在所有交易执行完后才生成；receiptTrie 必须在 block 的所有交易执行完成后才能生成。StateDB 定义了函数 intermediateRoot()，用来生成该时刻的 root 值，该函数的返回值代表了所有账户信息的一个即时状态。

2）body 结构体

block 的成员变量 td 表示整个区块链表从源头创世块开始，到当前区块截止，累积的所有区块 difficulty 之和。从概念可知，某个区块与父区块的 **td** 之差等于该区块 header 带有的 difficulty 值。body 可以理解为 block 中的数组成员集合，其相对于 header 需要更多的内存空间，因此在数据传输和验证时，往往与 header 分开进行。

uncles 是 body 中非常特别的一个成员，从业务功能上，其并不是 block 结构体必须的。它的出现使 block 哈希值计算时间更长，这样能够避免 Ethereum 网络中计算能力特别强大的节点操纵区块的产生，以防止这些节点破坏去中心化特性。

2. block 的唯一标识符

与以太坊中其他对象类似，block 对象的唯一标识符是其 RLP 哈希值。某一区块的哈希值，等于其 header 成员的 RLP 哈希值。从根本上明确了 block 结构体和 header 表示的是同一个区块对象。考虑到 block 和 header 这两种结构体所占内存空间的差异，此设计可以带来很多便利。例如，在数据传输时，完全可以先传输 header 对象，验证通过后再传输 block 对象，收到后还可以利用二者的成员哈希值做相互验证。

3. blockchain 和 headerchain

blockchain 结构体被用来管理整个区块单向链表，在一个 Ethereum 客户端软件中，只有一个 blockchain 对象存在。同 block/header 的关系类似，blockchain 还有一个成员变量类型是 headerchain，用于管理所有 header 组成的单向链表。headerchain 在全局范围内仅有一个对象，并被 blockchain 持有（headerchain 只被 blockchain 和 lightchain 持有，lightchain 类似于 blockchain，默认只处理 headers，但也可以下载 bodies 和 receipts），blockchain 与 headerchain UML 关系图如图 2.10 所示。

在结构体的设计上，blockchain 和 headerchain 有诸多类似之处。例如，两者都有相同的 chainConfig 对象，以及相同的 database 接口行为变量用来提供$[k,v]$数据的读取和写入。blockchain 有成员 genesisBlock 和 currentBlock，分别对应创世区块和当前区块，而 headerchain 则有 genesisHeader 和 currentHeader；blockchain 有 bodyCache、blockCache 等成员用以缓存高频调用对象，而 headerchain 则有 headerCache、tdCache、numberCache 等缓存成员变量。除此之外，相对于 headerchain，blockchain 主要增加了 processor 和 validator 两个接口行为变量，前者用以执行所有交易对象，后者可以验证诸如 body 等数据成员的有效性。

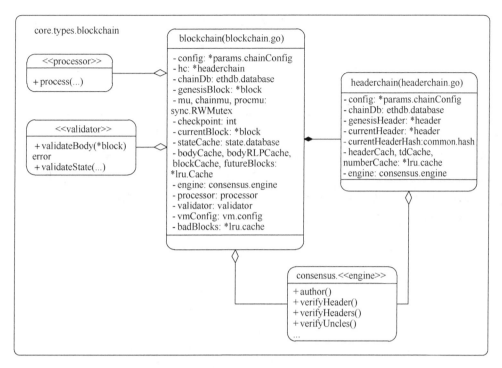

图 2.10　blockchain 与 headerchain UML 关系图

engine 是共识算法定义的行为接口，而 consensus.engine 是以太坊系统中共识算法的一个主要行为接口，采用符合共识算法规范的算法库。该算法库提供包括 verifyHeaders()、verifyUncles()等一系列涉及数据合法性的关键函数。在以太坊系统中，所有与验证区块对象相关的操作都会调用 engine 行为接口来完成。

逻辑上，blockchain 和 headerchain 都管理一个类似单向链表的结构，它们提供的操作方法包括查找和插入。以 blockchain 为例，它有一个成员 currentBlock，指向当前最新的区块，headerchain 也有一个类似的成员 currentHeader。除此之外，底层数据库中还分别存有当前最新 block 和 header 的哈希值。

底层数据库表单如表 2.10 所示，"LastFast"存储的是在同步方式 FastSync 下最新区块的哈希值。相比于 FullSync，FastSync 只需同步 header 而不考虑 body。以 blockchain 为例，通过"LastBlock"从数据库中获取最新的区块之后，用 num 逐一遍历，得到目标区块的 num 后，用'h'+num+'n'作为 key，就可以从数据库中获取目标哈希值。

表 2.10　底层数据库表单

key	value
LastHeader	hash
LastBlock	hash
LastFast	hash

插入操作跟普通单向链表明显不同，header 的前向指针 parentHash 不能被修改，即当前区块的父区块不能被修改。因此在插入实现中，当决定写入一个新的 header 底层数据库时，需要从该 header 开始回溯，以保证它的所有前向区块都已经写入数据库。进而确保从创世区块（num 为 0）起，直到当前新写入的区块，整个链式结构是完整的，没有中断或分叉。

第 3 章　密码学技术

密码学相关技术在整个信息技术领域占有重要地位，并得到了广泛应用，区块链技术也大量依赖密码学和信息安全技术的研究成果[30]。密码学是一门体系庞大的学科，本章介绍与区块链相关的密码学基础知识，包括加解密算法、哈希算法、数字签名等，并对其在区块链中的应用进行阐述。

3.1　加解密算法

密码学技术中最为核心的是加密算法，根据设计理念可以将其分为对称加密和非对称加密，两种算法的对比如表 3.1 所示。

表 3.1　对称加密与非对称加密算法对比

算法类型	特点	优势	缺陷	代表算法
对称加密	加密与解密算法采用同一密钥	计算效率相对高，且加密具有较高强度	需要将密钥提前共享，易造成密钥泄露	DES 算法、3DES 算法、AES 算法、IDEA
非对称加密	加密与解密算法采用不同密钥	无需提前将密钥共享，节省加密资源消耗	计算效率相对较低，同时存在被攻击的风险	ElGamal 算法、椭圆曲线密码算法、RSA

3.1.1　加解密系统

加解密系统主要由三部分组成，包括加密算法、解密算法和加解密密钥。其中加密算法根据加密密钥进行加密；解密算法根据解密密钥进行解密；加解密算法是固定不变且公开的，密钥为加解密系统最为核心的部分，需要采用一定手段进行保护。若采用同一个加密算法，则需要通过特定的计算方式将密钥计算出来，且密钥的长度越长，其加密效果越好。加解密的基本过程如图 3.1 所示。

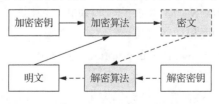

图 3.1　加解密的基本过程

　　加密是指发送方采用加密算法，根据加密密钥对明文进行加密，在信道上将密文传输给接收方。解密是指接收方采用解密算法，根据解密密钥对接收到的密文信息进行解密，形成明文。密钥相同为对称加密，密钥不同为非对称加密。两种方法各有优劣，适用于不同的需求，有时为解决难题可以混合使用形成混合加密机制。

　　加密算法的安全性可由数学证明得出，但并非所有的算法均可得到证明。经过充分的实践论证后，可被公认是安全的，但通过该方法被认可的算法并不代表其一定不会被破解。因此，自行设计和发明的且未经过大规模验证的加密算法一般不具有可靠性。即使不公开算法加密过程，也很容易被攻破，无法在安全性上得到保障。因此，密码学中安全性较高的算法通常需要依赖复杂的数学难题，而不能仅仅依靠长期的实践探索进行安全性判定。

3.1.2　对称加密算法

　　对称加密算法是加解密系统中的一个核心分类，所使用的加解密密钥是相同的，具有加密速度快且加密强度相对较高的优点。但由于加解密的密钥相同，需要信息发送方和接收方在发送信息前将密钥进行共享。在共享密钥的过程中会存在中间人攻击，造成密钥泄露问题，因此在不安全信道中进行密钥共享需要借助密钥协商协议或非对称加密方式来实现。

　　随着对称加密技术的发展，形成了分组加密和序列加密两种加密类型。分组加密将所有明文按照特定的方式分成组，以组为单位进行加密，该方法目前应用最为广泛。序列加密采用不同的序列密码对某一个字节或字符进行加密，对明文中所有字符进行上述操作完成加密。目前关于对称加密系统，专家学者已提出了多个典型算法，包括 DES 算法、3DES 算法、AES 算法、IDEA 等。

　　（1）数据加密标准（data encryption standard，DES）算法[31]：1976 年由美国国家标准局（National Bureau of Standards，NBS）定为联邦资料处理标准，是一个典型的分组加密算法。该算法将明文分为 64bits 的小组，再将每个 64bits 的小组加密为 64bits 的密文，同时采用的密钥长度为 64bits。由于该算法相对简单，随着计算能力的提升，很容易被暴力破解。

　　（2）3DES 算法：DES 加密算法的一种模式，使用三条 64bits 的密钥对数据进行三次加密。处理过程和加密强度优于 DES 算法。

　　（3）高级加密标准（advanced encryption standard，AES）算法[32]：在 DES 算法逐渐退化后，美国国家标准与技术研究院（National Institute of Standards and Technology，NIST）将 AES 算法作为国家标准，用以取代 DES 算法。AES 算法也是一种分组加密算法，根据其分组大小不同可以分为 128bits、192bits 和 256bits

三种，它的计算速度相对较快，且依赖数学难题，目前尚未被破解。

（4）国际数据加密算法（international data encryption algorithm，IDEA）[33]：1991 年由密码学家 Massey 与来学嘉联合提出。该算法的设计与 3DES 算法较为类似，通过将密钥长度增加为 128bits 以提升算法的加密效果。

对称加密体系由于加密效率相对较高，更加适用于对大量数据进行加密，但不能应用于数字签名的场景中。同时，该体系需要发送方与接收方在通信前共享密钥，存在密钥泄露的风险。

3.1.3　非对称加密算法

为解决对称密钥体系在不安全信道中进行密钥共享的问题，非对称加密体系被提出。非对称加密体系是指加密密钥和解密密钥不同，能够公开的称为公钥，需秘密持有的称为私钥。私钥一般由随机算法生成，公钥则由私钥进行不可逆计算得出。公钥为公开的，向他人提供，用于进行数据加密。私钥为个人持有，不可泄露，用于进行数据解密。由于非对称加密体系中采用加密和解密的密钥不相同，不需要提前进行密钥共享，该体系在不安全信道中可以安全使用，不存在泄露问题。但其处理速度较慢，比对称密钥体系慢 2~3 数量级，且其加密强度也相对较弱。

非对称加密体系中，公钥由私钥进行不可逆计算得来，需要依赖数学难题加以保障，目前常用的数学难题包括离散对数、椭圆曲线、质因子分解等。常见的非对称加密算法有 RSA 算法、Diffie-Hellman 密钥交换算法、ElGamal 算法、椭圆曲线密码（elliptic curve cryptography，ECC）算法、SM2 算法等。

（1）RSA 算法[34]：1977 年由 Rivest、Shamir、Adleman 三人共同提出，并因此获得了著名的图灵奖。该算法依托质因子分解这一数学难题，但目前还没有从理论上证明两者难度等价。

（2）Diffie-Hellman 密钥交换算法[35]：该算法依托离散对数这一数学难题，发送方和接收方可以在不安全信道上协商出一个公共密钥，进而完成数据加密传输。

（3）ElGamal 算法[36]：该算法依托离散对数这一数学难题，由 ElGamal 设计，目前常被应用于 PGP 等相关软件工具中。

（4）椭圆曲线密码算法[37]：该算法依托椭圆曲线上某一点进行乘法逆运算难以计算的特性。其于 1985 年由 NealKo 和 Miller 分别独立提出，被普遍认为是加密算法中最高安全性的一类算法，但加密过程所消耗的时间相对较长。

（5）SM2 算法 [38]：国家商用密码算法，由国家密码管理局于 2010 年 12 月 17 日发布，同样基于椭圆曲线密码算法，加密强度优于 RSA 算法。

由于非对称加密体系加解密密钥不同的特性，更适用于数字签名和密钥协商的场景。在众多非对称加密体系中，椭圆曲线密码算法安全性最高，因此在区块链系统中被广泛使用。

3.1.4　椭圆曲线密码算法

椭圆曲线密码算法依托椭圆曲线这一数学难题，具有密钥长度相对较短的优点，有效降低了数据存储需要消耗的资源，且采用该算法的用户可以选择同一基域中的椭圆曲线，使得所有用户采用同样的操作完成加密运算。

椭圆曲线定义如下：设 p 是一个大于 3 的素数，在有限域 F_p 上的椭圆曲线 $y^2 = x^3 + ax + b$ 由一个基于同余式 $y^2 = x^3 + ax + b \bmod p$ 的解集 $(x, y) \in F_p \times F_p$ 和一个称为无穷远点的特定点 O 组成。

假设 $P_1 = (x_1, y_1)$ 与 $P_2 = (x_2, y_2)$ 是某椭圆曲线上的两个定点，那么该椭圆曲线上的加法运算和减法运算可由以下公式表示：

（1）$-O = O$；

（2）$-P_1 = (-x_1, -y_1)$；

（3）$O + P_1 = P_1$；

（4）若 $P_2 = -P_1$，则 $P_1 + P_2 = O$；

（5）若 $P_2 \neq -P_1$，则 $P_1 + P_2 = (x_3, y_3)$。

（5）中 $x_3 = m_2 - x_1 - x_2$，$-y_3 = m(x_3 - x_1) + y_1$，其中 $m = \begin{cases} \dfrac{y_2 - y_1}{x_2 - x_1}, & x_2 \neq x_1 \\ \dfrac{3x_1^2 + a}{2y}, & x_2 = x_1 \end{cases}$。

根据上述计算，椭圆曲线上的两个点相加所得到的数值依然为该椭圆曲线上的点。因此，多个点相加可由等式 $kP = P + P + \cdots + P = Q$ 表示，由于椭圆曲线加法运算的不可逆性，根据 k 和 P 计算 Q 比较容易，但根据 Q 计算 k 十分困难，该问题称为椭圆曲线的点群离散对数问题，椭圆曲线密码算法则是依据该数学难题设计的。

区块链中使用的椭圆曲线为 Certicom 推荐的 secp256k1。secp256k1 是一个基于 F_p 有限域的椭圆曲线方程，其曲线性能相对其他曲线较高。secp256k1 的一般表达式为 $y^2 = x^3 + ax + b$，由 $D = (p, a, b, G, n, h)$ 定义，其中 $p = 2^{256} - 2^{32} - 2^9 - 2^8 - 2^7 - 2^6 - 2^4 - 1$，$a = 0$，$b = 7$，$n = $ FFFFFFFF　FFFFFFFF　FFFFFFFF　FFFFFFFE　BAAEDCE6　AF48A03B　BFD25E8C　D0364141，$h = 01$，G 基点的压缩形式表示为 $G = 02$　79BE667E　F9BE667E　55A06295　CE870B07　029BFCDB　2DCE28D9　59F2815B　16F81798，非压缩形式表示为 $G = 04$　79BE667E

F9DCBBAC	55A06295	CE870B07	029BFCDB	2DCE28D9	59F2815B
16F81798	483ADA77	26A3C465	5DA4FBFC	0E1108A8	FD17B448
A6855419	9C47D08F	FB10D4B8 。			

加解密算法中的非对称加密算法在区块链中被重点使用，其中椭圆曲线密码算法是区块链中的核心算法，被用于进行交易签名和地址生成等。

3.2　哈　希　算　法

哈希函数通常被用来构造数据"指纹"以判断数据是否被非法篡改，当被检验的数据发生改变时，对应的"指纹"信息也发生改变。因此，即使数据存储在不安全的地方，也可以通过"指纹"信息来检测数据的完整性。

区块链中的哈希函数常用于验证区块的一致性和交易信息的准确性，任何一个用户均可以完成该验证。每个区块的区块头中都存储着上一区块的哈希值，通过将上一区块的信息进行哈希运算，并与当前区块中存储的哈希值对比，若两者相同，则可保证区块中数据没有被篡改。本节主要介绍哈希函数，并对区块链中常用的 SHA256 算法、RIPEMD-160 算法和 Keccak 算法进行详细阐述。

3.2.1　哈希函数

哈希函数的定义：哈希函数是一个将任意长度的消息序列映射为较短、固定长度值的函数：

（1）如果某两个消息序列相同，那么映射值也相同；

（2）如果某两个消息序列不同，即使消息相似，映射值也会十分杂乱随机，无法找到任何关联。

如果一个哈希函数对以下三个问题都是难解的，则认为该哈希函数不易被破解，其中 X 表示消息的集合，Y 表示经过哈希函数计算的消息摘要集合。

原像问题（preimage problem）：设 $H:X \rightarrow Y$ 是一个哈希函数，$y \in Y$，是否能找到 $x \in X$，使得 $H(x)=y$。如果对于给定的消息摘要 y，原像问题能够解决，那么 (x,y) 有效。不能有效解决原像问题的哈希函数称为单向的或原像稳固的哈希函数。

第二原像问题（second preimage problem）：设 $H:X \rightarrow Y$ 是一个哈希函数，$x \in X$，是否能够找到 $x' \in X$，使得 $x' \neq x$，并且 $H(x')=H(x)$。如果第二原像问题能够解决，则 $(x',H(x'))$ 有效。不能有效解决第二原像问题的哈希函数称为第二原像稳固的哈希函数。

碰撞问题（collision problem）：设 $H:X\rightarrow Y$ 是一个哈希函数，是否能够找到 x，$x'\in X$，使得 $x'\neq x$，并且 $H(x')=H(x)$。对于碰撞问题的有效解决并不能直接产生有效的二元组，但如果 (x,y) 是有效的二元组，并且 x'、x 是碰撞问题的解，那么 (x',y) 也是一个有效的二元组。不能有效解决碰撞问题的哈希函数称为碰撞稳固的哈希函数。

3.2.2　常见算法

哈希算法的作用是对任意一组输入数据进行计算，得到一个固定长度的输出摘要。常见的哈希算法如下。

（1）MD4 算法由 Rivest[39]于 1990 年提出，安全性不依靠任何已知密码体制和已知的数学难题，目前 MD4 算法已被证明不够安全。

（2）MD5 算法是 Rivest[40]于 1992 年对 MD4 算法的改进版本，相对更加复杂，计算速度较慢，但安全性较高，目前 MD5 算法已被证明不具备"强抗碰撞性"。

（3）SHA-1 是一个哈希函数簇，由 NIST 于 1995 年发布。抗穷举性相对较好，目前 SHA-1 已被证明不具备"强抗碰撞性"。

（4）SHA-2 是 SHA-1 的一种改进，提高了安全性，其中包括 SHA224、SHA256、SHA384 和 SHA512 等算法。

（5）Keccak 算法是 2012 年 10 月被 NIST 选定为 SHA-3 的标准算法，拥有良好的加密性能和抗解密能力。

（6）RIPEMD-160 算法是 Dobbertin 等[41]在 MD4 算法、MD5 算法的基础上，于 1996 年提出的，共有 4 个版本：RIPEMD-128 算法、RIPEMD-160 算法、RIPEMD-256 算法和 RIPEMD-320 算法。

区块链系统目前使用哈希函数 SHA256 对区块的头部信息和交易数据进行加密，进而保证信息的完整性，比特币系统则混合使用 SHA256 和 RIPEMD-160 算法生成比特币地址，以太坊系统中使用 Keccak256 算法生成以太币地址。下面对这三个算法进行介绍。

3.2.3　SHA256 算法

SHA 是一类由 NIST 发布的密码哈希函数。1995 年著名的 SHA-1 算法簇被发布，之后另外的 4 种变体算法簇相继发布，包括 SHA224 算法、SHA256 算法、SHA384 算法和 SHA512 算法，这些算法也被称为 SHA-2 算法簇。SHA256 算法是 SHA-2 算法簇中的一类，产生的消息摘要长度为 256bits。

SHA256 算法的计算过程主要分为两大部分，包括预处理和主循环。预处理主要是对消息进行填充和扩展，由于原始数据不定长，为方便处理，需要将原始消息填充为 512 的倍数长度，再按照 512bits 进行分组。在主循环阶段，主要将各个消息块采用压缩函数进行处理，SHA256 算法的计算流程如图 3.2 所示。计算流程循环进行，当最后一个消息块处理完成时，将其输出作为原始数据进行 SHA256 计算后的值。

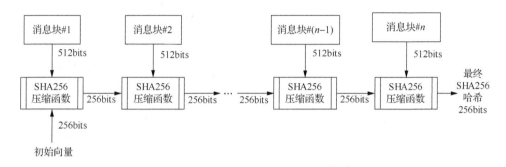

图 3.2　SHA256 算法的计算流程

1. 消息预处理阶段

首先使用 1 和 0 对信息进行补位，直到长度满足对 512 取模后余数是 448。其次对消息进行长度补充，用一个 64bits 的数据表示原始消息的长度，添加到已经进行了补位操作的消息后。最后将消息转换成 n 个 512bits 分组。

以信息"abc"为例显示补位的过程。

原始信息：01100001 01100010 01100011

补位第一步：01100001 01100010 01100011 1（补"1"）

补位第二步：01100001 01100010 01100011 10···0（补"0"）

补位完成后的数据，十六进制表示为

61626380　00000000　00000000　00000000　00000000　00000000　00000000

00000000　00000000　00000000　00000000　00000000　00000000　00000000

对消息添加长度，十六进制表示为

61626380　00000000　00000000　00000000　00000000　00000000　00000000

00000000　00000000　00000000　00000000　00000000　00000000　00000000

00000000　00000018

2. 主循环阶段

将计算的中间结果和最终结果存储于 256bits 的缓冲区中，缓冲区由 8 个 32bits 的寄存器 A、B、C、D、E、F、G 和 H 构成。每次输出的中间结果均存储于该缓冲区中，替代旧的中间值。如图 3.3 所示，SHA256 首先对 8 个 32bits 的寄存器赋初值，其次对数据进行循环处理 64 次。每一轮的输入为上一轮的输出和当前消息分组，每一步采用同一常数。所有分组处理完后，得到的 256bits 输出为经过 SHA256 计算的消息摘要。

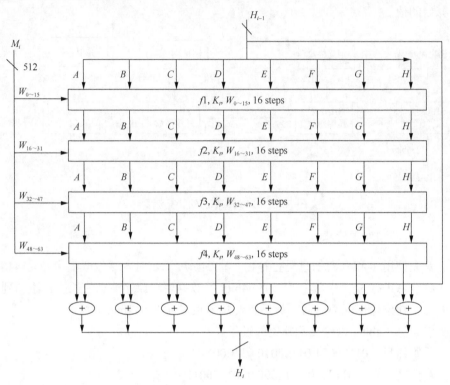

图 3.3　SHA256 的压缩函数

3. 算法中的常数值

8 个 32bits 寄存器赋初值为

$$A = H_0 = 0x6A09E667$$
$$B = H_1 = 0xBB67AE85$$
$$C = H_2 = 0x3C6EF372$$
$$D = H_3 = 0xA54FF53A$$
$$E = H_4 = 0x510E527F$$
$$F = H_5 = 0x9B05688C$$
$$G = H_6 = 0x1F83D9AB$$
$$H = H_7 = 0x5BE0CD19$$

将前 64 个素数（2,3,5,7,…,311）立方根的小数部分用二进制表示，并将该二进制的前 6bits 作为 K_t 的值。前 16 个 $W_t(0 \leqslant t \leqslant 15)$ 是消息输入分组对应的 16 个 32bits，其他 W_t 按照以下公式计算得出：

$$W_t = W_{t-16} + \sigma_0(W_{t-15}) + W_{t-7} + \sigma_1(W_{t-2}), 16 \leqslant t \leqslant 63 \qquad (3.1)$$

其中，$\sigma_0(x) = \text{ROTR}_7(x) \oplus \text{ROTR}_{18}(x) \oplus \text{SHR}_3(x)$；$\sigma_1(x) = \text{ROTR}_{17}(x) \oplus \text{ROTR}_{19}(x) \oplus \text{SHR}_{10}(x)$，$\text{SHR}_s(x)$ 为对 32bits 的变量 x 右移 $s$bits。

图 3.3 中的 f 函数为 SHA256 的步函数，是该算法中最重要的函数之一，运算过程如图 3.4 所示。

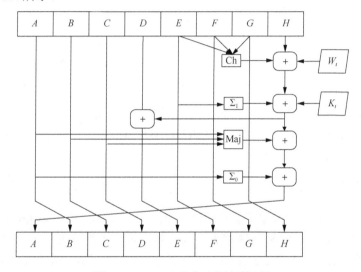

图 3.4　SHA256 的步函数运算过程

每一步都会生成两个临时变量，计算过程如下：

$$T_1 = \left(\sum\nolimits_1(E) + \text{Ch}(E,F,G) + H + W_t + K_t \right) \bmod 2^{32}$$

$$T_2 = \left(\sum\nolimits_0(A) + \text{Maj}(A,B,C) \right) \bmod 2^{32}$$

$$\text{Ch}(E,F,G) = (E \wedge F) \oplus (\overline{E} \wedge G)$$

$$\text{Maj}(A,B,C) = (A \wedge B) \oplus (A \wedge C) \oplus (B \wedge C)$$

$$\sum\nolimits_0(A) = \text{ROTR}_2(A) \oplus \text{ROTP}_{13}(A) \oplus \text{ROTR}_{22}(A)$$

$$\sum\nolimits_1(E) = \text{ROTR}_6(E) \oplus \text{ROTP}_{11}(E) \oplus \text{ROTR}_{25}(E)$$

其中，t 为步数，$0 \leqslant t \leqslant 63$；$\text{ROTR}_s(x)$ 为对 32bits 的变量 x 循环右移 $s$bits。

根据计算 T_1、T_2 的值，将寄存器 A 和 E 中的值覆盖更新。并将 A、B、C、E、F、G 的值根据以下公式依次赋值给 B、C、D、F、G、H：

$$A = (T_1 + T_2) \bmod 2^{32}$$

$$B = A$$

$$C = B$$

$$D = C$$

$$E = (D + T_1) \bmod 2^{32}$$

$$F = E$$

$$G = F$$

$$H = G$$

SHA256 算法在区块链中得到了广泛应用，主要用于生成区块的头部信息和区块体中交易数据的摘要。此外，SHA256 算法在比特币中也被用于构造比特币地址，用来标识不同的用户。

3.2.4　RIPEMD-160 算法

RACE 原始完整性校验消息摘要（RACE integrity primitives evaluation message digest，RIPEMD）是比利时鲁汶大学 COSIC 研究小组开发的哈希函数算法，RIPEMD 算法在 MD4 算法的基础上进行改进，并修补了部分缺陷。RIPEMD-128 于 1996 年发布，运行原理与性能都与 MD4 算法类似。

RIPEMD-160 算法对 REPEMD-128 算法进行了改进，是目前最为常见的 RIPEMD 版本。该算法输出 160bits 数值，由于输出长度较长，对算法进行暴力破解需要大量计算，计算强度相对其他算法得到极大提升。此外，该算法保留了 MD 系列、RIPEMD 系列的优点，具有较强的计算性能。

RIPEMD-160 算法采用 160bits 缓冲区存储中间结果和最终哈希值，该缓冲区由 5 个 32bits 寄存器构成，初始赋值如下所示：

$$A = H_0 = 0x67452301$$

$$B = H_1 = 0xEFCDAB89$$

$$C = H_2 = 0x98BADCFE$$

$$D = H_3 = 0x10325476$$

$$E = H_4 = 0xC3D2E1F0$$

RIPEMD-160 算法与 SHA 算法相同，算法第一步为消息补位，补位方式与 SHA 算法完全一致。如图 3.5 所示，该算法的核心为 10 个循环的压缩函数，其中每个循环都由 16 个步骤完成。在每个循环中采用的原始逻辑函数不同，算法处理分为两种情况，分别采用相反顺序的 5 个原始逻辑函数。每个循环根据当前的分组数据和缓冲区中存储的数据进行计算，将得到的结果存储于缓冲区中。同时，每一个循环需采用常数 k，在最后一个循环结束后，将两种情况的输出相加，进而得到 RIPEMD-160 算法的输出。

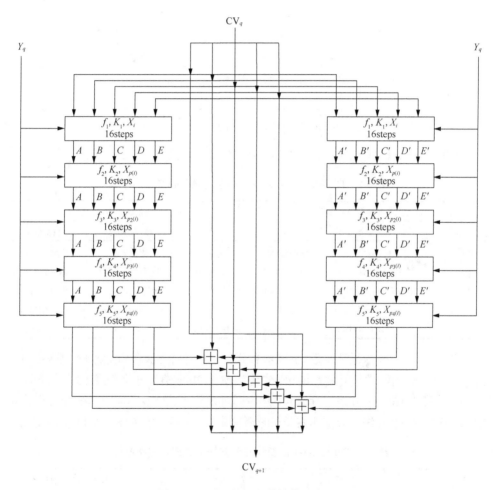

图 3.5　RIPEMD-160 算法核心步骤

RIPEMD-160 算法的步函数运算过程如图 3.6 所示。

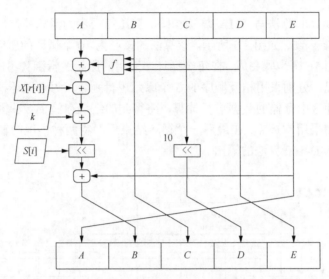

图 3.6　RIPEMD-160 算法的步函数运算过程

RIPEMD-160 算法的布尔函数 f 和轮常数 k 的取值如表 3.2 所示。

表 3.2　RIPEMD-160 算法的布尔函数和轮常数的取值

左分支布尔函数和轮常数			右分支布尔函数和轮常数		
轮数	布尔函数 f	轮常数 k	轮数	布尔函数 f	轮常数 k
$0 \leqslant i \leqslant 15$	$B \oplus C \oplus D$	0x00000000	$0 \leqslant i \leqslant 15$	$B \oplus (C \wedge \overline{D})$	0x50a28be6
$16 \leqslant i \leqslant 31$	$(B \wedge C) \vee (\overline{B} \wedge D)$	0x5a82799	$16 \leqslant i \leqslant 31$	$(B \wedge C) \vee (C \wedge \overline{D})$	0x5c4dd124
$32 \leqslant i \leqslant 47$	$(B \vee \overline{C}) \oplus D$	0x6ed9eba1	$32 \leqslant i \leqslant 47$	$(B \vee \overline{C}) \oplus D$	0x6d703ef3
$48 \leqslant i \leqslant 63$	$(B \wedge C) \vee (C \wedge \overline{D})$	0x8f1bbcdc	$48 \leqslant i \leqslant 63$	$(B \wedge C) \vee (\overline{B} \wedge D)$	0x7a6d76e9
$64 \leqslant i \leqslant 80$	$B \oplus (C \wedge \overline{D})$	0xa953fd4e	$64 \leqslant i \leqslant 80$	$B \oplus C \oplus D$	0x00000000

　　图 3.6 中，i 表示循环轮数，r 表示右分支，$X[r[i]]$ 表示右分支第 i 轮循环的值，$S[i]$ 表示右分支第 i 轮循环移位的值。先将当前 512bits 消息分组分成 16 个 32bits 子分组，并将该 16 个子分组进行编号，然后通过表格查找 $X[r[i]]$ 和 $S[i]$ 编号对应的数值。RIPEMD-160 算法左分支和右分支的消息编号和移位常量如表 3.3 和表 3.4 所示。

表 3.3　RIPEMD-160 算法左分支的消息编号和移位常量

轮数	0	1	2	3	4	5	6	7	8	9	10	11	12	13	14	15
消息	0	1	2	3	4	5	6	7	8	9	10	11	12	13	14	15
移位	11	14	15	12	5	8	7	9	11	13	14	15	6	7	9	8
轮数	16	17	18	19	20	21	22	23	24	25	26	27	28	29	30	31
消息	7	4	13	1	10	6	15	3	12	0	9	5	2	14	11	8
移位	7	6	8	13	11	9	7	15	7	12	15	9	11	7	13	12

续表

轮数	32	33	34	35	36	37	38	39	40	41	42	43	44	45	46	47
消息	3	10	14	4	9	15	8	1	2	7	0	6	13	11	5	12
移位	11	13	6	7	14	9	13	15	14	8	13	6	5	12	7	5
轮数	48	49	50	51	52	53	54	55	56	57	58	59	60	61	62	63
消息	1	9	11	10	0	8	12	4	13	3	7	15	14	5	6	2
移位	11	12	14	15	14	9	8	9	14	5	6	8	6	5	12
轮数	64	65	66	67	68	69	70	71	72	73	74	75	76	77	78	79
消息	4	0	5	9	7	12	2	10	14	1	3	8	11	6	15	13
移位	9	15	5	11	6	8	13	12	5	12	13	14	11	8	5	6

表 3.4　RIPEMD-160 算法右分支的消息编号和移位常量

轮数	0	1	2	3	4	5	6	7	8	9	10	11	12	13	14	15
消息	5	14	7	0	9	2	11	4	13	6	15	8	1	10	3	12
移位	8	9	9	11	13	15	15	5	7	7	8	11	14	14	12	6
轮数	16	17	18	19	20	21	22	23	24	25	26	27	28	29	30	31
消息	6	11	3	7	0	13	5	10	14	15	8	12	4	9	1	2
移位	9	13	15	7	12	8	9	11	7	7	12	7	6	15	13	11
轮数	32	33	34	35	36	37	38	39	40	41	42	43	44	45	46	47
消息	15	5	1	3	7	14	6	9	11	8	12	2	10	0	4	13
移位	9	7	15	11	8	6	6	14	12	13	5	14	13	13	7	5
轮数	48	49	50	51	52	53	54	55	56	57	58	59	60	61	62	63
消息	8	6	4	1	3	11	15	0	5	12	2	13	9	7	10	14
移位	15	5	8	11	14	14	6	14	6	9	12	9	12	5	15	8
轮数	64	65	66	67	68	69	70	71	72	73	74	75	76	77	78	79
消息	12	15	10	4	1	5	8	7	6	2	13	14	0	3	9	11
移位	8	5	12	9	12	5	14	6	8	13	6	5	15	13	11	11

　　RIPEMD 系列共有四个算法，分别为 RIPEMD-128 算法、RIPEMD-160 算法、RIPEMD-256 算法和 RIPEMD-320 算法。其中，RIPEMD-256 算法和 RIPEMD-320 算法的输出长度较长，降低了碰撞的概率，但安全性并未得到提升，是由于这两种算法仅通过修改初始参数以增加输出长度。

3.2.5　Keccak 算法

　　Keccak 算法被选定为 SHA-3 标准的单向哈希算法，是基于海绵构造的哈希函数系列，将输入数据经过特殊填充算法填充后进行处理，可用 Keccak[r,c] 表示。其中，r 表示比特率，c 表示容量，$r+c$ 决定了轮函数的置换宽度，即 $b=r+c$，

$b \in \{25, 50, 100, 200, 400, 8010, 1600\}$。在 Keccak256 算法中 $r = 1088$，$b = 1600$，$c = 512$。

1. 海绵结构

Keccak 算法的海绵结构如图 3.7 所示，其中置换函数为 f，可表示为 Keccak $- f[b]$。

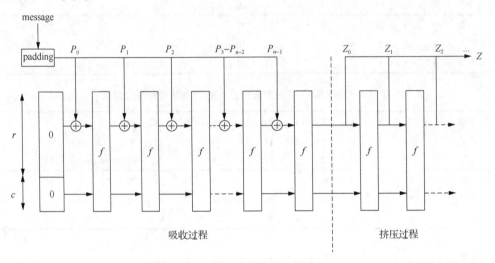

图 3.7　Keccak 算法的海绵结构

海绵结构主要包括吸收和挤压两个过程。吸收过程中需要先对数据进行填充，并将填充后的消息进行分组，得到长度为 r 的消息块 $P_0, P_1, \cdots, P_{n-1}$，将消息块与前一轮置换后对长度为 r 的输出值进行异或操作，长度为 c 的内部状态不变，共同作为本次置换的输入。挤压过程中，根据算法所需的哈希值长度，依次从输出值中进行提取 $Z_0, Z_1, \cdots, Z_m$，并将提取出的数据进行连接，形成最后的输出值。

Keccak 算法的具体填充过程：首先在数据的末尾补充一个 1，其次添加 n 个 0，最后添加一个 1，即填充内容为 $10 \cdots 01$，添加 0 的个数使得填充后的消息长度为分组长度的最小整数倍。Keccak $- f[b]$ 是该算法的置换函数，算法中迭代的轮数 n_r 由 b 唯一决定：$n_r = 12 + 2l$，其中，$2^l = b / 25$，若 b 值为 1600，则迭代轮数为 24。

2. 三维矩阵

Keccak 算法进行轮函数迭代时，每一次循环的置换函数都作用于三维矩阵，经过五步迭代后形成的三维矩阵如图 3.8 所示。将数据按照三维矩阵依次填充，行元素为 $a[][y][z]$，列元素为 $a[x][][z]$，道元素为 $a[x][y][]$，其对应关系可用 $S[w(5y + x)] = A[x][y][z], w = b / 25$ 表示。

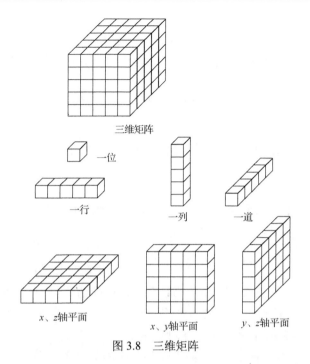

图 3.8　三维矩阵

　　将消息进行填充预处理后得到消息（message），再将其经过压缩函数 Keccak − $f[b]$ 计算，设定三维矩阵为 $a[5][5][w]$，在该三维矩阵上进行迭代运算，即 x、y 轴为模 5 运算，z 轴为模 w 运算。其中所采用的坐标轴如图 3.9 所示。

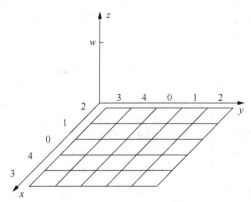

图 3.9　Keccak 算法采用的坐标轴

3. 五步迭代

　　Keccak − $f[b]$ 是一个基于海绵结构的三维迭代置换，b 取值为 1600，该数值决定了迭代的轮数，即轮数为 24。每一轮均经过由五步迭代组成的 R 运算，该运算表示为 $R = \theta, \rho, \pi, \chi, \tau$。其中，前三步置换函数为线性运算，可由式（3.2）～

式（3.4）表示：

$$\theta : a'[x][y][z] \leftarrow a[x][y][z] \oplus \sum_{y'=0}^{4} a[x-1][y'][z] \oplus \sum_{y'=0}^{4} a[x+1][y'][z-1] \qquad (3.2)$$

式（3.2）将数据进行异或操作，以列的方式完成整个数组的计算处理，具有较好的扩散性。

$$\rho : a'[x][y][z] \leftarrow a[x][y][z-(t+1)(t+2)/2], 0 \leqslant t \leqslant 24, \begin{pmatrix} 0 & 1 \\ 2 & 3 \end{pmatrix}' \begin{pmatrix} 1 \\ 0 \end{pmatrix} = \begin{pmatrix} x \\ y \end{pmatrix} \in GF(5)^{2\times 2}$$
$$(3.3)$$

式（3.3）作用于三维坐标中的 z 轴，表示循环的移位信息，移位的长度由式中 2×2 矩阵计算得出。

$$\pi : a'[x][y] \leftarrow a[x'][y'], \begin{pmatrix} x \\ y \end{pmatrix} = \begin{pmatrix} 0 & 1 \\ 2 & 3 \end{pmatrix} \begin{pmatrix} x' \\ y' \end{pmatrix} \qquad (3.4)$$

式（3.4）作用于三维坐标中的横切面上，该横切面由 x、y 轴构成，将横切面上的初始位置进行更改，调换元素的位置，进而完成扩散的目的。移位的方向由式（3.4）中 2×2 矩阵和移位前的 x、y 决定。

$$\chi : a'[x] \leftarrow a[x] \oplus ((a[x+1] \oplus 1) \wedge a[x+2]) \qquad (3.5)$$

式（3.5）与本算法中其他置换不同，是一个非线性变换，作用于三维坐标中的某一行，具体地，该置换将数据进行与运算，从而提高算法的安全性。

$$\tau : a'[0][0] \leftarrow a[0][0] \oplus RC[n_r] \qquad (3.6)$$

式（3.6）是在每一轮运算的最后加一个轮常数，破坏三维数组原有的对称性。Keccak 算法中的轮常数如表 3.5 所示。

表 3.5　Keccak 算法中的轮常数

i_r	RC	i_r	RC	i_r	RC
0	0000000000000001	8	000000000000008A	16	8000000000008002
1	0000000000008082	9	0000000000000088	17	8000000000000080
2	800000000000808A	10	0000000080008009	18	000000000000800A
3	8000000080008000	11	000000008000000A	19	800000008000000A
4	000000000000808B	12	000000000000008B	20	8000000080008081
5	0000000080000001	13	800000000000008B	21	8000000000008080
6	8000000080008081	14	8000000000008089	22	0000000080000001
7	8000000080008009	15	8000000000008005	23	8000000080008080

哈希算法在区块链技术中得到了广泛应用，其中最为典型的是比特币系统。比特币系统中，哈希算法的作用是生成钱包地址、提取区块摘要信息等，其他区块链系统也都使用到各种哈希算法。

3.3　数　字　签　名

非对称加密技术之后，素数幂、椭圆曲线乘法等不可逆函数相继被提出，这些数学难题为密码学中不可伪造的数字签名提供了新的研究思路。比特币采用了椭圆曲线密码算法作为数字签名的基础算法。

3.3.1　数字签名定义

与在纸质合同上签名确认合同内容和证明身份类似，数字签名基于非对称加密，既可以用于证实消息数据的完整性，又可以确认消息来源。与手写签名要求类似，数字签名需要满足三点要求：①数字签名者无论何时都无法否认该签名是本人所签；②接收者可以验证该签名是否属于签名者，同时任何人无法伪造签名者的签名；③当签名者与接收者发生分歧时，可以通过第三方机构进行裁决。

数字签名主要由两部分构成，包括签名算法和验证算法。签名者采用签名算法，依据一个私有的签名密钥完成唯一的数字签名，签名算法和签名密钥由签名者私密保存。接收者采用验证算法，依据一个公开的验证密钥完成该数字签名的验证工作，验证后生成一个"真"或"假"的结果。

一个典型的场景，Alice 通过信道发给 Bob 一个文件，Bob 如何获知所收到的文件为 Alice 发出的原始版本？Alice 可以先对文件内容进行摘要，其次用自己的私钥对摘要进行签名，最后同时将文件和签名都发给 Bob。Bob 收到文件和签名后，用 Alice 的公钥来解密签名，得到数字摘要，与收到的文件进行摘要后的结果进行比对，如果一致，说明该文件确实是 Alice 发过来的，并且文件内容没有被修改过。

数字签名体制可由一个五元组 (M,S,K,SIG,VER) 表示，其中 M 代表消息空间、S 代表签名空间、K 代表密钥空间、SIG 代表签名算法、VER 代表验证算法。知名的数字签名算法包括 RSA 和安全强度更高的 ECSDA 等。除普通的数字签名应用场景外，针对特定的安全需求，产生了一些特殊数字签名技术，包括盲签名（blind signature）、多重签名（multiple signature）、群签名（group signature）、环签名（ring signature）等。

3.3.2　数字签名技术

1. 盲签名

盲签名于 1982 年由 Chaum[42]提出，可使签名者在无需看到原始内容的前提下对信息进行签名。一方面，盲签名可以实现对所签名内容的保护，防止签名者看到原始内容；另一方面，盲签名还可以实现防止追踪，签名者无法将签名内容和签名结果进行对应。典型的实现包括 RSA 盲签名算法等。

2. 多重签名

多重签名指 n 个签名者中，收集到至少 m 个（$n \geqslant m \geqslant 1$）签名，即认为合法。其中，$n$ 是提供的公钥个数，m 是需要匹配公钥的最少签名个数。多重签名可以有效地应用在多人投票共同决策的场景中，如双方进行协商，第三方作为审核方，三方中任何两方达成一致即可完成协商。比特币交易支持多重签名，可以实现多人共同管理某个账户的比特币交易。

3. 群签名

群签名是指某个群组内一个成员可以代表群组进行匿名签名。签名可以验证是否来自该群组，却无法准确追踪到签名的是哪个成员。群签名需要一个群管理员来添加新的群成员，因此存在群管理员可能追踪到签名成员身份的风险。

4. 环签名

环签名由 Rivest 等[43]于 2001 年提出，属于一种简化的群签名。签名者在签名前先选定一个包含自身的签名者集合，然后采用自己的私钥和集合中其他人的公钥共同生成数字签名，这一过程签名者可以独自完成，不需要他人帮助。由于签名者集合由签名者随机选取，其他用户并不知道自己的公钥被使用，该签名方法有较强的匿名性。

3.3.3　椭圆曲线签名生成与签名验证

1. 椭圆曲线签名生成

假定 Alice 作为签名者，需要对消息 m 进行签名，选择椭圆曲线进行数字签名操作。该椭圆曲线可由 $D = (p, a, b, G, n, h)$ 表示，其中，密钥对可由 (k, Q) 表示，Q 表示公钥，k 表示私钥，具体签名过程如下。

步骤 1：采用随机函数生成一个随机数 d，该随机数满足条件 $1 \leqslant d \leqslant n - 1$；

步骤 2：按照公式 $dG = (x_1, y_1)$ 进行计算，将 x_1 转化为整数 x_1；

步骤 3：按照公式 $r = x_1 \bmod n$ 进行计算，当 $r = 0$ 时，返回步骤 1；

步骤 4：计算 $d^{-1} \bmod n$；

步骤 5：计算消息 m 的哈希值 $H(m)$，并将该消息摘要转换为整数形式 e；

步骤 6：计算 $s = d^{-1}(e + kr) \bmod n$，当 $s = 0$ 时，返回步骤 1；

步骤 7：最终生成的 (r, s) 就是签名者 Alice 对消息 m 的签名。

2. 椭圆曲线签名验证

通过 Alice 所用的椭圆曲线参数和 Alice 的公钥 Q，验证 Alice 对消息 m 的签名 (r,s)。矿工将按以下步骤操作。

步骤 1：验证 r 和 s 是区间[1，n-1]中的整数；

步骤 2：计算 $H(m)$ 并将其转化为整数 e；

步骤 3：计算 $w = s^{-1} \bmod n$；

步骤 4：计算 $u_1 = ew \bmod n$ 和 $u_2 = rw \bmod n$；

步骤 5：计算 $X = u_1 G + u_2 Q$；

步骤 6：当 $X = 0$ 时，拒绝签名，否则将 X 的坐标 x_1 转化为整数 x_1，计算 $v = x_1 \bmod n$；

步骤 7：当且仅当 $v = r$ 时，签名为真，验证通过。

具体的证明如下：

$$\begin{aligned} X &= u_1 G + u_2 Q \\ &= ew \bmod nG + rw \bmod nQ \\ &= es^{-1} \bmod nG + rs^{-1} \bmod n(kG) \\ &= (e + rk)Gs^{-1} \bmod n \\ &= d(e + rk)G \bmod n / (e + rk) \bmod n \\ &= dG \end{aligned}$$

由于 r 为 dG 的 x 轴坐标，v 为 X 的 x 轴坐标，若 $v = r$，则可证明签名为真。

以 Alice 决定把 10 个比特币支付给 Bob 为例，即 Alice 从自己钱包中取出 10 个比特币，产生一个交易消息 m：Alice 支付 10BTC 给 Bob。为了证明该消息的真实性，Alice 需要对这段交易消息进行数字签名。为此，Alice 使用 secp256k1 椭圆曲线对消息进行签名，签名本质上是对交易消息内容使用 Alice 的私钥 k 加密（椭圆曲线签名生成的步骤 6）。考虑到消息的规模和公钥密码算法的效率，需要对消息先进行哈希运算获得消息摘要，再对该消息摘要进行数字签名，由于哈希函数具有强抗碰撞性，该方法合理有效。于是 Alice 向全网广播的内容除了交易消息本身外，还包含 Alice 对消息的签名和 Alice 的公钥信息。

Alice 发送的交易消息连同签名发出后，被矿工接收。为了在区块链中记录这一交易，矿工首先需要验证该交易的来源，即进行签名验证的工作。为此，矿工也使用 secp256k1 椭圆曲线，对 Alice 签名验证的过程可以看作利用 Alice 公钥进行解密的过程，如椭圆曲线签名验证中的步骤 5 就使用了 Alice 的公钥 Q。若矿工验证交易消息"Alice 支付 10BTC 给 Bob"确实是 Alice 发出的，就可以将该交易记入区块链中。反之如果签名验证失败，表明矿工收到的这个消息存在问题，矿工会放弃将相关的交易记入区块链的操作。

采用椭圆曲线算法进行消息签名与签名验证，可有效保护用户不被冒名顶替，同时确保用户不可否认其签名过的消息。当用户发起通信时，采用自己的私钥和签名算法对消息进行签名，接收者采用发送者的公钥和验证算法对签名进行验证。验证通过后，该消息才被认可。

3.4　区块链中密码学的应用

本节通过比特币地址的生成、区块链上的交易和哈希指针等，介绍密码学技术在区块链中的应用。

3.4.1　公私钥对的生成

在比特币系统中，采用非对称加密体系生成公私钥对，进而控制比特币交易。其中，公私钥对包括一个随机生成的私钥和一个由私钥生成的公钥。在比特币交易的支付环节，收件人的地址由一个公钥生成，称为比特币地址，用户之间进行信息交互仅需要知道对方的比特币地址。

比特币钱包中包含了一系列密钥对，每个密钥对由私钥和公钥构成。私钥通常是一个随机数，公钥由椭圆曲线密码算法对私钥进行加密生成，比特币地址由公钥使用一个单项加密哈希函数生成。比特币地址生成过程如图 3.10 所示。

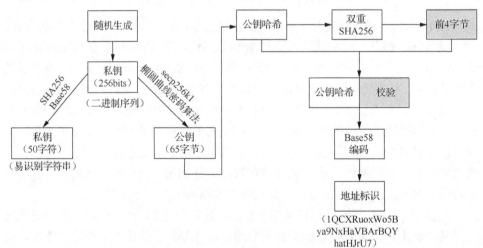

图 3.10　比特币地址生成过程

某一比特币钱包中的所有资金属于其所对应私钥的用户，拥有该私钥的用户拥有该资金的使用权。私钥在比特币交易中的作用是数字签名和资金的所有权证明，因此用户的私钥需要严密保护，一旦泄露该私钥，会造成比特币被盗走或丢失。同时，私钥一旦丢失将无法恢复，为防止用户忘记私钥，导致相应的资金随之丢失，需要将私钥进行备份。

生成私钥，即生成一个随机数，该随机数为 $1 \sim 2^{256}$。具体生成随机数的方法不做限制，仅需要保障生成的数据不可预测且不可重复。比特币系统采用操作系统所提供的特定随机数生成器生成私钥。一般情况下，操作系统所提供的随机数生成器需要进行人工选取随机源进行初始化。

将私钥 k 与曲线上某一特定点 Q 进行乘法运算，得到的另一点为公钥 K，其中特定点 Q 由 secp256k1 标准提前设定。具体可由公式 $K = kQ$ 表示，私钥和公钥一一对应，且只能单向计算，即由私钥生成公钥，不能由公钥生成私钥。

在比特币源码中，私钥用类 CKey 进行封装，先通过 CKey::MakeNewKey 生成私钥，具体源码如下。

```
void CKey::MakeNewKey(bool fCompressedIn) {
    do {
        GetStrongRandBytes(keydata.data(), keydata.size());
    } while (!Check(keydata.data()));
    fValid = true;
    fCompressed = fCompressedIn;
}
```

私钥起始是一串随机生成的字节，然后通过 CKey::GetPubKey 函数生成公钥。用 secp256k1 库中的接口对私钥进行椭圆曲线加密处理，得到的公钥封装在 CPubKey 中，CKey::GetPubKey 具体源码如下。

```
CPubKey CKey::GetPubKey() const {
    assert(fValid);
    secp256k1_pubkey pubkey;
    size_t clen = CPubKey::PUBLIC_KEY_SIZE;
    CPubKey result;
    int ret = secp256k1_ec_pubkey_create(secp256k1_context_
sign, &pubkey, begin());
    assert(ret);
    secp256k1_ec_pubkey_serialize(secp256k1_context_sign,
(unsigned char*)result.begin(), &clen, &pubkey, fCompressed ?
SECP256K1_EC_COMPRESSED : SECP256K1_EC_UNCOMPRESSED);
    assert(result.size() == clen);
    assert(result.IsValid());
    return result;
}
```

3.4.2　地址的生成

比特币采用 SHA256 算法与 RIPEMD-160 算法双哈希计算地址，以太坊采用 Keccak256 算法生成地址。本小节以比特币地址的生成为例进行介绍。比特币地址是一个由数字和字母组成的字符串，可以分享给任何用户，由公钥生成的比特币地址以数字"1"开头，交易中比特币地址通常以收款方形式出现。如图 3.11 所示，对公钥 K 进行 SHA256 计算，再对结果进行 RIPEMD-160 计算，最终将输出的字符串作为比特币地址。

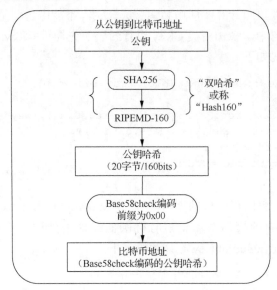

图 3.11　比特币地址生成流程

计算机在表达长串数字时存在一定困难，许多计算机采用 N 进制方式表达，最常见的是十六进制。Base58 编码方式是一种二进制编码格式，广泛应用于数字货币中，最为典型的是比特币系统，该编码方式在实现数据压缩的同时具有易阅读特性。

比特币系统采用 Base58 系列中的 Base58check 方式进行编码，该编码方式在 Base58 基础上增加了错误校验码，避免数据中存在转录错误。该校验码占用 4 个字节，从数据哈希值中获取，如图 3.12，对要编码的数据进行两次 SHA256 哈希计算，取哈希值前 4 个字节作为错误校验码，用来检测并避免转录和输入中产生的错误。添加版本字节后，计算双哈希校验码，并添加哈希值前 4 个字节作为校验码。编码结果由三部分组成：前缀、数据和校验码，对该结果采用 Base58 字母表编码。

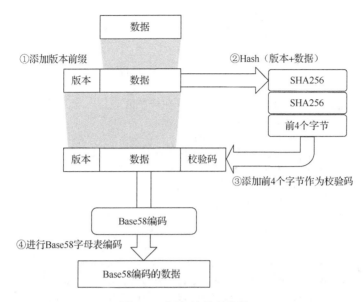

图 3.12　添加校验码流程

在实现过程中，比特币地址由 getnewaddress 函数生成，具体源码如下。

```
UniValue getnewaddress(const UniValue& params, bool fHelp)
{
    if (!EnsureWalletIsAvailable(fHelp))
        return NullUniValue;

    if (fHelp || params.size() > 1)
        throw runtime_error(
            "getnewaddress ( \"account\" )\n"
            "\nReturns a new Bitcoin address for receiving
payments.\n"
            "If 'account' is specified (DEPRECATED), it is added
to the address book \n"
            "so payments received with the address will be credited
to 'account'.\n"
            "\nArguments:\n"
            "1. \"account\"        (string, optional) DEPRECATED.
The account name for the address to be linked to. If not provided, the
default account \"\" is used. It can also be set to the empty string \"\"
to represent the default account. The account does not need to exist,
it will be created if there is no account by the given name.\n"
            "\nResult:\n"
            "\"bitcoinaddress\"        (string) The new bitcoin
address\n"
            "\nExamples:\n"
            + HelpExampleCli("getnewaddress", "")
```

```
                    + HelpExampleRpc("getnewaddress", "")
             );

        LOCK2(cs_main, pwalletMain->cs_wallet);

        //解析账户,以便在出现错误时不生成密钥
        string strAccount;
        if (params.size() > 0)
            strAccount = AccountFromValue(params[0]);
        if (!pwalletMain->IsLocked())
            pwalletMain->TopUpKeyPool();
        //生成添加到钱包的新密钥
        CPubKey newKey;
        if (!pwalletMain->GetKeyFromPool(newKey))
            throw JSONRPCError(RPC_WALLET_KEYPOOL_RAN_OUT, "Error:
Keypool ran out, please call keypoolrefill first");
        CKeyID keyID = newKey.GetID();//获取的是 hash160 的值
        pwalletMain->SetAddressBook(keyID, strAccount, "receive");
//写入数据库,目的为"receive"
        return CBitcoinAddress(keyID).ToString();//CBitcoinAddress
函数调用 Base58 编码转换
        }
```

Base58 编码通过 CBitcoinAddress 类实现。

```
        CPubKey CKey::GetPubKey() const {
        assert(fValid);
        secp256k1_pubkey pubkey;
        size_t clen = CPubKey::PUBLIC_KEY_SIZE;
        CPubKey result;
        int ret = secp256k1_ec_pubkey_create(secp256k1_context_
sign, &pubkey, begin());
        assert(ret);
        secp256k1_ec_pubkey_serialize(secp256k1_context_sign,
(unsigned char*)result.begin(), &clen, &pubkey, fCompressed ?
SECP256K1_EC_COMPRESSED : SECP256K1_EC_UNCOMPRESSED);
        assert(result.size() == clen);
        assert(result.IsValid());
        return result;
        }
```

3.4.3 区块链上的交易

在基于区块链技术的数字货币交易过程中,货币拥有者将加密货币发送给接收者时,需要先将该货币上一个交易单的内容和接收者的比特币地址进行哈希运

算，然后使用自己的私钥进行数字签名，将所有内容打包。接收者对接收到数据包中的数字签名进行验证，并对之前所有签名进行验证，获取到该数字货币曾经的所有拥有者信息。

存储于区块链中的每一笔交易同时记录了货币当前拥有者、上个拥有者和下个拥有者的信息，而且每笔交易都有当前拥有者的数字签名，因此每笔交易所有的流转过程均可被追溯，有效防止了虚假交易和双花问题。

如图 3.13 中的交易 1，所有者 2 需要将 50 个比特币转账给所有者 3，此次交易金额将记录在交易 1 的交易单上，同时该交易单中存储了 50 个比特币的来源。所有者 2 的 50 个比特币是所有者 1 通过交易 0 获得，因此交易 1 的交易单中存储内容包括该 50 个比特币的来源、所有者 2 的数字签名和所有者 3 的地址信息。其中，比特币的来源是指交易 0 的 ID，所有者 2 的数字签名是先将交易 0 的信息和所有者 3 的公钥进行哈希计算，然后采用所有者 2 的私钥进行签名得出。

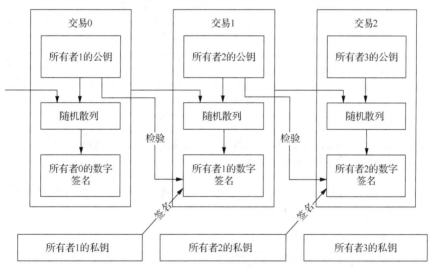

图 3.13　电子货币交易流程

所有者 3 可根据收到的交易 1 查找上一个交易信息，并利用所有者 2 的公钥对信息进行数字签名解密，进而得到签名前的内容。同时所有者 3 将自己的公钥和获取到交易 0 的信息进行哈希运算，将运算结果与签名解密后的内容进行对比。当两者相等时，则可以证明交易 1 是由所有者 2 签名的，同时可以追溯到交易 1 中的 50 个比特币来自交易 0。签名是由所有者 2 的私钥进行，因此具有唯一性，且无法否认该交易，解决了虚假支付问题。由于交易 0 中记录了所有者 1 给所有者 2 支付了 50 个比特币，并且存储了所有者 1 的签名，所有者 1 无法否认交易 0 的内容。交易单中存储了这笔金额产生以来的所有交易路径，所有者 3 可根据交易单进行追溯，获取整个交易链条，当一笔金额同时支付给多个用户时，则会被追踪发现，解决了交易过程中的双花问题。

交易被创建好后需要进行签名，相关代码如下。

```
bool          MutableTransactionSignatureCreator::CreateSig(const
SigningProvider& provider, std::vector<unsigned char>& vchSig, const
CKeyID& address, const CScript& scriptCode, SigVersion sigversion) const
    {
        CKey key;
        if (!provider.GetKey(address, key))
            return false;
        // Signing with uncompressed keys is disabled in witness
scripts
        if  (sigversion  ==  SigVersion::WITNESS_V0  &&  !key.
IsCompressed())
            return false;
        uint256  hash  =  SignatureHash(scriptCode,  *txTo,  nIn,
nHashType, amount, sigversion); //这里生成交易的摘要
        if (!key.Sign(hash, vchSig))//用私钥生成签名
            return false;
        vchSig.push_back((unsigned char)nHashType);
        return true;
    }
```

首先通过 SignatureHash 生成交易摘要，其次通过 CKey::Sign 生成签名，CKey 是私钥的封装，相关代码如下。

```
bool  CKey::Sign(const  uint256  &hash,  std::vector<unsigned
char>& vchSig, uint32_t test_case) const {
        if (!fValid)
            return false;
        vchSig.resize(CPubKey::SIGNATURE_SIZE);
        size_t nSigLen = CPubKey::SIGNATURE_SIZE;
        unsigned char extra_entropy[32] = {0};
        WriteLE32(extra_entropy, test_case);
        secp256k1_ecdsa_signature sig;
        int ret = secp256k1_ecdsa_sign(secp256k1_context_sign, &sig,
hash.begin(), begin(), secp256k1_nonce_function_rfc6979, test_case ?
extra_entropy : nullptr);
        assert(ret);
        secp256k1_ecdsa_signature_serialize_der(secp256k1_context_
sign, vchSig.data(), &nSigLen, &sig);
        vchSig.resize(nSigLen);
        return true;
    }
```

　　其次交易被广播到比特币网络中，收到此交易的节点将会对交易进行验证，包括交易签名验证，相关代码如下。

```
template <class T>
bool GenericTransactionSignatureChecker<T>::CheckSig(const
std::vector<unsigned char>& vchSigIn, const std::vector<unsigned char>&
vchPubKey, const CScript& scriptCode, SigVersion sigversion) const
    {
        CPubKey pubkey(vchPubKey);
        if (!pubkey.IsValid())
            return false;

        // Hash type is one byte tacked on to the end of the signature
        std::vector<unsigned char> vchSig(vchSigIn);
        if (vchSig.empty())
            return false;
        int nHashType = vchSig.back();
        vchSig.pop_back();
        uint256 sighash = SignatureHash(scriptCode, *txTo, nIn,
nHashType, amount, sigversion, this->txdata);//交易签名

        if (!VerifySignature(vchSig, pubkey, sighash)) //用公钥验证
签名
            return false;
        return true;
    }
```

　　用 SignatureHash 生成交易摘要，通过 VerifySignature 验证签名。

```
template <class T>
bool GenericTransactionSignatureChecker<T>::VerifySignature
(const std::vector<unsigned char>& vchSig, const CPubKey& pubkey, const
uint256& sighash) const
    {
        return pubkey.Verify(sighash, vchSig);
    }
```

　　最后调用 CPubKey::Verfy，CPubKey 封装了公钥，即用公钥验证签名。

```
bool CPubKey::Verify(const uint256 &hash, const std::vector
<unsigned char>& vchSig) const {
        if (!IsValid())
            return false;
        secp256k1_pubkey pubkey;
        secp256k1_ecdsa_signature sig;
        if (!secp256k1_ec_pubkey_parse(secp256k1_context_verify,
&pubkey, &(*this)[0], size())) {
```

```
        return false;
    }
    if (!ecdsa_signature_parse_der_lax(secp256k1_context_verify,
&sig, vchSig.data(), vchSig.size())) {
        return false;
    }
    /* libsecp256k1's ECDSA verification requires lower-S
signatures, which have not historically been enforced in Bitcoin, so
normalize them first. */
    secp256k1_ecdsa_signature_normalize(secp256k1_context_
verify, &sig, &sig);
    return    secp256k1_ecdsa_verify(secp256k1_context_verify,
&sig, hash.begin(), &pubkey);
}
```

3.4.4　哈希指针

　　哈希指针是一类常见的数据结构，包括普通指针、数据信息和与数据信息相关的哈希值，普通指针用于获取信息，哈希指针用于验证数据是否被篡改。区块链是一类通过哈希指针将区块相连的链表，如图 3.14 所示，属于该链表的所有区块都包含了数据信息和一个指向前一区块的指针，该指针是哈希指针，不仅包含前一个区块的位置，也包括数据的哈希值，可用于验证区块中所包含的数据是否发生改变。

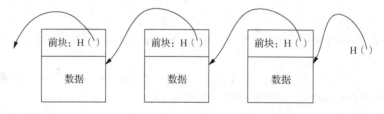

图 3.14　哈希指针链表

　　区块链的链式存储结构可以用来构建防篡改日志系统，该系统中的区块链节点用于存储数据，节点之间通过哈希指针相连，新节点则追加至链表尾部，链表的头哈希指针所指向的头节点内容不可变。当链表中某一节点数据被篡改，可通过哈希值监测出来。

　　假定攻击者改变了节点 k 的数据，但节点 $k+1$ 中存储了节点 k 的哈希值，根据哈希函数的抗碰撞性，将节点 k 中的数据进行哈希运算并与 $k+1$ 中的哈希值进行比对，两者不相等则表示节点 k 的数据已经被篡改。

第4章　区块链传输机制

区块链作为一个分布式记账簿，需要解决好数据可靠传输问题，包括记账节点（信任节点）之间、非记账节点（非信任节点）之间和客户端与记账节点之间的数据传输。传输机制确保区块链节点之间可以通过 P2P 网络进行有效通信，主要内容包括区块链网络的组网方式和节点之间的通信协议。目前，比特币、以太坊的 P2P 协议基于传输控制协议（transmission control protocol，TCP）实现；Hyperledger Fabric 则通过建立在超文本传输协议（hyper text transfer protocol，HTTP）/2.0 上的 P2P 协议进行分布式账本管理，采用 Google 远程过程调用（Google remote procedure call，gRPC）协议进行节点之间通信，使用 Gossip 协议完成数据分发及同步。

4.1　P2P 网络技术

4.1.1　P2P 网络定义及特性

P2P 网络是一种网络节点对等的分布式网络，网络中每个节点既能充当服务器端，又能充当客户端。节点之间通过直接互联共享信息、处理器和存储器资源，不需要依靠中心服务器来发现资源，整个网络系统也不会出现单点崩溃。

与传统客户端/服务器（client/server，C/S）模式相比，P2P 节点在逻辑上对等。P2P 网络节点越多，性能和稳定性越好。P2P 系统和 C/S 系统的结构如图 4.1 所示。

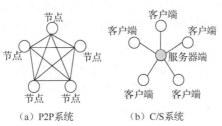

（a）P2P系统　　　　（b）C/S系统

图 4.1　P2P 系统和 C/S 系统的结构

对等网络将传统方式下的服务器负担分配到网络中的所有节点上，每个节点都参与整个系统的存储与计算任务，加入的节点越多，网络资源越多，服务质量也就越高。P2P 网络特点体现在以下 6 个方面。

（1）非中心化：资源分散在所有节点上，数据传输直接在节点之间进行，避免了中间环节和服务器成为可能的瓶颈。非中心化特点使 P2P 网络具备可扩展性和健壮性等方面的优势。

（2）可扩展性：在 P2P 网络中，随着节点加入，虽然服务的需求增加了，但系统整体资源和服务能力也在同步扩展。其可扩展性理论上几乎可以认为是无限的。一般通过文件传输协议（file transfer protocol，FTP）进行文件下载时，随着下载用户增多，下载速度越来越慢。但在 P2P 网络中，加入节点越多，P2P 网络资源就越多，下载速度反而在提升。

（3）健壮性：P2P 网络结构具有不易攻击和高容错的优点。由于资源分散在网络各个节点上，网络中个别节点遭到破坏对其他节点影响较小。P2P 网络在部分节点失效时能够自动调整网络拓扑，保持其余节点的连通性。P2P 网络通常以自组织方式建立，允许节点自由地加入和离开。

（4）高性价比：P2P 网络具有较好的性能优势。采用 P2P 网络可以有效地利用互联网中分布的具有一定计算和存储能力的个人计算机节点，将计算任务或存储资源分布在这些节点上，达到高性能计算和海量存储目的。

（5）隐私保护：在 P2P 网络中，由于数据的传输和存储分散在各节点上，极大降低了用户隐私信息被窃听和泄露的可能性。目前隐私问题的解决方式主要采用中继转发技术，将通信参与者隐藏在大量网络节点中。一些传统实现方法依赖大量中继服务器节点。然而，P2P 网络中，所有节点本身就具备中继转发功能，极大地提高了匿名通信的灵活性和可靠性，实现了较好的用户隐私保护。

（6）负载均衡：P2P 网络环境下资源分布在多个节点，不像传统 C/S 结构对服务器有较高计算和存储能力的要求，这样能更好地实现整个网络的负载均衡。

4.1.2　网络模型

P2P 网络分为集中式、纯分布式、混合式和结构化网络模型，其中网络模型主要是指各分布式节点之间建立连接通道的路由查询结构。

集中式网络模型是指存在一个中心节点保存了其他所有节点的索引信息，索引信息由 IP 地址、端口和资源等构成。集中式网络模型具有结构简单、实现容易等优点。但由于中心节点需要存储所有节点的路由信息，容易引起性能瓶颈，也存在单点故障问题。

纯分布式网络模型没有中心节点，当某个新节点加入时，与其他节点随机建立连接，从而形成一个随机网络拓扑结构。新节点加入网络有多种实现方法，最简单的方法是随机选择一个已有节点并建立连接。比特币网络中使用硬编码的DNS 方式查询其他节点，DNS 服务器会提供比特币网络节点的所有 IP 地址，这样新加入的节点可以使用 IP 地址列表找到其他节点并建立连接。新节点加入比特币网络后，通过全网广播，使网络其他节点知道该节点的存在。具体来说，该节点先向相邻节点广播包含自身 IP 地址的消息，相邻节点收到此消息后再依次发给其相邻节点，如此广播到整个网络，这种方法也称为泛洪机制。纯分布式结构克服了集中式结构的单点性能瓶颈问题和单点故障问题，具有良好的可扩展性。但泛洪机制存在两个较大问题，一个是容易形成泛洪循环，如节点 A 发出的消息经过若干节点广播后再到节点 A，就形成了一个循环；另一个是响应消息风暴问题，如果节点 A 请求的资源存于很多节点上，那么在很短时间内会出现这些节点同时向节点 A 发送响应消息的现象，可能会使节点 A 陷入瘫痪。

混合式网络模型实际考虑了集中式和分布式结构的特点，网络中存在多个超级节点（包括较大带宽的高速计算机）组成分布式网络，每个超级节点与多个普通节点组成局部的集中式网络。一个新普通节点加入网络时，选择一个超级节点进行通信，该超级节点将其他超级节点的路由列表信息发送给新加入节点，加入节点根据列表中的超级节点状态决定选择一个超级节点作为父节点。这种结构的泛洪广播只发生在超级节点之间，避免了大规模泛洪问题。在实际应用中，混合式结构组网相对灵活，实现难度也相对较小，因此目前很多系统基于混合式结构实现。

结构化网络模型也是一种分布式网络结构，但与纯分布式网络模型不同。纯分布式网络模型是所有节点构成一个随机网络，而结构化网络模型则是将所有节点按照某种结构进行有序组织，形成一个环状或树状网络。结构化网络的实现一般采用分布式哈希表（distributed hash table，DHT）算法的思想。DHT 解决如何在分布式环境下快速而又准确地路由、定位资源的问题，具体实现方案有 Chord、Pastry、CAN、Kademlia 等，其中 Kademlia 也用于以太坊网络的实现。常用的 P2P 应用，如 BitTorrent、eDonkey 等也是使用 Kademlia 算法来实现。

4.2 分布式通信协议

4.2.1 基本原理

通信协议是分布式系统设计的核心。传统分布式系统大多基于低层网络技术中的消息传递机制。目前，分布式系统往往由网络中处于不同地理位置的复杂节点组成，通过提供更高层次的抽象来屏蔽低层消息传递，实现访问透明性。中间件为分布式系统提供了良好的解决方案。中间件是一种逻辑上位于应用层的程序，包含多种通用协议（如 Gossip、gRPC、Totem、Paxos 等）以支持高层通信服务。通信协议是指分布式系统中各个节点以什么方式进行信息交互，并指出系统具有的通信特征，如异步还是同步，持久的还是暂时的，减耦合还是紧耦合。

1. 通信特征

空间减耦（space decoupling）：信息交互者双方不了解对方的地址信息，通信时不用给出对方名字或标识符。

时间减耦（time decoupling）：信息交互者双方在消息传递时不需要同时处于在线状态或是活动状态。

同步减耦（synchronization decoupling）：信息交互者双方不必阻塞等待对方的响应。

2. 现有通信模式

1）请求/应答模式

请求/应答（request/reply）模式是分布式系统中广泛使用的一种通信机制，适合 C/S 结构的系统设计，实现技术有远程过程调用（remote procedure call，RPC）、远程方法调用（remote method invocation，RMI）、分布式组件对象模型（distributed component object model，DCOM）等。这些技术使客户对远程服务的调用如同本地服务调用一样，消息传递的细节过程对设计人员透明，简化了分布式系统的设计开发。请求/应答模式要求信息交互者双方处于活动状态，调用者使用参数先将信息传递给被调用者，然后等待被调用者返回结果，调用者在发出调用请求后要将自己阻塞，直到远程服务返回执行结果为止。因此这种模式具备时间、空间和同步紧耦合特征。此外，还有一种匿名的请求/应答模式，属于请求/应答模式的扩展。调用者不将调用请求发送给一个明确的远程节点，而是将调用请求发送给一组远程节点。调用者不关心完成调用请求处理的具体是哪个节点，而只关心所需要的调用返回结果。这种模式适用于需要负载平衡或动态装载远程服务的应用，如反转控制、依赖注入和集群等。

2）异步的请求/应答模式

异步的请求/应答（asynchronous request/reply）模式是对请求/应答模式的改进，具有时间紧耦、空间紧耦和同步减耦的特征，下面介绍三种异步的请求/应答模式。

单向调用：调用者发出调用请求后不用等待远程服务返回应答。这种通信方式的可靠性不能保证，调用者无法知道调用请求是否能得到响应。

返回句柄：调用者在发出调用请求后继续执行当前任务，远程服务处理完调用请求后会返回一个结果句柄，调用者随时从句柄中获取返回结果。

回调：调用者向远程服务注册某一事件的调用请求，远程服务在事件发生时，通过回调句柄通知调用者。多个调用者可以注册对某一事件的调用请求，因此远程服务能够管理一组回调列表。

3）消息队列模式

消息队列（message queuing）也称为面向消息的中间件（message-oriented

middleware，MOM），参与者通过在消息队列中插入消息进行通信，消息经服务器转发到目的节点。消息包含各种媒体类型（如文本、声音、图像、视频等）、发送者和接收者的标识信息等属性。消息队列是发送者和接收者的共享存储空间。操作消息队列的常用原语有 put、get、poll 和 notify。put 用于在队列中非阻塞性追加消息。get 调用进程阻塞，直到指定队列变空为止，然后取出队列中等待最久的消息，即阻塞性调用。poll 是 get 原语的非阻塞变体形式，用于查看指定队列中的消息并取出队列中等待最久的消息。notify 用于注册一个处理程序，有消息进入指定队列时调用此应用程序。消息队列模式采用点对点交互模型，这种模型在时间、空间是减耦的。微软公司的 MSMQ、IBM 公司的 WebSphere MQ 和 BEA 公司的 MessageQ 等消息中间件均基于消息队列模式实现。

4）发布/订阅模式

发布/订阅（publish/subscribe）模式基于消息通信，网络参与者通过发布/订阅模式进行通信。网络参与者角色包括发布者、订阅者和事件代理服务等。发布者先将信息发布到事件代理服务中，满足订阅条件的订阅者从事件代理服务中获得与之匹配的信息，事件代理服务作为协调发布者与订阅者的中间件对象。很多系统将事件代理服务与消息队列模型并存。发布/订阅用于完成系统间消息传递的水平协作，而消息队列则实现系统消息传递的垂直透明。因此实现了时间、空间、同步的三方减耦，能够支持大规模、高动态和多点通信的分布式系统。

5）共享数据空间模式

共享数据空间（shared data space）模式类似于分布式的共享内存技术，参与者通过对共享数据空间的访问实现彼此通信与协作。共享数据空间的关键在于系统中所有参与者等价访问并共享使用一个持久元组数据空间。

3. 通信模式比较

依据空间减耦、时间减耦和同步减耦三个特征对以上 5 种通信模式进行比较，如表 4.1 所示。

表 4.1　通信模式的比较

通信模式	空间减耦	时间减耦	同步减耦
请求/应答模式	否	否	否
异步的请求/应答模式	否	否	是
消息队列模式	是	是	否
发布/订阅模式	是	是	是
共享数据空间模式	是	是	是

请求/应答模式主要应用在客户/服务器网络结构中，交互时服务器和客户必须

同为活动状态，客户向服务器发送请求，服务器对客户发送的请求进行响应。消息队列模式可以应用到 P2P 网络结构中，队列管理器对消息队列进行管理，可以作为路由器或中继器使用，将消息转发给其他队列管理器。消息转换器对消息的格式进行转换，使消息队列模式用于异构分布式系统中，并且转换器还可以利用正在交互的消息完成对应用程序的匹配。发布/订阅模式通过事件代理服务实现多对一和一对多的发布者和订阅者之间的协作和通信，能够做到高度减耦，是 P2P 网络结构中常用的通信协作模式。共享数据空间模式通过生成通信也可以实现多方协作，实现高度减耦，被广泛应用于基于 P2P 网络结构的分布式系统中。

4.2.2　TCP

TCP 是一种面向连接的、可靠的、基于字节流的传输层通信协议。TCP 将用户数据打包成报文段，发送该报文段后启动一个定时器，另一端对接收到的数据进行确认、对失序数据重新排序、对重复数据进行丢弃。每一条 TCP 连接只能有两个端点，且只能是点对点形式。TCP 提供全双工通信，数据在两个方向上独立地进行传输，连接的每一端必须保持每个方向上的传输数据序号，TCP 报文头格式如图 4.2 所示。

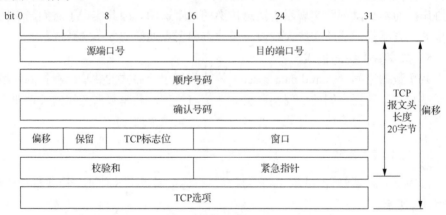

图 4.2　TCP 报文头格式

（1）源端口号（source port）：数据发起者的端口号，16bits。

（2）目的端口号（destination port）：数据接收者的端口号，16bits。

（3）顺序号码（sequence number，seq）：用于在数据通信中解决网络包乱序（reordering）问题，以保证应用层接收到的数据不会由于网络传输问题而乱序（TCP会用此顺序号码来拼接数据），32bits。

（4）确认号码（acknowledgment number，ack）：数据接收方期望收到发送方在下一个报文段的 seq，因此 ack 应当是上次已成功收到的 seq 加 1，32bits。

（5）偏移（offset）：表示 TCP 报文头长度，用于存储报文头中有多少个 32bits，存储长度为 4bits，最大可表示（$2^3+2^2+2^1+1$）×32bits=60bytes 的报文头。最小取值为 5，5×32bits=20bytes。

（6）保留（reserved）：6bits，均为 0。

（7）TCP 标志位（TCP flags）：每个长度均为 1bit。

CWR：压缩，0x80。

ECE：拥塞，0x40。

URG：紧急，0x20。当 URG=1 时，表示报文段中有紧急数据，应尽快传送。

ACK：确认，0x10。当 ACK=1 时，表示这是一个已确认的 TCP 包；当 ACK=0 时，则不是确认包。

PSH：推送，0x08。当发送端 PSH=1 时，表示接收端应尽快将报文段交付给应用层。

RST：复位，0x04。当 RST=1 时，表明连接中出现严重错误，需要重新建立连接。

SYN：同步，0x02。建立连接中用于同步序号。SYN=1，ACK=0 代表连接请求报文段；SYN=1，ACK=1 代表同意建立连接。

FIN：终止，0x01。当 FIN=1 时，表示发送端数据已经发送完毕，要求释放传输连接。

（8）窗口：此字段用来进行流量控制。单位为字节，值是接收端期望一次接收的字节数。

（9）校验和：该字段的校验范围包括 TCP 报文头部和数据两部分。由发送端计算和存储，接收端进行验证。

（10）紧急指针：紧急指针在 URG=1 时才有效，它指出本报文段中紧急数据的字节数。

（11）TCP 选项：长度可变，最长可达 40 字节。

TCP 的传输连接分为三个阶段：连接建立（三次握手）、数据传输和连接释放（四次挥手）。TCP 协议中的三次握手和四次挥手过程如图 4.3 所示。

TCP 中，建立连接需要三次握手。

第一次握手：客户端向服务端发送连接请求报文，标志位同步序号（SYN）置为 1，seq 为 X。

第二次握手：服务端接收到客户端发过来的报文，由 SYN=1 可知客户端要求建立连接，并为连接分配资源。服务端向客户端发送一个 SYN 和 ACK 都置为 1 的 TCP 报文，设置初始 seq 为 Y，将 ack 设置为上一次客户端发送过来的 seq 加 1。

第三次握手：客户端收到服务端发来报文后检查 ack 是否正确，即第一次发送的 seq 加 1。检查标志位 ACK 是否为 1。若正确，服务端再次发送确认包，ACK

标志位为 1，SYN 标志位为 0。ack 为 Y+1，发送 seq 为 X+1。服务器端收到 ACK=1
并确认号码值正确，则建立连接成功，双方进入数据传输阶段。

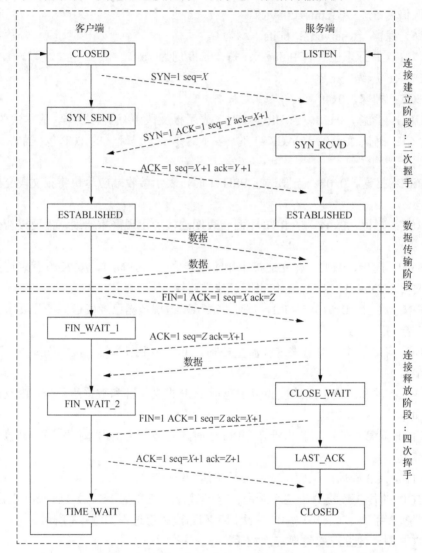

图 4.3　TCP 协议中的三次握手和四次挥手过程

　　TCP 中，数据传输结束后，客户端和服务端断开连接需要四次挥手。

　　第一次挥手：客户端给服务端发送 FIN 报文，用来关闭客户端到服务端的数
据传送。将标志位 FIN 和 ACK 置为 1，seq 为 X，ack 为 Z。这时客户端没有数据
要发给服务器端，如果服务器端还有报文没有发送完成，那么不关闭 socket，可
以继续发送。

第二次挥手：服务端收到 FIN 后，发回一个 ACK=1 的确认报文，ack 为收到的 seq 加 1，即 $X+1$。seq 为 Z。这时客户端就进入 FIN_WAIT 状态，等待服务端的 FIN 报文。

第三次挥手：当服务端确定数据已发送完成，则向客户端发送 FIN 报文，关闭与客户端的连接。标志位 FIN 和 ACK 均置为 1，seq 为 Z，ack 为 $X+1$ 重复确认，服务器端数据发送完成，准备关闭连接。

第四次挥手：客户端收到服务器发送的 FIN 之后，标志位 ACK=1 确认报文，ack 为收到的顺序号码加 1，即 $Z+1$。seq 为 $X+1$。客户端发送 ACK 后进入 TIME_WAIT 状态，如果服务端没有收到客户端确认报文，则启动超时重传 FIN 报文。如果客户端等待了 2 个最大报文段寿命（maximum segment lifetime，MSL）后依然没有收到回复，则证明服务端已正常关闭，客户端也就关闭连接。TIME_WAIT 状态中所需时间典型取值为 30s、1min 和 2min。等待之后连接正式关闭，并且所有资源都被释放。

4.2.3　HTTP

1．HTTP/0.9 协议

HTTP 是一种建立在 TCP 上的无状态连接，协议规定服务器只能响应 HTML 格式字符串。HTTP/0.9 协议定义了最基本的简单请求和简单响应，首先客户端通过 GET 命令发送 HTTP 请求，说明客户端想要访问的资源和请求的动作。其次服务端接收到请求后，根据请求做出相应的动作访问服务器资源。最后通过 HTTP 响应把结果发送给客户端，服务器发送完成后断开 TCP 连接。HTTP/0.9 协议只有 GET 一种请求方法，通信过程中不能指定协议号和请求头，因此 HTTP/0.9 协议只支持纯文本内容，客户端无法向服务器端发送太多信息。

2．HTTP/1.0 协议

HTTP/1.0 协议在 HTTP/0.9 协议上做了改进，增加了请求方法 POST 和 HEAD，可根据 Content-Type 支持多种数据格式，不再局限于 HTTP/0.9 协议的 HTML 格式。为了提高系统效率，HTTP/1.0 协议规定客户端与服务器端只保持短暂连接。客户端每次请求都需要与服务器端建立一个 TCP 连接，服务器端完成请求处理后立即断开 TCP 连接，服务器端不用跟踪每个客户，也不记录客户端的访问请求历史。但 HTTP/1.0 协议的工作方式在性能上存在一些缺陷，如每次 TCP 连接只能完成一次请求应答过程，若客户端需要请求其他资源，则要重新建立连接。TCP 连接采用成本较高的三次握手方式，并且在开始发送数据时速率较慢，随着网页加载资源越来越多，HTTP/1.0 协议性能问题越来越突出。

3. HTTP/1.1 协议

HTTP/1.1 协议引入了持久连接（persistent connection）机制，使每个 TCP 连接可以被多个请求复用，解决了 HTTP/1.0 协议中一个 TCP 连接只能发送一次请求的问题；新增了管道（pipelining）机制，在同一个 TCP 连接内，客户端不用等待上一次请求的返回结果就能发出下一次请求，服务器端将按照请求到达顺序依次处理请求，进一步提升了协议效率；新增了 OPTIONS（请求可用的 HTTP 请求方法）、PUT（数据的整体更新）、PATCH（数据的部分更新）、DELETE（数据删除）和 TRACE（测试或诊断 HTTP 请求是否正常）请求方法。

HTTP/1.1 协议使用管道来复用 TCP 连接，同一个 TCP 连接中的请求按照先后顺序依次处理，若某请求处理时间过长，会造成管道阻塞问题，降低协议效率。此外，HTTP 是一种无状态连接协议，每次请求都需要添加所有信息，也会降低网络带宽利用率。

4. HTTP/2.0 协议

HTTP/2.0 协议使用多路复用（multiplexing）与头信息压缩（header compression）机制来解决 HTTP/1.1 协议的缺陷。多路复用是指在一个 TCP 连接内，客户端和服务器端可以同时发送多个请求和响应，这些请求和响应不用按照先后顺序对应，避免了管道堵塞发生。为了区分不同请求，HTTP/2.0 协议又引入数据流（data stream）机制，将客户端发送的请求分配给不同编号数据流，通过编号来对应请求与响应。头信息压缩机制一方面是请求头部信息使用 gzip 或 compress 规范压缩后再发送，减少传输字节数；另一方面是提取 HTTP 请求头中没有实质含义的字段，形成一张头信息表，该表由客户端和服务器端共同维护，使用时以索引号表示信息字段，可以避免先前协议中需要重复发送的内容，提高数据传输效率。

此外，HTTP/2.0 协议将所有传输信息分割为更小的帧（frame），并对它们采用二进制进行编码，称为二进制分帧，客户端与服务器端之间传输的消息由 1 个或多个帧组成，使数据传输处理更加高效。HTTP/2.0 协议还新增了服务器推送（server push）功能，服务器可以在响应客户端请求时向客户端主动推送可能需要的资源数据，避免客户端再次发送请求获取数据，进一步提高了系统效率。

4.2.4　RPC 协议

1.　协议原理

RPC 协议是一种通过网络连接客户端和服务器端的协议，客户端无需了解底层网络技术的具体实现细节便可以调用服务器端提供的服务，且远程调用的便捷程度与本地调用相同，因此该协议被大量用于分布式系统开发。RPC 协议主要由 Client、Server、Stub/Proxy、Message Protocol、Transfer/Network Protocol、Selector/Processor 和 IDL 构成，具体含义如下。

Client：表示 RPC 协议的客户端，理想状况下 RPC 协议对于客户端完全透明，客户端无需了解 RPC 协议的内部原理。但实际上客户端需要参与设定 RPC 协议的一部分细节内容。

Server：表示 RPC 协议的服务器端，为客户端提供具体实现的方法，主要包含最常见的业务代码，通常以 RPC 服务接口方式完成。客户端在调用时并不知道该接口实现类内部的具体实现过程，同时在调用时接口实现类并不知道将被客户端调用。

Stub/Proxy：为了实现底层网络技术与调用服务器端函数对客户端的透明性，在 RPC 协议中，客户端使用代理对底层协议进行封装，实现远程调用如同本地调用一样容易。

Message Protocol：在一次完整的客户端与服务器端的信息交互中，需要将消息处理为两端都能识别的消息格式，信息管理层则用于对网络传输的消息进行编码和解码。客户端信息管理层将消息按照服务端可识别的格式进行编码，服务器端信息管理层将收到的数据进行解码。不同 RPC 框架根据自身效率要求设定了不同消息格式。

Transfer/Network Protocol：传输协议层主要用于对基于 RPC 框架中的网络协议进行管理，如 Thrift 框架所采用的 TCP、gRPC 框架所采用的 HTTP/2.0 协议。此外，传输协议层也用于对客户端和服务器端使用的 IO 模型进行统一。

Selector/Processor：负责执行服务器端 RPC 接口的实现，包括管理 RPC 接口生成、判断客户端请求权限和控制接口实现类的执行。

IDL：接口定义语言（interface description language，IDL）是一种描述软件接口的语言规范，采用中立语言方式使得不同语言编写的软件可以相互通信。当所要设计的 RPC 框架需要在跨语言环境中使用时，则需要 IDL 存在，反之则不需要 IDL 存在。

2. 协议框架

在 RPC 协议基础上，开发者根据具体业务需求设计出多种 RPC 框架，所有 RPC 框架都具备 RPC 协议的基本组成部分，主要差异体现在网络协议、实现方式、消息格式和描述语言等方面。常用的开源 RPC 框架主要包括 gRPC、Dubbo、Motan、Dubbox、rpcx 等。

gRPC 是 Google 设计的远程调用通信框架，该框架最显著的特点是支持 C、C++、Python、PHP、Golang、Java 等多种编程语言，可以实现由不同语言开发的应用程序间的调用。gRPC 基于 HTTP/2.0 协议进行设计，因此具有多路复用、首部压缩和双向流等机制，进行远程调用时能够有效提高通信效率、节省带宽。gRPC 使用序列化协议（protocol buffers，ProtoBuf）进行接口定义和生成序列化数据，统一接口和数据压缩使得通信性能进一步提升。该框架为开源框架，通信双方可进行二次开发，客户端和服务器端通信时的重点在于业务层面，而非通信底层实现。目前 gRPC 不仅用于 Google 的云服务和对外提供的 API，也在分布式系统和 C/S 系统构建方面得到了广泛应用。

4.2.5　Gossip 协议

Gossip 协议是分布式系统中被广泛使用的协议，用于实现分布式节点或者进程之间的信息交换，其设计思想受启发于现实社会的流言蜚语或者病毒传播模式。Gossip 协议具备多播协议所要求的低负载、高容错和可扩展性等优点。其广泛用于分布式系统的底层通信协议，如 Facebook 公司开发的 Cassandra，通过 Gossip 协议维护分布式集群状态。在区块链领域，Gossip 协议也被广泛使用，如超级账本 Fabric 采用 Gossip 协议作为 P2P 网络的传播协议。

1. Gossip 节点的通信方式

两个节点 A、B 之间存在三种通信方式。

（1）push：A 节点将数据（key,value,version）推送给 B 节点，B 节点进行数据更新。

（2）pull：A 节点仅将数据（key,version）推送给 B 节点，B 节点将本地比 A 新的数据（key,value,version）推送给 A，A 进行本地数据更新。

（3）push&pull：与 pull 类似，A 节点完成本地数据更新后，再将本地比 B 新的数据推送给 B，B 完成本地数据更新。

如果把两个节点数据同步一次定义为一个周期，则一个周期内，push 方式需交换数据 1 次，pull 方式需 2 次，push&pull 方式则需 3 次。理论上 push&pull 方式效果最好，能够在一个周期内使两个节点数据更新一致。Cassandra 使用

push&pull 通信方式。

2. Gossip 节点工作方式

反熵（anti-entropy）：每个节点周期性随机选择其他节点交换数据，达成一致。

谣言传播（rumor-mongering）：当一个节点有新数据时，该节点变为活跃状态，周期性联系其他节点传播新数据。

反熵模式有完全的容错性，但网络和 CPU 负载过重；谣言传播模式的网络和 CPU 负载较小，但必须为数据定义"最新"边界，并且无法保证完全容错和节点数据的最终一致性。

3. 反熵的协调机制

协调机制解决了当两个节点通信时，如何交换数据能最快达到一致性的问题。协调是在 push、pull 等通信方式下的数据交换机制。受限于网络负载，每个 Gossip 消息大小都有上限。反熵的协调机制有精确协调和整体协调两种方式。精确协调在一个通信周期内节点之间相互发送对方需要更新的数据，解决数据不一致性问题，由于一个节点会与多个节点交换数据，理论上精确协调很难做到。精确协调节点上数据项独立地维护自己的版本，在每次交互时把所有数据（key,value,version）发送给目标节点，根据不同之处进行更新。由于 Gossip 消息存在大小限制，每次可以随机选择一部分数据，也可确定性的选择数据。

整体协调与精确协调的区别在于：整体协调的每个数据不用维护单独的版本号，每个节点上的宿主数据维护统一的版本号。例如，节点 p 会为维护统一的整体版本号，把所有宿主数据看作一个整体，当与其他节点进行数据交换时，只需比较这些宿主数据的最高版本号，如果最高版本号相同，说明这部分数据完全一致。整体协调对数据选择也有两种方法：广度优先，根据整体版本号大小排序，也称为公平选择；深度优先，根据包含数据的多少排序，也称为非公平选择。

Gossip 不要求节点知道所有其他节点，因此具有去中心化的特点，节点之间完全对等，不需要任何中心节点。Gossip 用于失败检测、路由同步、Pub/Sub、动态负载均衡等能接受"最终一致性"的很多领域。

4.3　比特币网络数据传输

比特币网络节点具有分布式、自治性、自由加入和退出等特性，采用 P2P 对等网络组织节点，节点参与交易数据验证和记账，每个节点均地位对等且以扁平式拓扑结构相互连通和交互，不存在任何中心化网络节点和层级结构。每个节点具有网络路由信息维护、区块数据验证、区块数据传播、新节点发现等功能。按照区块存储数据量的不同，比特币节点可以分为全节点和轻量级节点。前者保存有从创世区块到当前最新区块为止的完整区块链交易数据，通过对区块数据校验和记账来动态更新主链。全节点能够独立地实现任意区块数据的校验、查询和更新，不依赖任何其他节点，但是维护全节点的所有区块数据会占用较大磁盘空间，成本较高，并且同步比特币网络耗时较长；与之相比，轻量级节点仅保存一部分区块数据，可以通过简易支付验证方式向其相邻节点请求所需的交易数据来完成数据验证，比特币网络的数据传输基于前述的 TCP 实现。

4.3.1　握手通信

当新节点加入比特币网络后，通过 DNS 种子或指定 IP 地址的方式发现至少一个网络中存在的节点并与之建立连接。比特币网络的拓扑结构并不基于节点间的地理位置，因此各个节点之间的地理信息完全无关。

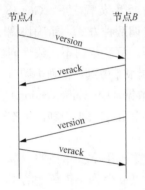

图 4.4　对等节点握手通信

新节点通常采用 TCP 并使用 8333 端口与已知对等节点建立连接。如图 4.4 所示，在建立连接时，新节点（节点 A）发送一条包含基本认证内容的 version 消息启动握手通信过程，网络中的对等节点（节点 B）通过 verack 消息响应，进行确认并建立连接，如果对等节点需要互换连接，会传回 version 消息给新节点，新节点也会通过 verack 消息进行响应。

比特币网络中没有特殊节点，所有节点会维持一个列表，该列表中记录长期稳定运行的节点，这些节点被称为种子节点（seed nodes）。新节点连接到种子节点的好处是可以通过种子节点快速发现网络中的其他节点。在比特币核心客户端中，是否使用种子节点是通过选项"-dnsseed"控制的，默认设为 1，代表使用种子节点。或者，起始时将至少一个比特币节点的 IP 地址指定给正在启动的不包含任何比特币网络组成信息的节点。

4.3.2　地址发现

区块链网络使用广播方式传播交易信息，当新节点（节点 A）建立一个或多个连接后，它将一条包含自身 IP 地址的 addr 消息发送给其相邻节点（节点 B）。相邻节点再将此条 addr 消息依次转发，从而保证新节点信息被多个节点接收，连接更稳定。新节点也可以向相邻节点发送 getaddr 消息，要求它们返回其已知对等节点的 IP 地址列表。通过这种方式，新节点可以找到需要连接的对等节点，并向网络发布它的消息以便被其他节点查找，图 4.5 描述了地址广播发现过程。

节点必须连接到若干不同对等节点才能加入比特币网络。因为节点能够随时加入和离开网络，而且通信连接也不可靠，所以节点必须在失去已有连接时发现新节点，并在其他节点启动时提供帮助。在启动完成后，节点会记住它最近成功连接的对等节点，当重新启动后可以迅速与先前的对等节点重新建立网络连接。

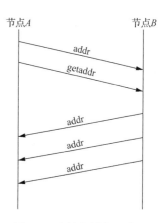

图 4.5　地址广播发现过程

如果一个节点之前的网络对等节点对该节点的连接请求无应答，那么该节点可以使用种子节点进行重启动。如果已建立的连接没有数据交换，则该节点会定期发送信息以维持连接。如果节点某个连接持续 90min 还没有任何数据传输，会被认为已经从网络中断开，节点会查找一个新的对等节点。因此，比特币网络会根据节点变化和网络故障进行动态调整，无需经过中心化控制即可进行网络节点规模的增减。

4.3.3　区块同步

全节点连接到对等节点之后，为了能够对所有交易独立进行验证，需要构建最新且包含所有交易数据的完整区块链。为了同步除创世区块外的所有区块信

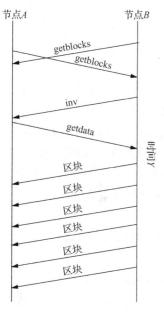

图 4.6　区块同步

息，需要从对等节点获取所有区块信息。如图 4.6 所示，区块同步的过程从发送 version 消息开始，这是由于该消息中含有的 BestHeight 字段标识了当前节点的区块链高度（区块数量）。节点能够从它的对等节点中得到版本消息，了解双方各自拥有多少个区块，以便与其自身所拥有的区块数量进行比较。对等节点会通过交换 getblocks 消息，获得各自本地区块链的顶端区块哈希值，如果某个对等节点识别出它接收到的哈希值并不属于顶端区块，而是属于某个非顶端区块的旧区块，那么它就能知道其自身的本地区块链比其他对等节点的区块链更长。拥有更长区块链的对等节点比其他节点有更多区块，它会通过使用 inv（inventory）消息把这些"更多"区块的哈希值传播出去。缺少这些区块的节点通过发送 getdata 消息来请求得到全区块信息，用包含在 inv 消息中的哈希值确认是否为获得正确的被请求区块，从而完成区块同步。

4.3.4　数据传输

比特币系统交易数据传输和区块生成过程如图4.7所示。

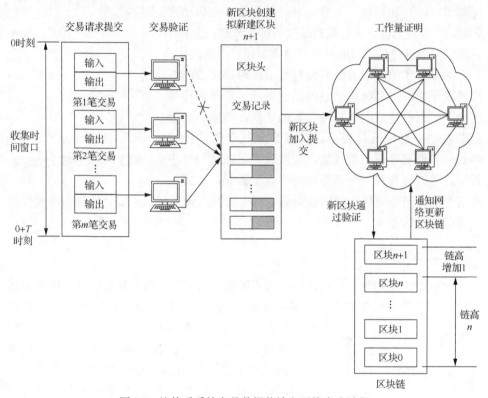

图 4.7　比特币系统交易数据传输和区块生成过程

（1）新的交易通过对等网络传输协议广播给比特币网络上的所有节点。

（2）每个节点先对交易数据进行有效性验证，即利用非对称加密机制验证交易的签名和交易数据信息，如果验证无效，则丢弃该笔交易数据。如果验证通过，节点将交易数据以 merkle 树形式进行组织，并且记录区块头的有效字段，盖上时间戳，填入区块头其他字段，封装产生区块。现有区块链网络规定新区块生成时间是 10min。

（3）为了竞争记账权，每个节点竞争自身算力解决 SHA256 难题以提交工作量证明。

（4）如果一个矿工节点解开了这 10min 的 SHA256 难题，就找到了工作量证明，获得该区块的记账权，该节点将数据打包封装成新区块，通过对等网络传输协议向全网各个节点广播该新区块。网络中其他节点接收到新区块后将先验证工作量证明是否有效，即每个节点计算区块头的双重哈希值，然后与已知的难度目标做比较。

（5）所有参与记录的节点通过 merkle 根共同验证交易记录数据的正确性，验证通过后，节点将接收该区块，并将其链接到区块链尾部。一般来说，每一笔交易必须经过 6 次区块确认，即 6 个 10min 记账，才能最终在区块链上被承认是合法交易。6 次确认使得恶意节点攻击需要耗费巨大算力，增加了区块数据攻击难度，使得全网可以抵御 51%的攻击，同时也降低了双花问题出现的概率。双花是指在数字化货币系统中，数据的可复制性（如数据从一台计算机传到另一台计算机后，原计算机上依旧保留该数据）使得系统可能存在同一笔数字资产因不当操作被重复使用的情况[44]。

（6）所有节点转向创造下一个区块，并将刚刚接收的区块哈希值作为父区块的哈希值记录在下一个区块的区块头中。

4.4　超级账本数据传输

超级账本采用模块化架构设计，复用通用的功能模块和接口，用以创建、部署和运行分布式账本。这种方法具有可扩展性、灵活性等优势，减少了模块修改和升级带来的影响，能很好地适应区块链应用系统的开发和部署服务。在超级账本中，底层由多个节点组成对等网络，通过 gRPC 协议支持的远程访问接口进行交互，利用 Gossip 协议进行数据分发和节点同步。

4.4.1　通信实现

超级账本交易流程如图 4.8 所示，首先客户端软件开发工具包（software development kit，SDK）将请求提交给 peer 节点，peer 节点处理后将交易提案（transaction proposal）提交给背书节点（endorser），其次进行背书签名（endorsement），最后经过排序服务达成共识后广播给 peer 节点。Gossip 协议负责连接排序服务，实现从单个源节点到所有节点高效的数据分发，在后台实现不同节点间的状态同步，并且可以处理拜占庭问题，动态地增加节点和网络分区。账本信息、状态信息、成员信息等都是通过 Gossip 协议进行分发。

Gossip 协议主要完成的功能如下：

（1）在不需要所有节点都连接到排序服务获取账本区块数据的情况下，保证超级账本网络中的所有节点还能有相同的账本数据、状态信息。

（2）系统正常运行后，对于新加入到超级账本网络中的节点，保证可以不直接连接到排序服务就能从网络中的其他节点处获取到账本数据、状态信息。

（3）错过了批量更新的节点（如由于网络中断或者临时超负荷运行没有接收到数据），仍能够保证落后的节点获取到缺失区块。

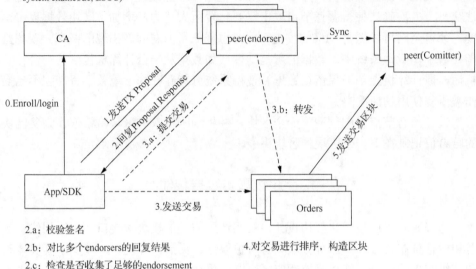

5.a: 检查交易结构完整性、签名、是否重复

5.b: 校验交易是否符合endorsement策略(validation system chaincode, VSCC)

5.c: 检查读集合中版本和账本是否一致

5.d: 执行区块中的合法交易，更新账本状态

1.a: 校验Proposal签名

1.b: 检查是否满足Channel ACL

1.c: 模拟执行交易并对结果签名(endorsement system chaincode, ESCC)

2.a: 校验签名

2.b: 对比多个endorsers的回复结果

2.c: 检查是否收集了足够的endorsement

4.对交易进行排序，构造区块

图 4.8　超级账本交易流程

（4）维护和管理成员信息，跟踪哪些成员是存活的，哪些成员是有故障的。

（5）数据能快速从单个源节点同步到所有其他节点上，保证大量数据在节点之间进行传输。

在整个交易过程中，各个组件的主要功能如下。

（1）客户端：客户端通过 SDK 与 Fabric 网络进行数据交换。首先，客户端从 CA 获取合法身份证书加入应用通道。正式交易前，构造交易提案提交给背书节点进行签名。其次，客户端在收集到足够的背书支持后构造一个合法交易请求，发给排序服务节点进行排序处理。最后，客户端通过事件机制监听网络中的消息，以获知交易是否被成功接收。

（2）背书节点：提供 ProcessProposal()方法供客户端调用，完成对交易提案的背书处理。收到来自客户端的交易提案后，进行合法性和访问控制指令（access control instruction，ACI）权限检查。如果检查通过，则背书节点模拟运行交易，对交易导致的状态变化（所读状态的键和版本及所写状态的键值）进行背书，并将结果返回给客户端。网络中只有部分节点担任背书节点角色。

（3）排序服务节点：负责将网络中的所有合法交易进行全局排序，并对排序后的交易进行组合以生成区块结构。排序服务节点一般不需要了解账本和交易内容。

（4）主节点：负责维护区块链和账本结构（包括状态 DB、历史 DB、索引 DB 等）。主节点定期从排序服务节点获取排序后的批量交易区块结构，对这些交易进行写入前的最终检查（包括交易消息结构、签名完整性、是否重复、读写集合版本是否匹配等）。检查通过后将结果写入账本，同时构造新区块，更新区块中记录交易是否合法等信息。网络中的每个节点既能作为主节点，也可以同时担任背书节点和主节点两种角色。

（5）CA：负责网络中所有证书的分发、撤销等管理，通过标准公钥基础设施（public key infrastructure，PKI）架构为超级账本网络提供了基于 PKI 的身份证书管理服务。CA 在签发证书后，自身不参与网络中的交易。

4.4.2　主节点选取

主节点是超级账本系统中一个重要的角色，能够排序和完成服务节点之间的通信，负责从排序服务节点处获取最新区块并在组织内部同步。主节点选取过程通过 Gossip 协议实现，而且假设在某个时间段内，同时存在足够数量的主节点，以避免拜占庭问题发生。

一个节点启动后，先等待网络稳定再开始参与主节点选举。稳定状态是指在等待时间内,节点数不再变化或者已经出现了主节点.网络稳定的等待时间是 15s,如果在等待时间内没有出现主节点，则参与主节点的选取。参与主节点选取前设置 isleader 属性为 false，将一个参与主节点选取的消息广播给组织内的其他节点。通过设置一个超时时间（5s）以等待消息在组织内扩散，其他节点接收到参与主节点选取消息进行存储。若超时后还没有出现主节点，则将节点的 isleader 属性设置为 true，在组织内广播一个声明为主节点的消息。如果在超时之前有其他节点声明为主节点，则接受它为主节点。如果同时有多个节点声明为主节点，名称最靠前的节点会成为主节点，其他节点主动标记自己的 isleader 属性为 false。如果已有主节点出现故障，剩余节点中名称最靠前的节点通过消息广播声明为主节点。如果发现另一个名称更靠前的节点声明为主节点，则当前节点主动放弃，最终只有一个节点设置 isleader 为 true。

4.4.3　状态同步

4.2.5 小节对 Gossip 协议的反熵进行了介绍，超级账本中每个节点定期（10s）检查本地账本的序列号和其他节点账本的序列号。若发现本地序列号比网络中其他节点账本的序列号小，则在网络中广播一个请求消息，请求缺失序列号的区块。收到请求的节点如果有对应序列号的区块，会在网络中广播一个回应消息，使其包含本地账本中请求序列号的区块。这种方式通过直接消息渠道进行，缓存节点接收到的消息，并保存于负载缓冲池的数据结构中。

由于网络传输的特点，数据可能不按序到达，负载缓冲池会在内部保存一个索引，记录等待提交账本的下一个区块序列号。如果接收到的区块序列号小于之前的序列号，说明是过期区块，直接丢弃。如果序列号比之前的大，将收到的数据放到序列号对应的缓冲区中。只要收到的数据和已提交区块序列号连续，则将连续的数据区块提交到账本中，然后删除缓冲区中已提交的数据区块，同时更新索引。

另一个更新状态数据的过程是在主节点从排序服务中获取到区块以后，创建一个数据消息广播给其他节点，其他节点接收到区块后也会和负载缓冲池中的索引进行比较，并进行同样处理。和直接消息方式不同的是，从排序服务中获取到的消息只包含一个区块，直接消息中可能包含多个缺失区块。

4.4.4　数据传输

数据传输机制的底层由基于 Gossip 协议的节点通信支撑。Gossip 方式不会构建每个节点之间的分离路径信息，而是每个节点每次都随机性地选择 k 个节点来扩散消息。节点在某个时间点随机选择交换信息，信息流则在整个系统中流动起来。这种交互方式比固定结构的方式更健壮，而且在遇到节点变动或者拜占庭问题时更容易维护。此外，固定结构的模式保留了每个节点之间的分离路径信息，消息复杂度更大。需注意，一个节点在随机选择其他节点时，可以参考当前的成员视图、前一段时间的历史存活节点、启动集合，以及所有节点的列表等信息。

每个节点有更高的出度（outgoing degree），不同节点独立选择不同的传送路径，能够保证当路由中有拜占庭节点时，不会阻止整个网络接收特定消息。允许一个节点转发消息给更多节点，系统自然能够在遇到拜占庭节点时有更好的健壮性，这样网络中传输的消息会更多。处理拜占庭问题的健壮性需要权衡每一轮选择消息的发送数量和节点数量的通信开销。

4.4.5　Fabric 操作

启动 Fabric 网络的主要步骤包括计划网络拓扑、准备相关配置文件、创建通道、启动节点和操作网络等。这里以具体的代码实现来讲解相关操作步骤。

在需要重新执行下面步骤以前，先执行[docker-compose -f $COMPOSE_FILE down--volumes]，以确保前次执行结果被清空。否则，可能出现权限不正确的问题。

1. 创建网络并初始化

成员服务提供者（membership service provider，MSP）是一个为超级账本提供成员管理服务的组件。MSP 抽象出了发行证书、验证证书和身份认证背后的加密机制和协议，对 Fabric 网络中的成员进行身份的管理（身份验证）与认证（签名与验签）。

　　工具 cryptogen 用来创建网络的拓扑结构，初始化 MSP 信息，并对所有组织和节点进行签名。cryptogen 位于 fabric/build/bin 下，使用 crypto-config.yaml 作为配置文件，可以通过[cryptogen showtemplate]查看配置文件模板。具体配置方法参考模板说明。

　　图 4.9 的节点配置包含了两种类型的组织：OrdererOrgs 和 PeerOrgs。OrdererOrgs 有一个节点；而 PeerOrgs 有两个组织，每个组织通过 Template 创建两个节点。因此，根据该配置文件，cryptogen 将生成 5 个节点：orderer.example.com、peer0.org1.example.com、peer1.org1.example.com、peer0.org2.example.com 和peer1.org2.example.com。

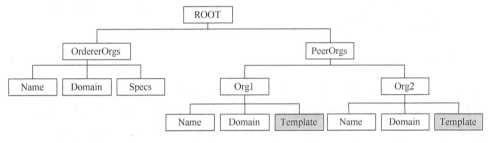

图 4.9　节点配置

　　上述 5 个节点包括一个排序节点（orderer）和 4 个 peer 节点，管理域（example.com）下有两个组织 Org1 和 Org2，两个组织下有 4 个 peer 节点并加入同一个应用通道（business-channel）中。组织中的第一个节点（peer0 节点）作为锚节点（anchor peer）与其他组织进行通信，锚节点是能被其他通道发现的节点，每个通道具有一个或多个锚节点。所有节点通过域名都可以相互访问，网络拓扑如图 4.10 所示。

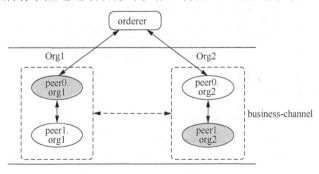

图 4.10　网络拓扑

使用下面的命令来创建网络。

```
cd /opt/gopath/src/github.com/hyperledger/fabric-samples/
first-network
../../fabric/build/bin/cryptogen generate --config=./
crypto-config.yaml
```

该命令将会在当前目录下生成 crypto-config 目录。使用命令[tree crypto-config]可以查看目录的整体结构。cryptogen 完成了以下工作。

（1）为每个组织生成签名，包括 orderer 组织和 peer 组织。

（2）为每个组织生成 MSP 信息，包括 orderer 组织和 peer 组织。

（3）为组织内的每个成员生成签名。

（4）为每个组织设置一个管理员和一个用户。

至此，网络的拓扑结构生成完毕。MSP 模块将使用这些内容对节点进行安全管理和认证。

2. 创建通道配置信息

通道配置信息包括 3 方面内容：创世区块、通道配置信息和各个组织的 anchor peer。使用 configtxgen 完成通道配置信息的创建。可以使用[configtxgen --help]查看工具使用方法。与 cryptogen 不同，configtxgen 指定使用 configtx.yaml。

（1）configtx.yaml 主要定义了两个 profile：TwoOrgsOrdererGenesis 和 TwoOrgsChannel。

（2）TwoOrgsOrdererGenesis 主要用于 orderer 节点的定义；TwoOrgsChannel 主要用于 peer 节点的定义。

（3）每个 profile 都定义了 capability 和组织的内部信息。

（4）组织信息都包括 name（节点名字）、ID（用来标识该节点）和 MSPDir（指定 MSP 信息地址，由 cryptogen 工具生成）。

（5）对于 peer 节点，还需要定义 anchor peer 的信息。

从 configtxgen 指定使用 configtx.yaml 来看，超级账本的分布式更像是基于组织的分布式，和通常理解的分布式和去中心化有很大差别。

1）创建创世区块

创世区块的创建可以通过运行下面的命令完成。

```
export FABRIC_CFG_PATH=$PWD
../../fabric/build/bin/configtxgen -profile TwoOrgsOrdererGenesis
-outputBlock ./channel-artifacts/genesis.block
```

它使用 TwoOrgsOrdererGenesis 的 profile 生成 genesis.block 区块。需要注意的是，这里不能修改区块名字，在创建好通道后，区块名字会被修改为[通道名].block。

2）新建通道配置信息

通道配置信息可以通过运行下面的命令创建。

```
export CHANNEL_NAME=shimzhaochnl
configtxgen -profile TwoOrgsChannel -outputCreateChannelTx ./
channel-artifacts/channel.tx -channelID $CHANNEL_NAME
```

它使用 TwoOrgsChannel 的 profile 生成名为 shimzhaochnl 的通道。通道配置信息保存在 channel.tx 文件中。

3）配置 anchor peer

anchor peer 是一个组织内负责与其他组织通信的锚节点，通常情况下也是背书节点。一个组织可以有多个节点加入到区块链网络，但是必须至少有一个 anchor peer。anchor peer 的配置可以通过运行下面的命令完成。

```
configtxgen -profile TwoOrgsChannel-outputAnchorPeersUpdate ./
channel-artifacts/ Org1MSPanchors.tx -channelID $CHANNEL_NAME -asOrg
Org1MSP
        configtxgen -profile TwoOrgsChannel -outputAnchorPeersUpdate ./
channel-artifacts/ Org2MSPanchors.tx -channelID $CHANNEL_NAME -asOrg
Org2MSP
```

3. 启动网络，创建通道

通道交易信息和创世区块准备完毕后启动区块链网络。使用 docker-compose-cli.yaml 文件启动网络。

```
vagrant@ubuntu-xenial:first-network$ docker-compose -f docker-
compose-cli.yaml up -d
Creating network "net_byfn" with the default driver
Creating peer1.org1.example.com ...
Creating orderer.example.com ...
Creating peer0.org2.example.com ...
Creating peer1.org2.example.com ...
Creating peer0.org1.example.com ...
Creating orderer.example.com
Creating peer1.org1.example.com
Creating peer0.org2.example.com
Creating peer1.org2.example.com
Creating peer1.org2.example.com ... done
Creating cli ...
Creating cli ... done
```

去掉[-d]可以查看更多的 log 信息，启动完成后可以使用[docker ps -a]命令查看所有节点是否正确启动。

　　网络启动后还需要创建通道、节点加入通道、更新通道的 anchor peer 配置。

　　1）创建通道

　　创建通道之前需要进入到 cli 节点，cli 相当于超级账本的一个 application，每次在操作 peer 时，它都会读取环境变量以确定操作哪一个 peer。cli 通过读取下面的配置文件来确定它连接的是哪个 peer。当操作的 peer 发送变化时，需要重新备注这些环境变量，以确保操作的是正确的 peer。这些环境变量包括以下 4 点。

　　（1）CORE_PEER_MSPCONFIGPATH：用来指定 MSP 信息路径，由 cryptogen 生成。

　　（2）CORE_PEER_ADDRESS：用来指定节点的网络地址。

　　（3）CORE_PEER_TLS_ROOTCERT_FILE：用来指定数字签名文件路径。

　　（4）CORE_PEER_LOCALMSPID：用来指定组织 MSPID。

　　因此，先要指定 peer0.org1.example.com 节点作为 cli 的连接节点，然后进入 cli docker，命令如下。

```
        vagrant@ubuntu-xenial:  first-network$  export  CORE_PEER_
MSPCONFIGPATH=/opt   /gopath/src/github.com/hyperledger/fabric/peer/
crypto/peerOrganizations/org1.example.com/users/Admin@org1.example.c
om/msp
        vagrant@ubuntu-xenial: first-network$ export CORE_PEER_ADDRESS
=peer0. org1. example .com:7051
        vagrant@ubuntu-xenial:  first-network$  export  CORE_PEER_
LOCALMSPID="Org1MSP"
        vagrant@ubuntu-xenial:  first-network$  export  CORE_PEER_
TLS_ROOTCERT_FILE  =/opt   /gopath/src/github.com/hyperledger/fabric/
peer/crypto/peerOrganizations/org1.example.com/peers/peer0.org1.exam
ple.com/tls/ca.crt
        vagrant@ubuntu-xenial: first-network$ docker exec -it cli bash
        root@bfe07b081e03:/opt/gopath/src/github.com/hyperledger/fab
ric/peer#
```

　　接下来的操作会在 cli docker 内部进行。为了使用方便，先定义一个全局变量，命令如下。

```
        root@bfe07b081e03:/opt/gopath/src/github.com/hyperledger/fab-
ric/peer#export CHANNEL_NAME=shimzhaochnl
```

　　然后，使用下面的命令创建通道。

```
        root@bfe07b081e03:/opt/gopath/src/github.com/hyperledger/fab
ric/peer#peer channel create -o orderer.example.com:7050 -c $CHANNEL_
NAME -f ./channel-artifacts/channel.tx --tls -cafile /opt/gopath/src/
github.com/hyperledger/fabric/peer/crypto/ordererOrganizations /example
```

```
.com/orderers/orderer.example.com/msp/tlscacerts/tlsca.example.com-c
ert.pem
```

　　创建通道也是超级账本的一个交易，因此交易信息首先被发送到排序节点，排序节点的排序服务将交易信息广播到整个网络的所有节点。创建通道命令中指定的 channel.tx 来自 configtxgen 创建的通道配置信息，而公钥则是排序节点的公钥。

　　通道创建完成后还需要将每个 peer 节点加入到通道中。

　　2）节点加入通道

　　节点加入通道需要借助 cli 容器。将 peer0.org1.example.com 加入到通道，命令如下。

```
//设置环境变量
export CORE_PEER_MSPCONFIGPATH=/opt/gopath/src/github.com/
hyperledger/fabric/peer/crypto/peerOrganizations/org1.example.com/us
ers/Admin@org1.example.com/msp
export CORE_PEER_ADDRESS=peer0.org1.example.com:7051
export CORE_PEER_LOCALMSPID="Org1MSP"
export CORE_PEER_TLS_ROOTCERT_FILE=/opt/gopath/src/github.com/
hyperledger/fabric/peer/crypto/peerOrganizations/org1.example.com/pe
ers/peer0.org1.example.com/tls/ca.crt
//下面的代码在容器内执行，将当前 peer 加入通道
peer channel join -b shimzhaochnl.block    //注意通道名
//退出
exit
```

　　依次将其余 3 个 peer 都加入通道中。可以使用[peer channel list]查看当前 peer 加入了哪些通道。

　　3）更新通道的 anchor peer 配置

　　更新通道的 anchor peer 配置需要制定每个 Org 的 anchor peer。该过程也是通过 cli 容器来实现，命令如下。

```
//设置环境变量
export CORE_PEER_MSPCONFIGPATH=/opt/gopath/src/github.com/
hyperledger/fabric/peer/crypto/peerOrganizations/org1.example.com/us
ers/Admin@org1.example.com/msp
export CORE_PEER_ADDRESS=peer0.org1.example.com:7051
export CORE_PEER_LOCALMSPID="Org1MSP"
export CORE_PEER_TLS_ROOTCERT_FILE=/opt/gopath/src/github.com/
hyperledger/fabric/peer/crypto/peerOrganizations/org1.example.com/pe
ers/peer0.org1.example.com/tls/ca.crt
//设置当前连接的 peer 为组织的 anchor peer
peer channel update -o orderer.example.com:7050 -c $CHANNEL_
NAME -f ./channel-artifacts/Org1MSPanchors.tx --tls --cafile /opt/gopath/
```

```
src/github.com/hyperledger/fabric/peer/crypto/ordererOrganizations/e
xample.com/orderers/orderer.example.com/msp/tlscacerts/tlsca.example
.com-cert.pem
        //退出
        exit
```

通过更新通道的 anchor peer 命令设置 peer0.org1.example.com 为 Org1 的 anchor peer。可以使用同样方法设置 peer0.org2.example.com 为 Org2 的 anchor peer。

4. 安装并实例化链码

链码（即智能合约）是超级账本的重要组成部分。所有外部程序（application）对账本的访问都通过链码实现，对链码的操作包括安装、实例化、查询和更新。

1）安装链码

链码安装也需要进入到 cli 容器，先连接到需要安装的 peer 节点，然后执行安装命令。下面的命令用于为 peer0.org1.example.com 安装链码。

```
        //设置环境变量
        export  CORE_PEER_MSPCONFIGPATH=/opt/gopath/src/github.com/
hyperledger/fabric/peer/crypto/peerOrganizations/org1.example.com/us
ers/Admin@org1.example.com/msp
        export CORE_PEER_ADDRESS=peer0.org1.example.com:7051
        export CORE_PEER_LOCALMSPID="Org1MSP"
        export CORE_PEER_TLS_ROOTCERT_FILE=/opt/gopath/src/github.com/
hyperledger/fabric/peer/crypto/peerOrganizations/org1.example.com/pe
ers/peer0.org1.example.com/tls/ca.crt
        //为当前 peer 安装链码
        peer chaincode install -n mycc -v 1.0 -p github.com/ chaincode/
chaincode_example02/go/
        //退出
        exit
```

链码安装完成后可以使用[peer chaincode list --installed]命令查看是否已经安装成功。通常只需要为 anchor peer 安装链码即可。

2）实例化链码

链码在安装完成后还需要实例化才能起作用，可以使用下面的方法实例化链码。

```
        //设置环境变量
        export CORE_PEER_MSPCONFIGPATH=/opt/gopath/src/github.com/
hyperledger/fabric/peer/crypto/peerOrganizations/org1.example.com/us
ers/Admin@org1.example.com/msp
        export CORE_PEER_ADDRESS=peer0.org1.example.com:7051
        export CORE_PEER_LOCALMSPID="Org1MSP"
```

```
        export CORE_PEER_TLS_ROOTCERT_FILE=/opt/gopath/src/github.com/
hyperledger/fabric/peer/crypto/peerOrganizations/org1.example.com/pe
ers/peer0.org1.example.com/tls/ca.crt
        //实例化链码
        peer chaincode instantiate -o orderer.example.com:7050 --tls
--cafile /opt/gopath/src/github.com/hyperledger/fabric/peer/crypto/
ordererOrganizations/example.com/orderers/orderer.example.com/msp/tl
scacerts/tlsca.example.com-cert.pem -C $CHANNEL_NAME -n mycc -v 1.0 -c
'{"Args":["init","a", "100", "b","200"]}' -P "OR ('Org1MSP. peer',
'Org2MSP.peer')"
        //退出
        exit
```

[-P]参数用来指定背书策略。例如，[-P "OR（'Org1MSP.peer', 'Org2MSP. peer'）"]只需要一个节点背书即可，而[-P "AND（'Org1MSP.peer','Org2MSP.peer'）"]则需要两个节点都背书。

链码的实例化主要是给超级账本的区块赋初值，在任意一个节点完成即可，不需要所有节点都实例化。

3）查询链码

链码的查询首先需要制定 peer，其次进入 cli，最后执行查询语句，命令如下。

```
        //设置环境变量
        export CORE_PEER_MSPCONFIGPATH=/opt/gopath/src/github.com/
hyperledger/fabric/peer/crypto/peerOrganizations/org1.example.com/us
ers/Admin@org1.example.com/msp
        export CORE_PEER_ADDRESS=peer0.org1.example.com:7051
        export CORE_PEER_LOCALMSPID="Org1MSP"
        export CORE_PEER_TLS_ROOTCERT_FILE=/opt/gopath/src/github.com/
hyperledger/fabric/peer/crypto/peerOrganizations/org1.example.com/pe
ers/peer0.org1.example.com/tls/ca.crt
        //设置通道名
        export CHANNEL_NAME=shimzhaochnl
        //调用链码查询
        peer chaincode query -C $CHANNEL_NAME -n mycc -c '{"Args":
["query","a"]}'
        //退出
        exit
```

4）更新链码

链码的更新操作如下。

```
        //设置环境变量
        export CORE_PEER_MSPCONFIGPATH=/opt/gopath/src/github.com/
hyperledger/fabric/peer/crypto/peerOrganizations/org1.example.com/us
ers/Admin@org1.example.com/msp
```

```
export CORE_PEER_ADDRESS=peer0.org1.example.com:7051
export CORE_PEER_LOCALMSPID="Org1MSP"
export CORE_PEER_TLS_ROOTCERT_FILE=/opt/gopath/src/github.com/
hyperledger/fabric/peer/crypto/peerOrganizations/org1.example.com/pe
ers/peer0.org1.example.com/tls/ca.crt
//设置通道名
export CHANNEL_NAME=shimzhaochnl
//调用链码更新账本
peer chaincode invoke -o orderer.example.com:7050 --tls --cafile
/opt/gopath/src/github.com/hyperledger/fabric/peer/crypto/orderer
Organizations/example.com/orderers/orderer.example.com/msp/tlscacert
s/tlsca.example.com-cert.pem  -C $CHANNEL_NAME -n mycc -c '{"Args":
["invoke","a","b","10"]}'
//退出
exit
```

逻辑上所有 peer 节点保存的账本是一致的，可以通过 peer 节点的切换来验证所有账本是不是已经同步更新。

第5章　区块链共识机制

在分布式系统中，多个主机通过异步通信方式组成网络集群，主机之间进行状态复制以保证每个主机达成一致的状态共识。区块链系统是典型的分布式系统，实现了从单节点结构至分布式架构的演变，这种演变所面临的首要问题是如何保障不同节点上账本数据的一致性和正确性，解决这一问题的关键在于共识机制的合理应用。本章介绍区块链共识机制，包括一致性问题、一致性协议和区块链共识算法，并介绍六种性能评价指标，对这些协议、算法进行性能评价。

5.1　分布式一致性

一致性（consistency）是指在分布式系统中，数据在多个服务节点之间能够通过约定协议在"某种程度"上保持一致，所有服务节点都能访问到最新版本的数据。一致性算法本质上要求满足以下两个特性。

（1）安全性（safety）是指如果一个用户发出访问临界区的请求，那么必须被通过。

（2）活性（liveness）是指如果一个用户发出访问临界区的请求，那么最终请求会被通过。

理论上，如果各个服务节点严格遵循相同的处理协议，构成相同的处理状态机，每个状态机处理相同的命令序列，就能得到相同的状态和输出序列，保障在处理过程中每个环节结果都相同。然而，在海量数据存储和网络故障的情况下，为了达到高性能和高可扩展性需求，存在很多设计和实现上的挑战。

5.1.1　一致性问题

分布式一致性问题是指在分布式环境中引入数据复制机制后，不同数据节点间可能出现的无法依靠自身解决而造成数据不一致的情况。对一个副本数据进行更新的同时，必须确保其他副本也能够被更新，否则不同副本之间的数据不能达到一致。

在实际应用中，人们还没有找到一种能够满足分布式系统所有系统属性的分布式一致性解决方案。因此如何既保证数据的一致性，又不影响系统运行的性能，是每个分布式系统都需要重点考虑和权衡的问题。

在分布式数据库系统中，满足高可用性和高可扩展性需求的同时，保证数据一致性存在如下挑战：①网络不可靠，包括消息延迟、内容错误和系统故障；②节点自身可能出现宕机，处理时间和处理结果的正确性无法保证；③同步调用会严重降低系统的可扩展性。

目前，处理分布式一致性问题的基本思想是将可能引发不一致的并行操作进行串行化，这就需要设计出更加全面和高效的一致性算法。

5.1.2　一致性理论

1. CAP 定理

CAP 定理是由 Brewer 在 2000 年 PODC 会议上提出的猜想，并在 2002 年被证明成立[45]。CAP 定理提出了分布式数据系统具有的三种重要特性。

（1）一致性（consistency）：分布式数据系统中，所有数据备份在同一时刻，必须保持同样的值，任何一个读数据操作总是能读取到之前完成的写数据操作的最新结果。

（2）可用性（availability）：系统中部分节点出现故障时，仍然可以处理客户端的更新请求，每一个操作总是能够在确定时间内返回结果，可终止，不会一直等待，即系统随时都是可用的。

（3）分区容忍性（tolerance of network partition）：在出现网络分区或不同分区集群节点之间不能通信（如断网）的情况下，有一套容错性设计来保证分离节点仍能正常运行。

CAP 定理解释了关于这三种特性的关系，指出一个分布式数据系统不能同时满足一致性、可用性和分区容忍性，理论上只能同时满足其中两个特性，即构成 CA、CP 或 AP 系统。目前，所有数据存储解决方案都可以归类为如下三种类型。

CA 系统满足数据一致性和高可用性，但要求不能出现网络分区。传统关系型数据库系统基本上满足，如 oracle 数据库、mysql 数据库的单节点满足数据一致性和高可用性。

CP 系统满足数据一致性和分区容忍性，如 oracle RAC、sybase 集群。虽然 oracle RAC 具备扩展性，但当节点达到一定数目时，可用性会下降很快，并且节点之间还存在一定的网络开销，需要实时同步各节点之间的数据。

AP 系统在可用性和分区容忍性方面表现不错，但存在数据状态不一致的问题，各节点之间数据同步相对较慢，不过能保证数据的最终一致性。当前大部分非关系型数据库（如 nosql 数据库）是典型的 AP 类型数据库系统。

如图 5.1 所示，CAP 定理指出数据一致性、可用性、分区容忍性三者不可兼顾。在进行分布式架构设计时，根据不同业务场景，对数据存储要求做出相应取舍。然而对于分布式数据系统，分区容忍性是基本要求，否则就失去了价值。设计分布式数据系统是在一致性和可用性之间取一个平衡，牺牲一致性而换取高可用性是目前大多数分布式数据系统设计的方向。其中，牺牲一致性是不再要求满足 CAP 定理的强一致性，而是只要系统能在一段时间内更新达到最终一致性即可，即实现所谓的弱一致性。考虑到用户体验，最终不一致性时间窗口要尽可能对用户透明。

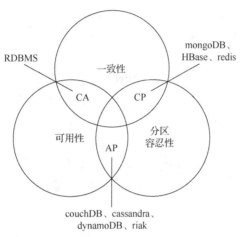

图 5.1　CAP 定理

在一般工程实践中，可通过放宽特定性质的假设，达到对三个性质的部分满足。对于会出现网络丢包、节点故障的分布式系统，特别是区块链系统，存在正常的故障节点和拜占庭故障节点，具有分区容忍性就成为基本要求。因此，CAP定理转化为在满足分区容忍性的基础上，不能同时满足一致性和可用性。

在保证分区容忍性的前提下，可以通过牺牲部分一致性来满足可用性，即实现弱一致性。区块链系统中常见的最终一致性实际上是弱一致性的表现形式，最终一致性允许区块链系统放松对时间的要求，在写操作完成后的一段时间内，分布式节点数据最终达成一致。例如，区块链系统允许在共识过程结束前，分布式节点数据存在暂时的不一致，在共识过程结束后的某个时间点，区块链节点上的账本数据达成一致。当然有时候也通过牺牲部分可用性来满足一致性，从实际应用的主调和被调两个方面看，可用性具有不同的含义，出现网络分区时，主调可以只支持读操作，通过牺牲部分可用性达成数据一致。比特币区块链系统中存在一致性被牺牲的情况。当一个新区块被部分节点接受时，各节点维护了不同交易集合，也可能出现不同链分叉。如果用户访问的是还未更新的交易数据，那么用户获取的数据会存在不一致，因此从分布式数据系统的角度，比特币区块链系统其实是一个 AP 系统，即保证了可用性和分区容忍性，一定程度上牺牲了数据一致性。另外，一些联盟链和私有链会以牺牲可用性来满足强一致性和分区容忍性。例如，采用 Paxos 算法的区块链共识系统，在分布式容错环境下，由于"活锁"问题而无法终止，往往会在可用性方面做出让步。

2. ACID 原则

ACID 原则是指在一个数据库管理系统中，事务（transaction）应该具有四个特性：原子性（atomicity）、一致性（consistency）、隔离性（isolation）和持久性（durability）。其中，事务是指由一系列数据库操作组成的一个完整逻辑过程，是一个不可分割的基本工作单位。例如，银行转账过程中从原账户扣除金额并向目标账户添加金额，这两个数据库操作的总和构成一个完整的逻辑过程，该过程被称为一个事务，该事务具有 ACID 特性。ACID 原则取自这四个特性的首字母缩写，适用于分布式数据库领域。

1）原子性

一个事务中的所有操作，都执行或者都不执行，不会在所有操作未执行完就结束。如果事务在执行过程中发生错误，就会被回滚（rollback）到事务开始前的状态，即未被执行过的原始状态。

2）一致性

在一个事务执行之前和执行之后，数据库都必须处于一致性状态，即数据库的事务执行不能破坏数据约束的完整性。如果事务成功完成，则系统中所有变化将正确应用，系统处于有效状态。如果在事务执行过程中出现错误，则系统中所有变化自动回滚，系统返回到原始状态。

3）隔离性

在并发环境中，当不同事务同时操纵相同数据时，每个事务都有各自完整的数据空间，各个事务内部操作互不影响。事务查看数据更新时，数据所处状态是另一事务修改之前的状态，或者是修改之后的状态，事务绝不会查看中间状态的数据。

4）持久性

事务一旦提交，其对数据库所做的更改会被永久保存在数据库中，即使系统本身发生了故障，重新启动数据库系统后，数据库还能恢复到事务成功结束时的状态，数据也不会失效。

从 ACID 原则的四个特性可知，比特币区块链系统几乎完全具备这些特性，其满足原子性，即新产生的区块被记录进入区块链，或者不被认可，不存在中间状态；满足一致性，即一个区块在加入区块链之后，原本区块链的系统依然保持完整性；满足隔离性，即每次经过全网验证之后，只有一个区块可以被添加到区块链中；满足持久性，即在区块被写入链条之后，新的区块链会被复制到所有的区块链节点上，被永久保存。但在区块链系统上有一个特殊情况，如果两个不同节点几乎同时申请挖矿奖励，那么其中一个节点计算出的区块最终会被抛弃，因而 ACID 特性中的持久性此时是不满足的。

3.　BASE 原则

BASE 原则包含基本可用（basically available）、软状态（softstate）、最终一致性（eventually consistent）三个属性。其中，基本可用是指系统在正常状态下一定会返回结果，在出现不可预知的故障时，允许损失部分可用性；软状态是指允许系统中的数据存在中间状态，但是中间状态的存在并不会影响系统整体可用性；最终一致性是指所有数据副本在经过一段时间同步以后，系统中所有相关节点最终会完成数据的一致更新。

BASE 原则面向的领域是可扩展的分布式数据系统，通过牺牲强一致性来获得可用性和分区容忍性，并允许数据在一段时间内不一致，但是其与 ACID 原则的共同点是数据最终会达到一致状态。由此可以看出，区块链系统符合分布式数据系统的 BASE 原则。

5.2　一致性协议

在大规模高并发的分布式系统中，要保障系统满足不同程度的一致性，核心过程就需要一致性协议来完成。一致性协议是针对一致性问题提出的，解决的是对某个提案（如多个事件发生顺序、某个领导选举）分布式系统中所有节点达成一致意见的过程。

下面介绍 Paxos 和 Raft 两种一致性算法，解决在分布式系统可能出现故障但不存在恶意节点伪造信息场景下的共识过程达成问题。

5.2.1　Paxos 算法

Paxos 算法是由微软研究院的 Lamport[46]于 1989 年提出，并于 1998 年正式发表。它是一种基于消息传递且具有高度容错特性的分布式一致性算法，解决了分布式系统中如何就某个提案达成一致的问题。Paxos 算法可应用在数据复制、命名服务、配置管理、权限设置和号码分配等场合，是解决非拜占庭分布式系统一致性最有效的算法之一。在分布式系统中，节点崩溃、网络故障问题时常发生，Paxos 算法侧重解决的是在一个可能发生上述异常的分布式系统中就某个值或提案达成一致，保证不论发生何种异常，都不会破坏系统的一致性，即在少数节点离线的情况下，剩余多数节点仍然能够达成一致。

Paxos 算法在非拜占庭异步模型中存在如下约束条件。

（1）算法执行的环境中不存在恶意节点或进程，节点异步通信过程中，发送的数据可能会被丢失、延迟、乱序、重复，但不会被篡改。

（2）算法运行的实体（服务端 S_i）不会出现拜占庭故障（Byzantine failures）。各个节点或进程可以以任意速度执行，并且允许停止和重启的错误。

Paxos 算法中节点被分为三种类型：提案者（proposer）、接受者（acceptor）和学习者（learner）。其中，提案者向接受者提交提案（proposal），提案中含有决议（value）；接受者审批提案；学习者获取并执行已经通过审批的提案中含有的决议。一个节点可以兼有提案者、接受者、学习者三种类型，能够发生如下多种行为。

提案者提出提案：一个有序对<编号，决议>；

决议：等待达成共识的数据值，可以是任意二进制数据，如一条日志或命令等；

提案被接受：某一个接受者向该提案的提案者发出已接受（accepted）信息，并将该提案所包含的决议加入自己的列表中；

决议被批准：含有决议的提案被接受者集合中任一多数派的所有成员接受。

在这种情况下，满足以下三个条件就可以保证数据一致性：①决议只有在被提案者提出后才能被批准；②每次只批准一个决议；③只有决议确定被批准后学习者才能获取此决议。

Lamport 通过不断加强约束条件，得到了一个可以实际运用到算法中的完整约束条件：如果一个编号为 n 的提案具有值 v，那么存在一个多数派，其中没有人批准过编号小于 n 的任何提案，或者其进行的最近一次批准具有值 v。为了保证决议的唯一性，接受者也要满足一个约束条件：当且仅当接受者没有收到编号大于 n 的请求时，接受者才批准编号为 n 的提案。在这些约束条件的基础上，可以将一个决议的通过分成两个阶段提交，如图 5.2 所示。

（1）准备阶段：提案者选择一个提案，将它的编号设为 n，然后将它发送给接受者中的一个多数派。接受者收到后，如果提案编号大于它已经回复的所有消息，则接受者将自己上次的批准回复给提案者，并不再批准小于 n 的提案。

（2）批准阶段：当提案者接收到接受者中的多数接受者回复后，向回复请求的接受者发出接受请求，在符合接受者一方的约束条件下，接受者收到接受请求后即可批准这个请求。

通过这两个阶段的消息传递和实例执行，即可保证数据和操作的一致性。表 5.1 为 Paxos 算法实例的角色/阶段关系。

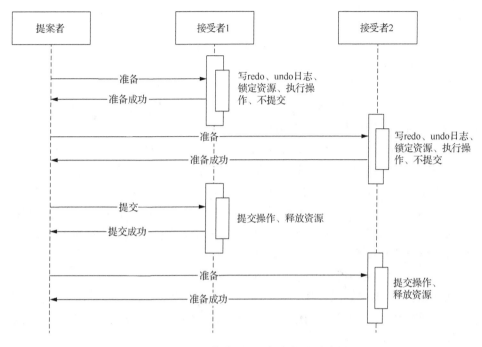

图 5.2　Paxos 算法两阶段提交协议时序图

表 5.1　Paxos 算法实例的角色/阶段关系

角色	阶段 1	阶段 2	阶段 3
提案者	竞争领导者（leader）向接受者 A 发送准备请求	（1）接收 A 的同意或拒绝消息 （2）如果拒绝，编号加 1，重新向 A 发送准备请求 （3）如果同意，选取一个决议并发出接受请求	（1）接收 A 的同意或否定确认 （2）对于否定确认，编号加 1，重新向 A 发送准备请求 （3）对于同意确认，向所有提案者发送自身成为 leader 的消息，并向学习者发送决议值
接受者	（1）接收处理提案者 P 的准备请求 （2）回复同意或拒绝	（1）接收处理消息 （2）回复已接受或否定	无
学习者	无	无	接收广播，学习决议，执行任务

提案者按如下流程执行。

（1）向所有接受者发送 prepare(N_A)请求。

（2）如果收到 reject(N_H)信息，那么重新发送 prepare(N_H+I)；如果收到接受者集合任意一个多数派的允许回复，当所有 V_A 均为空，提案者自由选取一个 V_A'，回复 accept(N_A,V_A')，否则回复 accept(N_A,V_i)。

（3）如果收到 nack(N_H)，回到流程（1），发送 prepare(N_H+I)；如果收到某个多数派所有成员的已同意信息（表明选举完成），向所有提案者发送自身成为

leader 的消息，并向学习者发送决议值。

其中，N_A 为当前提案的编号；N_H 为当前提案的最高编号；V_i 为 V_A 中提案编号最高的决议。

接受者按如下流程执行。

（1）接受 prepare(N_A)，如果 $N\_A>N\_H$，那么回复 promise(N_A,V_A)，并设置 $N\_H=N\_A$；否则回复 reject(N_H)。

（2）接受 accept(N_A,V_A)，如果 $N\_A<N\_H$，那么回复 nack(N_H)信息（暗示该提案者提完案后至少有一个其余的提案者广播了具有更大编号的提案）；否则设置 this.$V\_A=V\_A$，并且回复 accepted 信息。

其中，promise(N_A,V_A)为向提案者保证不再接受编号小于 N_H 的提案；accepted 为向提案者发送决议被通过的信息；V_A 为接受者之前审批过的决议（可为空）；N_H 为接受者之前接受提案的最高编号。

学习者接受广播的学习决议，并执行任务。

前面提到 Paxos 算法是将节点的角色分为提案者、接受者和学习者，提案者和接受者两个角色的实现分别位于 evproposer.c 和 evacceptor.c 文件中。具体交互流程如下。

（1）首先，对提案者操作进行初始化。提案者注册了处理接受者响应消息的回调函数，命令如下。

```
struct evproposer* evproposer_init_internal(int id, struct
evpaxos_config* c, struct peers* peers)
    {
      struct evproposer* p;
      int acceptor_count = evpaxos_acceptor_count(c);

      p = malloc(sizeof(struct evproposer));
      p->id = id;
      p->preexec_window = paxos_config.proposer_preexec_window;

      peers_subscribe(peers, PAXOS_PROMISE,
                      evproposer_handle_promise, p);
      peers_subscribe(peers, PAXOS_ACCEPTED,
                      evproposer_handle_accepted, p);
      peers_subscribe(peers, PAXOS_PREEMPTED,
                      evproposer_handle_preempted, p);
      peers_subscribe(peers, PAXOS_CLIENT_VALUE,
                      evproposer_handle_client_value, p);
      peers_subscribe(peers, PAXOS_ACCEPTOR_STATE,
                      evproposer_handle_acceptor_state, p);
```

```
        // 设置超时时间
        struct event_base* base = peers_get_event_base(peers);
        p->tv.tv_sec = paxos_config.proposer_timeout;
        p->tv.tv_usec = 0;
        p->timeout_ev = evtimer_new(base, evproposer_check_
timeouts, p);
        event_add(p->timeout_ev, &p->tv);

        p->state = proposer_new(p->id, acceptor_count);
        p->peers = peers;

     event_base_once(base, 0, EV_TIMEOUT, evproposer_preexec_once,
p, NULL);

        return p;
    }
```

evproposer_handle_promise 处理 PAXOS_PROMISE 消息，对应 Paxos 算法的准备阶段：提案者提出一个提案，然后接受者初步接受此提案，并承诺不会接受比提案者提案编号更小的提案；

evproposer_handle_accepted 处理 PAXOS_ACCEPTED 消息，对应 Paxos 算法的提交阶段：提案者提交提案，接受者接受提案；

evproposer_handle_preempted 处理 PAXOS_PREEMPTED 消息：当接受者响应一个比提案者提案更大的编号时，提案者已有更新的提案，此时提案者重新选择一个提案编号再次进行 Paxos 算法的准备阶段。

（2）准备阶段：提案者向接受者发送提案，如果超过半数的接受者接受此提案，则进入批准阶段。

提案者发送提案，命令如下。

```
    static void proposer_preexecute(struct evproposer* p)
    {
        int i;
        paxos_prepare pr;
        int count = p->preexec_window - proposer_prepared_count(p->
state);
        if (count <= 0) return;
        for (i = 0; i < count; i++) {
            //生成提案
            proposer_prepare(p->state, &pr);
            //向连接的每个接受者发送提案
            peers_foreach_acceptor(p->peers,   peer_send_prepare,
&pr);
        }
```

```
        paxos_log_debug("Opened %d new instances", count);
    }
```

生成的提案信息将被保存到一个实例中，命令如下。

```
    void proposer_prepare(struct proposer* p, paxos_prepare* out)
    {
        int rv;
        iid_t iid = ++(p->next_prepare_iid);
        ballot_t bal = proposer_next_ballot(p, 0);
        struct instance* inst = instance_new(iid, bal, p->
acceptors);
        khiter_t k = kh_put_instance(p->prepare_instances, iid,
&rv);
        assert(rv > 0);
        kh_value(p->prepare_instances, k) = inst;
        *out = (paxos_prepare) {inst->iid, inst->ballot};
    }
```

接受者接受第一阶段提案。

下面代码片段展示了接受者接收到提案者发送的准备阶段提案以后的处理过程，命令如下。

```
    static void evacceptor_handle_prepare(struct peer* p, paxos_
message* msg, void* arg)
    {
        paxos_message out;
        paxos_prepare* prepare = &msg->u.prepare;
        struct evacceptor* a = (struct evacceptor*)arg;
        paxos_log_debug("Handle prepare for iid %d ballot %d",
            prepare->iid, prepare->ballot);

        if (acceptor_receive_prepare(a->state, prepare, &out) != 0) {
            send_paxos_message(peer_get_buffer(p), &out);
            paxos_message_destroy(&out);
        }
    }
```

acceptor_receive_prepare 的代码实现，命令如下。

```
    int acceptor_receive_prepare(struct acceptor* a,paxos_prepare*
req, paxos_message* out)
    {
        paxos_accepted acc;
        if (req->iid <= a->trim_iid)
            return 0;
        memset(&acc, 0, sizeof(paxos_accepted));
```

```
        if (storage_tx_begin(&a->store) != 0)
            return 0;

        //检索本地已接受的提案
        int found = storage_get_record(&a->store, req->iid, &acc);

        //没有此提案或者提案者有编号更大的提案,更新本地提案信息
        if (!found || acc.ballot <= req->ballot) {
            paxos_log_debug("Preparing iid: %u, ballot: %u", req->
iid, req->ballot);
            acc.aid = a->id;
            acc.iid = req->iid;
            //提案号更新为收到的更大提案的编号
            acc.ballot = req->ballot;
            if (storage_put_record(&a->store, &acc) != 0) {
                storage_tx_abort(&a->store);
                return 0;
            }
        }
    if (storage_tx_commit(&a->store) != 0)
        return 0;
    paxos_accepted_to_promise(&acc, out); //响应提案者
    return 1;
}
```

提案者处理第一阶段提案的响应,命令如下。

```
    static void evproposer_handle_promise(struct peer* p, paxos_
message* msg, void* arg)
    {
        struct evproposer* proposer = arg;
        paxos_prepare prepare;
        paxos_promise* pro = &msg->u.promise;
        int preempted = proposer_receive_promise(proposer->state,
pro, &prepare);
        //如果接受者响应了更大的提案编号,则重新选择提案号发送提案
        if (preempted)
            peers_foreach_acceptor(proposer->peers, peer_send_prepare,
&prepare);
        try_accept(proposer);}
```

proposer_receive_promise 的实现如下。

```
    int proposer_receive_promise(struct proposer* p, paxos_promise*
ack,paxos_prepare* out)
    {
        khiter_t k = kh_get_instance(p->prepare_instances, ack->iid);
```

```
            if (k == kh_end(p->prepare_instances)) {
                paxos_log_debug("Promise dropped, instance %u not pending",
ack->iid);
                return 0;
            }
            struct instance* inst = kh_value(p->prepare_instances, k);

            //忽略编号更小的提案
            if (ack->ballot < inst->ballot) {
                paxos_log_debug("Promise dropped, too old");
                return 0;
            }

            //接收端的提案编号比发送端的提案编号更大,重新选择一个提案号生成提案
            if (ack->ballot > inst->ballot) {
                paxos_log_debug("Instance %u preempted: ballot %d ack
ballot %d",
                    inst->iid, inst->ballot, ack->ballot);
                proposer_preempt(p, inst, out); //重新生成一个提案号
                return 1;
            }

            //如果此前指定的接受者已经接受了此提案,直接返回,否则提案被接受的数
量加 1
            if (quorum_add(&inst->quorum, ack->aid) == 0) {
                paxos_log_debug("Duplicate promise dropped from: %d,
iid: %u",
                    ack->aid, inst->iid);
                return 0;
            }

            paxos_log_debug("Received valid promise from: %d, iid: %u",
                ack->aid, inst->iid);

            if (ack->value.paxos_value_len > 0) {
                paxos_log_debug("Promise has value");
                //使用接受者返回的提案值更新提案值
                if (ack->value_ballot > inst->value_ballot) {
                    if (instance_has_promised_value(inst))
                        paxos_value_free(inst->promised_value);
                    inst->value_ballot = ack->value_ballot;
                    inst->promised_value = paxos_value_new(ack->value.
paxos_value_val,
                        ack->value.paxos_value_len);
```

```
            paxos_log_debug("Value in promise saved, removed
older value");
            } else
                paxos_log_debug("Value in promise ignored");
        }

        return 0;
    }
```

（3）提案者尝试第二阶段的请求。提案者将检查是否有半数以上接受者接受第一阶段的提案，如果有则进入批准阶段，命令如下。

```
    static void try_accept(struct evproposer* p)
    {
        paxos_accept accept;
        //检查是否有半数以上的接受者接受第一阶段的提案,有就发起提交阶段请求
        while (proposer_accept(p->state, &accept))
            peers_foreach_acceptor(p->peers,    peer_send_accept,
&accept);
        //检查是否还有需要发起准备阶段的提案,有则发起准备阶段请求
        proposer_preexecute(p);
    }
```

proposer_accept 的实现的代码片段如下。

```
    int proposer_accept(struct proposer* p, paxos_accept* out)
    {
        khiter_t k;
        struct instance* inst = NULL;
        khash_t(instance)* h = p->prepare_instances;

        //寻找最小的 inst->iid
        for (k = kh_begin(h); k != kh_end(h); ++k) {
            if (!kh_exist(h, k))
                continue;
            else if (inst == NULL || inst->iid > kh_value(h, k)->iid)
                inst = kh_value(h, k);
        }

        //没有提案信息或者第一阶段的提案没有被半数以上接受者同意,直接返回
        if (inst == NULL || !quorum_reached(&inst->quorum))
            return 0;

        paxos_log_debug("Trying to accept iid %u", inst->iid);

        // Is there a value to accept?
```

```
        //如果没有提案值,提案者自己准备一个提案值
        if (!instance_has_value(inst))
            inst->value = carray_pop_front(p->values);
        //还是没有提案值,直接取消
    if (!instance_has_value(inst) && !instance_has_promised_value
(inst)) {
            paxos_log_debug("Proposer: No value to accept");
            return 0;
        }

        //提案已经被半数接受者接受,进入第二阶段,将第一阶段的提案信息移到第
二阶段提案信息中,计数清 0
        proposer_move_instance(p->prepare_instances, p->accept_
instances, inst);

        //提案者生成提交阶段的请求
        instance_to_accept(inst, out);

        return 1;
    }
```

接受者收到提案者的提交请求后的处理过程，命令如下。

```
    static void evacceptor_handle_accept(struct peer* p, paxos_
message* msg, void* arg)
    {
        paxos_message out;
        paxos_accept* accept = &msg->u.accept;
        struct evacceptor* a = (struct evacceptor*)arg;
        paxos_log_debug("Handle accept for iid %d bal %d",
            accept->iid, accept->ballot);
        if (acceptor_receive_accept(a->state, accept, &out) != 0) {
            if (out.type == PAXOS_ACCEPTED) { //提案被接受者选定了
                peers_foreach_client(a->peers, peer_send_paxos_
message, &out);
            } else if (out.type == PAXOS_PREEMPTED) {
                //接受者接受了更大编号的提案,告诉提案者此提案已经被取代了,
提案者需重新发起第一阶段
                send_paxos_message(peer_get_buffer(p), &out);
            }
            paxos_message_destroy(&out);
        }
    }
```

acceptor_receive_accept 处理收到的请求，可能有两种情况：一种情况是提案

被接受者选定；另一种情况是此前接受者又收到了编号更大的提案，驳回并让提案者重新从第一阶段开始。

```
        int acceptor_receive_accept(struct acceptor* a, paxos_accept*
req, paxos_message* out)
    {
        paxos_accepted acc;
        if (req->iid <= a->trim_iid)
            return 0;
        memset(&acc, 0, sizeof(paxos_accepted));
    if (storage_tx_begin(&a->store) != 0)
            return 0;
        int found = storage_get_record(&a->store, req->iid, &acc);

        //检索本地提案,如果提案者提交的提案编号比本地的大,则选定
        if (!found || acc.ballot <= req->ballot) {
            paxos_log_debug("Accepting iid: %u, ballot: %u", req->iid,
req->ballot);
            paxos_accept_to_accepted(a->id, req, out);
            if (storage_put_record(&a->store, &(out->u.accepted)) !=
0) {
                storage_tx_abort(&a->store);
                return 0;
            }
        } else {
            //接受者有比提案者提交的提案更大的提案号,通知提案者重新开始第
一阶段
            paxos_accepted_to_preempted(a->id, &acc, out);
        }
    if (storage_tx_commit(&a->store) != 0)
            return 0;
        paxos_accepted_destroy(&acc);
        return 1;
    }
```

　　Paxos 算法是解决分布式一致性问题的重要共识算法。Paxos 算法在网络通信较好的情况下能够使半数以上的接受者快速高效地接受一个提案，从而达成一致意见。Paxos 算法通过数学归纳思想进一步保障多数节点机制，采用投票形式保证 $2f+1$ 的容错能力，即在有 $2f+1$ 个节点的情况下，只要不超过 f 个节点同时出现故障，该算法就能正常运行。

5.2.2　Raft 算法

　　Raft 算法是 Ongaro 等[13]于 2014 年提出的一种更易理解的非拜占庭容错环境

下分布式一致性算法,一般联盟链中采用该算法较多。从 2014 年发布至今已经有十多种语言的 Raft 算法实现框架。

　　Raft 算法和 Paxos 算法一样只要保证 $n/2+1$ 节点正常就能够提供服务,两种算法的不同之处在于 Raft 算法强调算法的直观、易懂,当问题较为复杂时可以将复杂问题分解为小问题来处理,使用分而治之的思想把算法流程分为领导者选举(leader election)、日志复制(log replication)、安全性(safety)和集群成员变更(cluster membership changes)等相对松散耦合的模块。Raft 算法首先在集群中选举出领导者负责日志复制的管理,领导者接受来自客户端的事务请求(日志),并将它们复制给集群其他节点;其次负责通知集群中其他节点提交日志,领导者负责保证其他节点与它的日志同步,当领导者发生故障后集群其他节点会发起选举选出新的领导者。

　　1. 角色

　　Raft 算法把集群中的节点分为三种状态:领导者(leader)、追随者(follower)和候选者(candidate),每种状态负责的任务不同,Raft 算法提供服务时只存在领导者与追随者两种状态,其状态转换如图 5.3 所示。

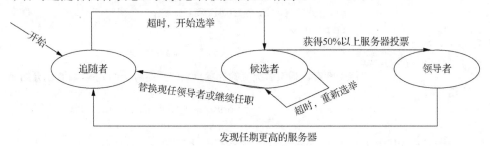

图 5.3　Raft 算法状态转换示意图

　　领导者:负责日志的同步管理,处理来自客户端的请求,与追随者保持心跳(heartbeat)的联系。

　　追随者:刚启动时所有节点为追随者状态,响应领导者的日志同步请求和候选者的请求,把请求到追随者的事务转发给领导者。

　　候选者:负责选举投票,Raft 算法刚启动时由一个节点从追随者转换为候选者发起选举,选举出领导者后从候选者转换为领导者状态。

　　2. 周期/任期

　　Raft 算法中采用了周期/任期(term)的概念,用 term 作为一个周期,每个周期都是一个连续递增的编号,一轮选举是一个周期,在一个周期中只能产生一个领导者。Raft 算法开始时所有追随者周期为 1，其中一个追随者在逻辑时钟到期后转换为候选者，周期增加 1，即周期为 2，然后开始选举。此时有几种情况会使周期发生改变。

（1）如果在当前周期为 2 的任期内没有选举出领导者或出现异常，则周期递增，开始新一任期选举；

（2）如果在当前周期为 2 的任期内选举出领导者后，领导者节点发生故障，其他追随者转换为候选者，周期递增，开始新一任期选举；

（3）当领导者或候选者发现自己的周期比别的追随者周期小时，领导者或候选者将转换为追随者，周期递增；

（4）比别的周期小的追随者也将更新周期，保持与其他追随者一致。

每次周期的递增都将发生新一轮的选举。Raft 算法保证一个周期只有一个领导者，在 Raft 算法正常运转中所有节点的周期都是一致的，如果领导者节点不发生故障，一个周期会一直保持。当某节点收到的请求中周期比当前周期小时，则拒绝该请求。

3. 选举

Raft 算法的选举由定时器来触发，每个节点的选举定时器时间都不同。开始时状态都为追随者，某个节点定时器触发选举后周期递增，状态由追随者转为候选者，向其他节点发起 requestvote rpc 请求时，会发生三种可能的情况。

（1）该 requestvote 请求接收到 $n/2+1$（过半数）个节点的投票，从候选者转为领导者，向其他节点发送 heartbeat 以保持领导者的正常运转；

（2）在此期间如果收到其他节点发送来的 appendentries rpc 请求，若该节点的周期大，则当前节点转为追随者，否则保持候选者并拒绝该请求；

（3）选举超时（election timeout）发生则周期递增，重新发起选举。

在一个周期，每个节点只能投一次票，因此当有多个候选者存在时，会出现每个候选者发起的选举都存在接收到的投票数不过半的问题，这时每个候选者都将周期递增、重启定时器并重新发起选举。由于每个节点中定时器的时间都是随机的，不会多次存在多个候选者同时发起投票的问题。

在两种情况下会发起选举：①Raft 算法初次启动，不存在领导者；②领导者宕机或追随者没有接收到领导者的 heartbeat，发生 election timeout。

4. 日志复制

日志复制（log replication）主要用于保证节点的一致性，此阶段所做的操作也是为了保证日志的一致性与高可用性。当领导者被选举出来后便开始负责客户端的请求，所有事务请求（更新操作，即日志）都必须先经过领导者处理，要保证节点一致性就要保证每个节点都按顺序执行相同的操作序列，日志复制所做的工作是为了保证执行相同的操作序列。在 Raft 算法中，当接收到客户端的日志后先将该日志追加到本地日志中，然后通过 heartbeat 把该入口同步给其他追随者，追随者接收到日志后记录日志，向领导者发送确认标识（acknowledgement，ACK）；当领导者收到 $n/2+1$ 个追随者的 ACK 信息后，将该日志设置为已提交并追加到本地磁盘中，在下个 heartbeat 中通知所有追随者将该日志存储在其本地磁盘中。

5. 安全性

安全性（safety）是用于保证每个节点都执行相同序列的安全机制，如某个追随者在当前领导者提交日志时不可用，之后其可能会被选举为领导者，新领导者可能会用新日志覆盖之前已提交的日志，导致节点执行不同的序列。安全机制是用于保证选举出来的领导者一定包含先前提交日志的机制，从而保证选举的安全性，即每个周期只能选举出一个领导者。

领导者完整性（leader completeness）是指领导者日志的完整性，如果日志在周期 1 被提交，那么周期 2、周期 3 等的领导者必须包含该日志。Raft 算法在选举阶段就使用周期判断用于保证完整性，若请求投票的候选者周期较大或周期相同索引更大则投票，否则拒绝该请求。

Raft 算法通过超时机制解决了阻塞的问题，并且把两阶段增加为三阶段，Raft 算法三阶段提交协议时序图如图 5.4 所示。

（1）询问阶段：协调者询问参与者是否可以执行操作，参与者只需要回答是或否，不需要真正操作，该阶段会由于校验或超时而终止。

（2）准备阶段：如果询问阶段所有参与者都返回可以执行操作，协调者发送预执行请求给参与者，参与者写 redo 和 undo 日志并执行操作，但不提交操作；询问阶段任何参与者如果返回不能执行操作的结果，则协调者向参与者发送中止请求，其中逻辑与两阶段提交协议的准备阶段相似，该阶段超时导致成功。

（3）提交阶段：如果参与者在准备阶段返回预留资源和执行操作成功，协调者向参与者发起提交指令，参与者提交资源变更的事务，释放资源；如果参与者返回预留资源或者执行操作失败，协调者向参与者发起终止指令，参与者回撤日志，释放资源。

增加询问阶段可确保尽可能早地发现无法执行操作，但并不能发现所有行为，只会减少这种情况发生。在准备阶段以后，协调者和参与者执行的任务中都增加了超时检测，一旦超时，协调者和参与者都继续提交事务，概率统计上超时后默认成功的正确性最大。

Raft 算法一旦发生超时，系统仍然会出现不一致，但这种情况发生概率极小，不会阻塞和永远锁定资源。

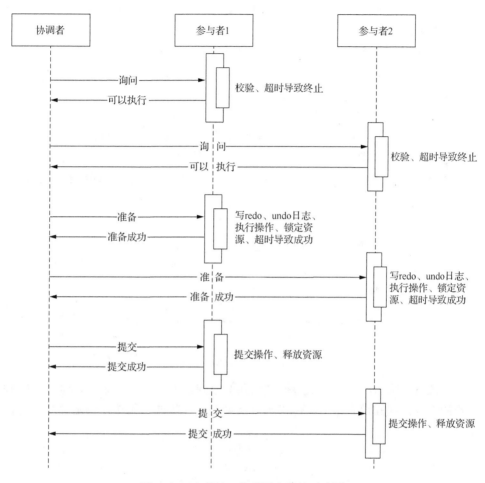

图 5.4 Raft 算法三阶段提交协议时序图

5.3 PBFT 算法

5.3.1 拜占庭将军问题

拜占庭将军问题是分布式系统研究的经典问题之一,即当传递消息信道可靠,如何在分布式系统中存在恶意节点的情况下,保证整个系统能够运行良好且存储的信息仍具有可靠性、完整性和一致性。

1982 年,Lamport 等[47]发表了拜占庭将军问题的论文。该问题的一般表述为若干支拜占庭军队包围了一个城池,每支军队由一名将军负责,各个军队间只能通过通信官进行口头联络。将军中有少数是叛徒,他们会发送假决定。每个将军独立根据自己的观察做出进攻或者撤退的决定，并把自己的决定通知给所有其他将军，忠实将军需要达成共识。

拜占庭将军问题的正规描述是，一个指挥官（commander）发送一个命令给他的 n-1 个副官（lieutenant），必须保证以下两个条件。

条件 1：所有忠实的副官遵从相同命令（进攻或者撤退）；

条件 2：如果指挥官是忠实的，那么所有副官都将执行他的命令。

如图 5.5 所示，指挥官分别向两个副官发出进攻命令。副官 2 是叛徒，他欺骗副官 1 说："指挥官下达了撤退命令"。副官 1 收到了两个不同命令，判定指挥官与副官 2 中至少有一个叛徒。他无法判定谁是叛徒，因此也无法正确行动。

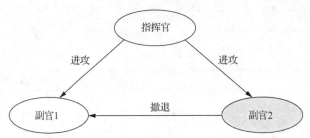

图 5.5　副官 2 为叛徒的情况

如图 5.6 所示，指挥官是叛徒，他向两个副官下达了不同命令。副官 1 收到了不同命令，就知道有叛徒，但由于不能判定谁是叛徒，无法采用正确的行动。

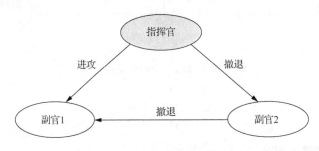

图 5.6　指挥官为叛徒的情况

上述例子表明：当三人中有一个叛徒时，无法达成一致行动，即拜占庭将军问题无解。Lamport 证明只有在忠实将军超过总数的三分之二时，拜占庭将军问题才有解。

从上面的描述可以发现，拜占庭将军问题和分布式通信问题是相似的。分布式系统的每一个服务器可以看作是一位将军，服务器之间的消息传递可以视为信使传递消息，服务器可能会发生错误或者恶意行为而产生错误消息发送给其他服务器。因此，拜占庭容错系统是指在一个拥有 *n* 台服务器的分布式系统中，系统对于每一个请求需要满足以下两个条件。

（1）所有非拜占庭服务器输入相同信息，产生一致的结果。

（2）如果输入信息正确，那么所有非拜占庭服务器必须接受该信息，并计算相应结果。

在拜占庭系统的实际运行过程中，一般假设整个系统中发生拜占庭故障的服务器不超过 *f* 台，并且每个请求还需要满足两个共性指标：①安全性，任何已经完成的请求都不会被更改，可以被之后的请求看到；②活性，可以接受并且执行非拜占庭客户端的请求，不会被任何因素影响而导致非拜占庭客户端的请求不能执行。

拜占庭系统普遍采用的假设条件包括：①拜占庭节点（服务器和客户端）的行为可以是任意的，拜占庭节点之间可以共谋；②节点之间的错误不相关，通过为节点安装不同操作系统和部署不同程序员开发的不同版本程序方法来解决；③节点之间通过异步网络连接（如 internet），网络中的消息会出现丢失、乱序或延时到达的情况；④第三方可以知道服务器之间传递的信息，但不能篡改、伪造信息和验证信息的完整性。

5.3.2　实用拜占庭容错算法

实用拜占庭容错（practical Byzantine fault tolerance，PBFT）算法是 Castro 等[48]于 1999 年提出的，解决了原始拜占庭容错算法效率不高的问题，将算法复杂度由指数级降低到多项式级，因此具有较强的实用性。

PBFT 算法是一种基于消息传递的一致性算法，算法经过预准备（pre-prepare）阶段、准备（prepare）阶段和提交（commit）阶段三个阶段达成一致性，这些阶段可能由于失败而重复进行。PBFT 算法流程图如图 5.7 所示。图中 *v* 为当前视图的编号；*n* 为当前请求的编号；*M* 为消息内容；*d* 或 *D*（*M*）为消息内容的摘要；*i* 为节点编号。

PBFT 算法采用许可投票、少数服从多数来选举领导者进行记账的共识机制。该共识机制允许强监管节点参与，具备权限分级能力，性能更高且耗能更低，可实现高频交易。每轮记账都由全网节点共同选举领导者，允许 33% 的节点作恶，即容错性为 33%。它的执行过程包括五个步骤。

（1）所有节点选举出一个主节点，主节点负责新区块生成。

（2）每个节点向全网广播客户端发来交易，主节点收集交易排序后存入列表，并将列表向全网广播。

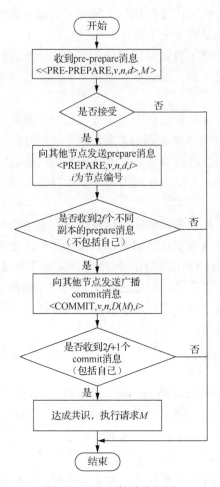

图 5.7　PBFT 算法流程图

（3）每个节点接收到交易列表后，通过排序模拟执行这些交易并根据交易结果计算新区块的哈希摘要，并向全网广播。

（4）如果一个节点收到 $2f$（f 为可容忍的拜占庭节点数）个其他节点发来的哈希摘要都和自己相等，则向全网广播一条提交请求。

（5）如果一个节点收到 $2f+1$ 条提交请求，则将新区块和其交易写入本地区块链和状态数据库。图 5.8 为主节点未失效情况下 PBFT 算法的正常执行流程。客户端发起请求，经过预准备、准备、提交和回复四个阶段，最终达成有效共识，其中 C 是客户端，0 是主节点，副本 1~3 是从节点，3 是网络中的故障节点或者问题节点。

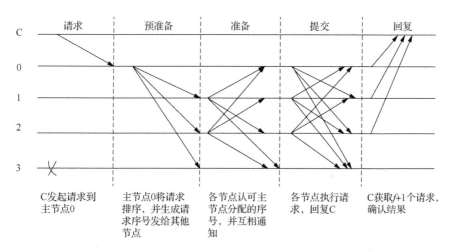

图 5.8　主节点未失效情况下 PBFT 算法的正常执行流程

PBFT 算法中节点信息同步校验实现代码如下。

```go
package main import (
    "os"
    "fmt"
    "net/http"
    "io"
)

//声明 nodeInfo 节点信息
type nodeInfo struct {
    //节点标识
    id string
    //准备访问的方法
    path string
    //服务器做出的响应
    writer http.ResponseWriter

}
//存放四个节点的标识和地址
var nodeTable = make(map[string]string)
//拜占庭算法的使用
func main() {
    //获取执行的参数
    userId :=os.Args[1]//获取执行的第一个参数
    fmt.Println(userId)
```

```
    //创建四个节点的地址
    nodeTable = map[string]string {
        "Apple":"localhost:1111",
        "MS":"localhost:1112",
        "Google":"localhost:1113",
        "IBM":"localhost:1114",
    }
    //创建节点
    node:=nodeInfo {userId, nodeTable[userId],nil}
    fmt.Println(node)
    //http 协议的回调函数
    //http://localhost:1111/req?warTime=8888
    http.HandleFunc("/req",node.request)
    http.HandleFunc("/prePrepare",node.prePrepare)
    http.HandleFunc("/prepare",node.prepare)
    http.HandleFunc("/commit",node.commit)
    //启动服务器
    if err:=http.ListenAndServe(node.path,nil);err!=nil {
        fmt.Print(err)
    }
}


//当 http 服务器接收到网络请求,则回调此方法
func (node *nodeInfo)request(writer http.ResponseWriter, request
*http.Request){
    //接收请求数据
    request.ParseForm()
    //如果有参数值,则继续处理
    if (len(request.Form["warTime"])>0){
    //证明接收到客户端发送的数据
        node.writer = writer
        //激活主节点后,将数据分发给其他节点,通过 Apple 向其他节点发送广播
        node.broadcast(request.Form["warTime"][0],"/prePrepare")
    }
}


//由主节点向其他节点发送广播
func (node *nodeInfo)broadcast(msg string ,path string ){
    //遍历所有的节点
    for nodeId,url:=range nodeTable {
        //判断是否是自己,若为自己,则跳出档次循环
        if nodeId == node.id {
            continue
```

```
            }
            //调用 Get 请求
            //http.Get("http://localhost:1112/prePrepare?warTime=
8888&nodeId=Apple")
            http.Get("http://"+url+path+"?warTime="+msg+"&nodeId="
+node.id)
        }
    }

    func (node *nodeInfo) prePrepare(writer http.ResponseWriter,
request *http.Request) {
        request.ParseForm()
        fmt.Println("接收到的广播", request.Form["warTime"][0])
        //若数据值大于 0,则广播至其他 3 个节点
        if(len(request.Form["warTime"])>0){
            node.broadcast(request.Form["warTime"][0],"/prepare")
        }
    }

    func (node *nodeInfo) prepare(writer http.ResponseWriter,
request *http.Request) {
        request.ParseForm()
        fmt.Println("接收到子节点的广播", request.Form ["warTime"] [0])
        //调用拜占庭容错验证
        if len(request.Form["warTime"])>0{
            node.authentication(request)
        }
    }

    //定义标签,用于记录正常响应的节点
    var authenticationsuccess = true
    var authenticationMap = make(map[string]string)
    //定义拜占庭容错验证,获得除了本节点外的其他节点数据
    func (node *nodeInfo) authentication(request *http.Request) {
        request.ParseForm()
        if !authenticationsuccess {
            if len(request.Form["nodeId"])>0 {
                authenticationMap[request.Form["nodeId"][0]]="ok"
                if len(authenticationMap)>len(nodeTable)/3 {
                    //拜占庭原理实现,通过 commit 反馈给浏览器
                    authenticationSuccess = true
                    node.broadcast(request.Form["warTime"][0],
"/commit")
                }
```

```
            }
        }
    }

    func (node *nodeInfo) commit(writer http.ResponseWriter,
request *http.Request) {
        //反馈响应至浏览器
        fmt.Println("拜占庭校验成功")
        io.WriteString(node.writer,"ok")
    }
```

　　当主节点超时无响应或者从节点集体认为主节点是问题节点时，会触发视图更换事件，更换完成后视图编号加 1，其主要思想在于同步信息。图 5.9 是 PBFT 算法视图更换的三个阶段，即视图更换（view-change）阶段、视图更换确认（view-change-ack）阶段和新建视图（new-view）阶段。从节点认为主节点有问题时，会向其他节点发送视图更换消息，当前存活节点编号最小的节点将成为新主节点。若新主节点收到 $2f$ 个其他节点的视图更换消息，则证明有足够多的节点认为主节点有问题，于是向其他节点广播新建视图消息。

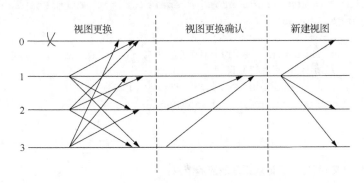

图 5.9　PBFT 算法视图更换的三个阶段

　　视图更换流程如图 5.10 所示，图中 S 表示 $2f+1$ 个节点的有效验证节点信息集合，P 表示 i 节点上一个视图中编号大于 n 并且达到准备阶段的请求消息集合，V 表示新主节点接收到视图编号为 $v+1$ 的有效视图更换消息集合，O 表示 pre-prepare 消息集合。

　　区块链系统中的 PBFT 算法使得交易确认速度显著提高，交易吞吐量也可以满足现有数据交易规模，能够解决数据丢失、损坏和延迟问题。同时对于任何网络环境都具有较好的容错能力，更高效地保障了系统数据的一致性。该算法主要应用在 Hyperledger Fabric 等联盟区块链或私有区块链场景中，容错率低、灵活性差，超过 1/3 的恶意节点就会导致系统崩溃，并且不可动态添加节点。

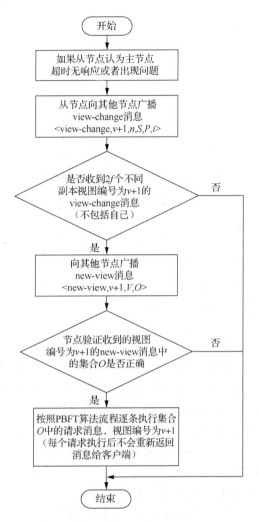

图 5.10　视图更换流程图

5.4　PoW 共识机制

PoW 共识机制依赖机器进行数学运算来获取记账权,资源消耗比其他共识机制高、可监管性弱;同时,每次达成共识需要全网共同参与运算,性能效率比较低,但可有效抵御 51% 攻击,攻击者必须拥有超过整个系统 51% 的算力,才有可能获得记账权。第一个运用 PoW 共识机制的是比特币系统,近乎完美地整合了比特币系统的货币发行、交易支付和验证等功能,并通过算力竞争保障系统安全性和去中心性。

PoW 共识核心思想通过引入分布式节点的算力竞争来保证数据一致性和共

识安全性。比特币系统中，各节点（即矿工）基于各自算力相互竞争来共同解决一个求解复杂但验证容易的 SHA256 算法数学难题（即挖矿），最快求解该难题的节点将获得当前区块记账权和系统自动生成的比特币奖励。解题过程具体表述如下：根据当前难度值，寻找一个合适的随机数（nonce），使得区块头各元数据的两次 SHA256 算法哈希值小于或等于目标哈希值。比特币系统通过灵活调整随机数搜索难度系数 diff 来控制区块平均生成时间，使得出块速度大致稳定在 10min。一般说来，PoW 共识的随机数搜索过程如下。

（1）搜集当前时间段（最近 10min）全网未确认交易，并增加一个用于发行新比特币奖励的 coinbase 交易，形成当前区块体交易集合。

（2）计算区块体交易集合的 merkle 根，记入区块头，并填写区块头其他元数据，其中随机数 nonce 置 0。该区块头就是 PoW 函数的输入数据。

（3）随机数 nonce 加 1，计算当前区块头的两次 SHA256 哈希值，如果小于或等于目标哈希值，则成功搜索到合适的随机数并获得该区块记账权；否则继续计算直到任一节点搜索到合适的随机数为止。

（4）如果一定时间内未成功，则更新时间戳和未确认交易集合，重新计算 merkle 根后继续搜索。

符合要求的区块头哈希值通常由多个前导零构成，目标哈希值越小，区块头哈希值前导零越多，成功找到合适的随机数并"挖"出新区块的难度越大。据区块链交易实时监测网站 blockchain.com 显示，截止到 2020 年 6 月 18 日，比特币区块链主链高度达到 635256，其区块头哈希值有 19 个前导零。如图 5.11 所示，第 635256 号区块哈希值为"00000000000000000007778ddae32a41894df70fbce64e46b6b46c28c31b0e99"。

按照概率计算，每 16 次随机数搜索将会找到含有一个前导零的区块哈希值，因此比特币 19bits 前导零哈希值要求 16^{19} 次随机数搜索才能找到一个合适的随机数并生成一个新区块。由此可见，比特币区块链系统安全性和不可篡改性是由 PoW 共识机制的强大算力保证，任何对于区块数据的攻击或篡改都必须重新计算该区块并解决其后所有区块 SHA256 算法难题，并且计算速度必须使得伪造链长度超过主链，这种攻击难度导致成本将远超其收益。截止到 2021 年 5 月 27 日，比特币区块链算力已经达到 149.78EH/s，即每秒进行 $1.4978×10^{20}$ 次运算，超过全球 top500 超级计算机算力总和。

PoW 共识机制优势如下。

（1）机制设计复杂，细节比较多，可通过挖矿难度自动调整、区块奖励逐步减半等吸引和鼓励更多人参与。

（2）PoW 共识机制保证越先参与的用户获得越多，能够促使加密货币初始阶段发展迅速，节点网络迅速扩大。

Block 635256 ❶

Hash	000000000000000000007778ddae32a41894df70fbce64e46b6b46c28c31b0e99 🗐
Confirmations	1
Timestamp	2020-06-18 15:00
Height	635256
Miner	F2Pool
Number of Transactions	2,304
Difficulty	15,784,744,305,477.41
Merkle root	1c4fa1ff0c82bb8288c18f39d2300f0494ad922dfcfc3b767864b68e45dceec3
Version	0x20400000
Bits	387,044,594
Weight	3,998,439.000 WU
Size	1,302,165 bytes
Nonce	208,353,952
Transaction Volume	5449.85698506 BTC
Block Reward	6.25000000 BTC
Fee Reward	0.34980095 BTC

图 5.11　635256 号区块头信息

（3）通过"挖矿"方式发行新币给个人，实现了相对公平。

PoW 共识机制劣势如下。

（1）计算机硬件（CPU、GPU 等）提供的算力，需要耗费电力，是对能源的直接消耗，与人类追求"节能、清洁、环保"理念相悖。但要给"加密货币"找寻"货币价值"意义，却又是最有力的证据。

（2）PoW 算力的提供已经不再是单纯 CPU，而是逐步发展至 GPU、FPGA，再到 ASIC 矿机。用户也从个人挖矿发展到大的矿池、矿场，算力集中越来越明显。这些都与去中心化方向背道而驰，也对比特币网络安全构成威胁。有证据证明，一个矿池（ghash）就曾经对赌博网站实施了双花攻击。

（3）区块奖励每 4 年减半，当挖矿成本高于挖矿收益时，参与挖矿的算力会减少，比特币网络安全性受到影响。

5.5　PoS 共识机制

PoS 共识机制是为解决 PoW 共识机制耗能巨大和算力中心化问题而提出的替代方案。PoS 共识机制已有很多不同变种，但基本理念是区块记账权应该与用户在网络中所占股权成比例。

这里主要介绍 PoS 共识机制相对于 PoW 共识机制的创新之处。PoS 共识机制的本质是采用权益证明来代替 PoW 共识机制中基于哈希算力的工作量证明,是由系统中具有最高权益而非最高算力的节点获得区块记账权。权益体现为节点对特定数量货币的所有权,称为币龄或币天数(coin days)。币龄是特定数量的币与其最后一次交易时间长度的乘积,每次交易都会消耗掉特定数量的币龄。例如,某人在一笔交易中收到 10 个币后并持有 10 天,则获得 100 币龄;而后其花掉 5 个币,则消耗掉 50 币龄。显然,采用 PoS 共识机制的系统在特定时间点上币龄总数有限,长期持币者更倾向拥有更多币龄,因此币龄可视为其在 PoS 系统中的权益。此外,PoW 共识过程中各节点挖矿难度相同,而 PoS 共识过程中的挖矿难度与交易输入币龄成反比,消耗币龄越多,则挖矿难度越低。节点判断主链的标准也由 PoW 共识的最高累计难度转变为最高消耗币龄,每个区块交易都会将其消耗的币龄提交给该区块,累计消耗币龄最高的区块将被链接到主链。由此可见,PoS 共识过程仅依靠内部币龄和权益而不需要消耗外部算力和资源,从根本上解决了 PoW 共识算力浪费问题,并且能够在一定程度上缩短达成共识的时间,因此比特币之后的许多竞争币均采用 PoS 共识机制。

PoS 共识机制优势如下。

(1)PoS 共识机制不用挖矿,不需要大量耗费电力和能源。

(2)相对于比特币等 PoW 类型的加密货币,PoS 共识机制的加密货币对计算机硬件没有过高要求,不用担心算力集中导致中心化出现(购买获得 51%的货币量,成本更高)。

(3)对于 PoW 共识机制的加密货币,用户减少会导致通货紧缩,但该加密货币按一定年利率新增货币,能够有效避免紧缩出现,保持基本稳定。

PoS 共识机制劣势如下。

(1)通过首次公开募股(initial public afferings,IPO)方式发行的 PoS 共识机制加密货币,导致"少数人"(通常是开发者)获得大量成本极低的加密货币,在利益面前,很难保证他们不会大量抛售。

(2)PoS 共识机制的加密货币信用基础不够牢固。

(3)许多项目采用 PoW+PoS 双重共识机制,通过 PoW 共识机制挖矿,发行加密货币,使用 PoS 共识机制维护网络稳定。或者采用 DPoS 共识机制,通过社区选举方式增强信任。

5.6　DPoS 共识机制

DPoS 共识机制的基本思路类似于政府代议制民主制度和现代企业董事会决策,系统中每个股东节点可以将其持有的股份权益作为选票授予一个代表,称为见证人（witnesses）。获得票数最多且愿意成为代表的 *N* 个节点将进入"董事会"，其中 *N* 一般为奇数。*N* 个见证人按照既定时间表轮流对交易进行打包结算并且签署（即生产）一个新区块。每个区块被签署之前，必须先验证前一个区块已经由受信任的代表节点签署。"董事会"的授权代表节点可以从每笔交易手续费中获得区块奖励、交易费或系统发行的特定奖励，同时要成为授权代表节点必须缴纳一定量保证金，其金额相当于生产一个区块收入的 100 倍。授权代表节点必须对其他股东节点负责，如果错过签署相对应的区块，那么股东会收回选票，从而将该节点"投出董事会"。因此，授权代表节点通常必须保证 99% 以上的在线时间以实现盈利目标。

网络延迟有可能使某些代表没能及时广播其区块，导致区块链分叉。不过这一问题不太可能发生，是由于制造区块的代表可以与制造前后区块的代表建立直接连接，确保能够得到报酬。该模式每 30s 便可产生一个新区块，在正常网络条件下，区块链分叉的可能性极小，即使发生也可以在几分钟内得到解决。

显然，与 PoW 共识机制必须信任最高算力节点和 PoS 共识机制必须信任最高权益节点不同的是，DPoS 共识机制中每个节点都能够自主决定其信任的授权节点且由这些节点轮流记账生成新区块。因此大幅减少了参与验证和记账的节点数量，可以实现快速共识验证。

DPoS 共识机制优势如下。

（1）DPoS 共识机制减少了记账和验证节点的数量，在保证网络安全的前提下，整个网络能耗和运行成本进一步降低。

（2）DPoS 是一种弱中心化的共识机制，*N* 越小，DPoS 共识去中心化程度越低，这种弱中心化共识选举能够提高系统运行效率。

（3）DPoS 共识机制具有更快的区块确认速度。每个块确认时间为 10s，完成一笔交易（在得到 6~10 个确认后）大概需要 1min，生成一个完整的 101 个块周期大概需要 16min。比特币（PoW 共识机制）产生一个区块需要 10min，完成一笔交易（在得到 6 个区块确认后）需要 1h。

DPoS 共识机制劣势如下。

（1）投票需要时间、精力和技能，DPoS 共识机制不能保证绝大多数（90% 以上）持股人参与投票。

（2）社区选举不能及时有效地阻止破坏节点的出现，会对系统安全性造成威胁。

5.7　Ripple 协议共识算法

Ripple 协议共识算法（RPCA）是 Ripple 系统及其数字加密货币（瑞波币）

所采用的共识算法，基于特殊节点（也称"网关"节点）列表达成的共识。在这种共识机制下，必须先确定若干个初始特殊节点，如果要接入一个新节点，必须获得51%的初始节点确认，并且只能由被确认的节点产生区块，Ripple协议共识机制工作原理如下。

（1）验证节点接收并存储未验证交易。验证节点接收待验证交易，将该笔交易存储在本地。本轮共识过程中新接收到的交易需要等待，在下次共识时再确认。

（2）活跃信任节点发送提议。信任节点列表是验证池的一个子集，其信任节点来源于验证池，参与共识过程的信任节点须处于活跃状态，验证节点与信任节点间存在保活机制，长期不活跃节点将从信任节点列表中删除。信任节点根据自身掌握的交易双方额度、交易历史等信息对交易做出判断，并发送提议至验证节点。

（3）验证节点检验提议来源。验证节点检查接收到的提议是否来自信任节点列表中合法的信任节点，如果是，那么存储此提议；否则丢弃。

（4）验证节点根据提议确定认可交易列表。假定信任节点列表中活跃的信任节点个数为 M，本轮中交易认可阈值为 N（百分比），则每一个超过被 $M×N$ 个信任节点认可的交易将被该验证节点认可；该验证节点生成认可交易列表，系统为验证节点设置一个计时器，如果计时器时间已到，本信任节点需要发送自己的认可交易列表。

（5）账本共识达成。本验证节点仍然接收来自信任节点列表中信任节点的提议，并持续更新认可交易列表。验证节点认可列表的生成并不代表最终账本形成和共识达成，账本共识只有在每笔交易都获得超过一定阈值（如80%）的信任节点列表的认可才能达成，这时交易验证结束，否则继续上述过程。

（6）共识过程结束，形成最新账本。共识过程结束后形成最新账本，将上轮剩余待确认交易和新交易纳入待确认交易列表，开始新一轮共识过程。

Ripple协议共识机制使得一组节点能够基于特殊节点列表达成共识。初始特殊节点列表如同一个俱乐部，要接纳一个新成员必须由一定比例的该俱乐部会员投票通过。因此，该共识机制区别于其他共识机制的主要因素是有一定程度的"中心化"。

除了以上常见的几类共识机制，在区块链实际应用过程中，也衍生出了PoW+PoS机制、行动证明（proof of activity）机制等多个变种机制。还存在着各种依据业务逻辑自定义的共识机制，如小蚁"中性记账"机制、类似Ripple协议共识的Stellar共识机制、Factom等众多以"侧链"形式存在的共识机制，这些共识机制各有优劣势。比特币的PoW共识机制依靠其先发优势已形成成熟的挖矿产业链，支持者众多，而PoS共识机制和DPoS共识机制等新兴机制则更为安全、环保和高效，从而使得共识机制的选择问题成为区块链系统研究者最不易达成共识的问题。

第6章 区块链技术问题和挑战

任何技术都有局限性，区块链也不例外。虽然其内部的分布式特性存在独特优势，具备安全、透明、高效三大特点，但区块链技术整体上还处于发展初期，其公开透明、账本全记录、可追溯等特性也存在诸多问题和挑战[49]。

6.1 区块链技术的发展局限

分布式系统中一致性、可用性、分区容忍性三者不可兼得，导致区块链技术存在三角悖论，即无法同时满足高效低能、去中心化和安全三个要求。如图 6.1 所示，高效低能指区块链系统可以在低能耗情况下高效率完成事务处理；去中心化是指区块链各个独立节点一直保持分布状态；安全是指区块链中数据和节点的安全性。

图 6.1　区块链的三角悖论

1）追求去中心化和安全则无法达到高效低能

区块链技术目前可以满足去中心化和安全特性，但在进行数据存储和查询、事务并发处理、内容验证等功能时会存在执行效率低和能耗大的问题。

区块链采用"区块+链"且携带时间戳的数据结构，使其在可追溯、防篡改方面更具安全性，同时在分布式系统中进行数据同步也变得容易。但若涉及查询或验证信息，则需对链进行遍历，而遍历是目前数据操作中效率较低的一种查询方式。

区块链系统的每个节点都对数据包进行下载和存储，并依赖强冗余性实现强容错、强纠错能力，以确保网络的安全性和可靠性，但也存在较高校验成本和存储空间损耗。在分布式数据库中整体存储能力随分布式节点增加而提高，然而在区块链中节点增加仅代表全网账本副本的增加。未来区块链技术将承载更多内容，单个节点存储空间也将成为一个问题。

区块链技术最终仅使一个"矿工"节点拥有记账权进而得到一个交易区块，该方式能够确保网络安全稳健，但其本质仍是整个"链条"实现串行"写"操作，并且该"链条"拥有所有数据。关系数据库拥有很多表，依据用户操作锁定部分表或表中数据，其他表仍然可以并发操作，与该方式相比，区块链技术的串行操作在效率上远低于普通数据库。

区块链每个节点都存储了历史交易的完整副本，并对这些内容进行哈希运算，以确保得到安全的数据。其设计思路是对整体内容进行哈希运算，不能以地址引用的形式对数据进行存储，否则可能会因引用地址存储的数据未哈希验证而发生数据篡改。因此，区块链技术在可扩展性方面存在缺陷，处理大量数据时效率较低。

2）追求高效低能和安全则无法完全实现去中心化

工作量证明共识机制存在能耗高、效率低下的问题，虽然 PoS、DPoS 等共识机制对 PoW 共识机制进行了改进，但事实上均是对去中心化的妥协，进而得到部分中心化网络。在区块链技术发展过程中同样也存在类似妥协，除了以比特币为代表的公有链技术外，还发展出联盟链技术和私有链技术。联盟链技术仅使用预设节点来完成记账，新加入的节点必须进行申请和身份验证，该方式事实上是在保证安全性和高效性的前提下完成多中心化的退让。对于私有链技术，其建立过程被一个实体控制，且可以选择性开放区块读取权限，这种情况下的私有链技术已不具备去中心化特性。

3）追求高效低能和去中心化则会牺牲安全

区块链实质上是一种对等分布式系统，系统的正常运行需要所有节点共同维护。一方面，相较于传统集中式结构网络，分布式网络因追求去中心化特性，将带来网络节点信任缺失、存在恶意节点等安全问题，导致网络中出现大量非法数据，这些数据在分布式网络中广播使更多节点原始数据遭到破坏。另一方面，参与交易的节点越多，数据传播速度越快、效率越高，而互联网本身面临的网络数据传输延时、错误等固有问题也会影响数据存储交互的准确率。因此，追求去中心化与高效低能会带来数据损坏、隐私暴露、传输错误等安全问题。

6.2　区块链技术现存问题

6.2.1　区块链自身安全特性分析

区块链系统采用所有节点共同决策的方法完成交易合法性验证，不依赖第三方机构。当系统中某一部分节点遭到攻击或破坏时，整个系统不会造成任何影响。

同时，区块链系统采用加密机制、签名技术保证链上数据的不可篡改性和可追溯性。但区块链系统同样存在诸多威胁，如比特币系统中采用的工作量证明机制存在被攻击的可能。

中本聪曾提出如下攻击模型。在区块链网络中，所有节点分为两类，即诚实者和攻击者。假设攻击者比诚实者更快地生成备用链，同时备用链的生成不会使系统受到任意更改影响，如凭空创造价值或者获取从未属于攻击者的金钱。节点不接受无效交易，攻击者只能尝试更改自己的一项交易来达成攻击目的。

在传统 P2P 网络中，请求者将 n 个查询请求分别发送给 n 个相邻节点，n 个节点在以后的查询过程中可直接与请求者保持联系。相邻节点先询问请求节点是否继续下一步，若请求者同意，则开始随机选择下一步需要连接的节点，否则终止查询。此过程称为随机漫步（random walk），如图 6.2 所示。

图 6.2　随机漫步示意图

诚实链和攻击链之间的演进可以看作为二叉树随机漫步（binomial random walk）。成功事件是指诚实链中区块数加 1，使得差距为+1。失败事件是指攻击链中区块数加 1，使得差距为-1。以 q 表示攻击节点获得下一区块记账权概率，p 表示诚实节点获得下一区块记账权概率，则 $p+q=1$。因此攻击者成功对某一差距进行填补的概率，可看作赌徒破产问题（gambler's ruin problem）。假设赌徒可无限透支信用，然后开始无限次赌博，进而填补所有亏空。那么赌徒成功填补亏空的概率，即攻击者最终消除 z 个区块的差距从而赶上诚实链概率 q_z，其计算公式如下：

$$q_z = \begin{cases} 1, & p \leqslant q \\ \left(\dfrac{q}{p}\right)^z, & p > q \end{cases} \tag{6.1}$$

假定 $p > q$，由式（6.1）可得攻击成功的概率随区块数增加而下降，因此攻击者必须快速成功，否则攻击者成功概率会随时间流逝急剧降低。可知，攻击者获得下一区块记账权属于随机独立事件，因此攻击者区块延伸长度符合泊松分布，其期望值计算公式如下：

$$\lambda = z \times \frac{q}{p}$$

攻击者成功追赶诚实链，需 z 个区块，在攻击者自身获取 k 个区块记账权的同时，诚实链也可能不断增长。攻击者追赶上诚实链的概率可表示为 q_s，将攻击者取得进展区块数量的泊松分布概率密度乘以该数量下攻击者能够追赶上诚实链的概率，公式如下：

$$q_s = \sum_{k=0}^{\infty} \frac{\lambda^k \mathrm{e}^{-\lambda}}{k!} \times \begin{cases} \left(\dfrac{q}{p}\right)^{(z-k)}, & k \leqslant z \\ 1, & k > z \end{cases}$$

攻击成功率与区块差距 z、概率 q 之间的关系如图 6.3 所示。攻击成功率随区块差距增大呈指数下降，当区块差距相同时，攻击成功率随着攻击者计算能力提高而增长。当攻击者掌握全网 50%以上的计算能力时，便可重新计算已得到确认的区块或控制新区块产生，进而实现双花、阻止交易确认等，以达到攻击目的。

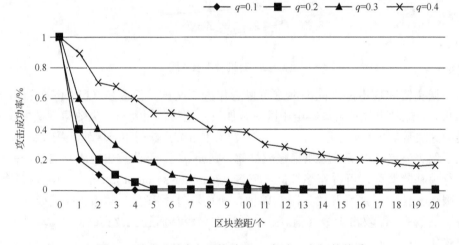

图 6.3　攻击成功率与区块差距 z、概率 q 之间的关系

区块链上存储的交易信息包括输入地址和输出地址，输入地址指向前一笔交易，因此所有资金均可追溯至源头。同时区块链上的数据存储于每个节点中，任何用户均可获得完整交易账本。在节点共识过程中需要验证历史交易，因此交易信息无法采用加密技术进行保护。以上特征导致区块链技术仍存在诸多问题，如交易数据隐私问题、区块链扩展性问题等。在比特币交易中，用户地址均由用户自行创建且与身份信息无关，任何人无法根据交易地址了解用户真实身份。但由于交易记录公开，攻击者可根据交易记录分析潜在规律，包括某一地址交易频率、

交易特征和地址之间的关联等。根据此类规律，攻击者有可能将比特币地址与真实用户相连。综合来看，在效率、隐私保护和安全性等方面，区块链都存在不同程度的问题。

6.2.2　效率问题

高效率保证了区块链技术的可用性，目前区块链效率问题主要有三个：一是分布式账本数据量问题；二是同步时间问题；三是交易效率问题。

1. 分布式账本数据量问题

区块链数据量一直呈增长趋势，对于运行完整客户端的用户来说，虽然数据量大小增长可以预先估计，但是大量数据转移很难实现。倘若希望在另外一台计算机上运行完全节点，无论采用联网同步还是直接复制转移，对于上百 GB 的数据量都需要花费很长时间。数据量增大不仅会占据更多存储空间且数据转移同步速度过慢，还会带来完全节点数减少、交易验证缓慢的问题。

1）完全节点数减少

区块链数据量增长速度与硬件和网络的可承受速度显然不成正比，只有少数用户愿意提供硬件设备和电力等资源消耗，大部分普通用户能力有限，同时也不愿电脑被太多数据账本所占据。完整区块链账本的数据副本对于普通用户来说并没有什么用，对于使用比特币或以太币进行交易的普通用户，只需要安装简单钱包客户端即可。这将导致愿意安装完整客户端的用户数急剧减少，对于比特币网络来说，意味着全网完全节点数目减少。然而比特币的 P2P 网络之所以能够安全稳定运行，依靠的就是大量挖矿节点和核心节点，如果节点数减少，参与挖矿的矿工节点便随之减少。随着时间推移，区块链系统将慢慢变成一个中心化系统，全网算力将集中于少数人手中，去中心化意义将不复存在。

2）交易验证缓慢

区块链系统中节点发起的每一笔交易事务或合约状态变更必须经过节点验证才可以打包记入区块，区块链系统的分布式特性导致节点验证交易唯一的做法是与本地账本数据进行校验，如检查账户余额是否正确、交易来源是否合法。然而，目前区块链查询和检索只能采取遍历操作，巨大的数据量会导致数据查询和验证速度变慢，区块链工作量证明达成共识的过程耗费更长时间，从而降低了区块链网络处理效率。

有人提出用负载均衡的思想解决这一问题，然而现有区块链应用都是开源系统，可任意下载软件源码并运行在自己的设备上，但一个庞大的负载均衡集群系统的建设，往往需要投入大量设备和人力成本等。此外，区块链中每个节点必须独立运行，特别是完全节点，每个节点具备完全功能并且节点之间独立无依赖。

如果将一个节点的运行拆分成一个集群，在技术实现上十分复杂，拆分之后也很难保证集群中的一个节点能够顺利访问整个区块数据。如果一个节点上的数据被切分到多台设备，此时就无法保证这些数据的可靠性和安全性，而且必须保持这些集群服务器时刻处于网络之中，否则节点将很难独自验证数据或者访问区块数据，从而增加了不可靠因素。采用负载均衡可以解决单个节点数据量过大的问题，但是不能保证完全节点可靠地访问完整区块数据，也就无法保证负载均衡的区块链系统采用共识机制达成一致，更不能保证区块链系统的自治管理。

2. 同步时间问题

目前，区块链网络中已经有超过 80 万个区块被开采，网络新添加的节点同步区块链全网账本所花费时间超过一天。随着时间推移，区块链容量达到上百 GB 数量级，新节点加入网络代价会更大，势必会阻碍区块链网络扩张。比特币需要保持的重要属性是大概每 10min 生成一个区块，如果每天生成一个区块，作为支付系统来说效率太低；如果区块生成速率为平均每秒一个区块，则会出现非常严重的中心化问题，即使没有攻击者，网络能力的限制也会导致共识机制失效。因此，比特币系统采用了一套动态的难度调整机制，难度值为每 2016 个区块调整一次，如果新区块生成速度过快，则调整生成新区块的难度，使挖出新区块难度增加；如果新区块生成速度过慢，则降低难度目标。以上调整难度目标的解决方案依赖一个重要因素，即区块链矿工节点必须获得精准时间，因此，在每个区块的数据结构中都包含了时间戳数据选项。区块链系统在时间戳字段设定时规定，某区块时间戳必须严格大于前 11 个区块时间戳的中位数，同时区块链网络中的全节点拒绝接受超出自己 2h 时间戳的区块。然而，仅仅依靠区块内部时间戳并不能控制区块长期生产速度，该算法只适用于比特币，仍具有潜在漏洞，区块链自身的激励机制使得维护高精度时间存在一定困难。

在以太坊中已经出现了时间戳依赖的漏洞，时间戳依赖是指智能合约的执行依赖当前区块时间戳，随着时间戳的不同，合约执行结果也有差别。以太坊中如果一位矿工持有合约股份，该矿工便可以通过为其正在挖掘的矿区选择合适的时间戳来获得优势，即矿工节点拥有时间戳更改权。在敏感操作中如果以太坊的智能合约依赖时间戳，执行结果将可能被预测，相当于使智能合约变为人造合约，由人预先进行了操纵。

3. 交易效率问题

数字货币、智能合约、去中心交易系统和溯源系统等区块链应用程序均由独立节点组成，节点中转账交易、合约状态变更等操作都会以交易事务的数据形式广播到网络中，由矿工打包至新区块，最后作为主链的一部分被确认。但是，当网络中节点数目众多、区块数据规模过大时，所有挖矿节点只会搜寻过去 10min 全网的交易并打包，而前一个区块所包含交易并非包含了全网中过去 10min 的所有交易，导致大量交易来不及在正常期望时间内被打包。

比特币区块链中一个区块的大小限制为 1MB，然而全网 10min 内交易数量平均超过上千笔，在 2010 年左右每个区块包含 100 笔交易都能成为里程碑式事件，如今普通区块交易量可以达到 2250 笔。这导致网络中很大一部分交易不能被及时处理而不得不存放于交易池中。交易不能被及时打包的原因是未确认交易池中交易数太多，而每个区块能记录的交易笔数有限，这时就会造成区块拥堵。此外，越来越多的开发者在以太坊上大量地进行智能合约开发和初始货币发行（initial coin offerings）导致了大量网络拥堵。

图 6.4 是从 bitcomet.com 网站上获取的一段时间内比特币内存池大小统计图。图中的统计时间区间是 2020 年 3 月 21 日~2020 年 6 月 13 日。从每日块大小中位数与每日块平均大小可以看出，内存池中每时每刻都充满了等待验证确认的交易数据，随着区块数增长，如果不提升交易确认速度和区块大小，比特币的使用将会受到严重影响。

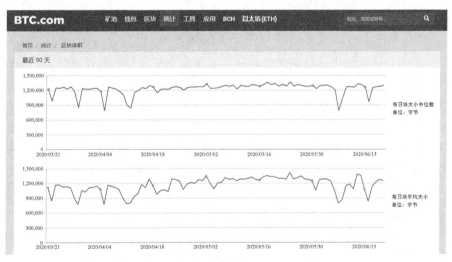

图 6.4　一段时间内比特币内存池大小统计图

大部分区块链应用会对内存池中的交易进行优先级权重的排列后再进行处理，一般情况下，交易权重大小取决于三个因素：①交易创建时间越早，权重越大；②未花费交易输出（unspent transaction output，UTXO）越大，权重越大；③交易费用越高，权重越大。正是因为按照优先级处理，所以在网络交易拥堵时，有可能造成低优先级交易"永远"不会被打包。在使用过程中，低优先级的客户端会出现当前网络交易拥堵，建议提高交易费用的提醒，这使得用户不得不提高交易费来增大交易权重值。交易池权重策略导致区块链系统的使用成本越来越高，对于普通用户交易，手续费低的将有可能永远位于内存池中不被确认。

　　有研究尝试使用优化编译、改进算法、调整数据结构等方式解决区块链效率问题，但执行效果并不理想。在区块链技术实际应用场景中，针对交易效率问题，还有研究者将交易和智能合约放在链下执行，仅在处理具有纠纷的交易时才将其在链上公开并执行。该方法给交易双方建立了一个可扩展的微支付通道网络，可以多次、高频和双向地通过轧差方式实现瞬间确认的微支付，若不存在 P2P 支付通道，也只需存在一条连通、由多个支付通道构成的支付路径即可。

　　4.　软分叉和硬分叉

　　区块数据通过哈希值串联形成一个链条般的账本数据，区块链单链如图 6.5 所示。假设当区块增长到区块 2 时，系统软件进行升级产生了无法识别的数据结构，由于区块链的分布式、去中心化、实时性等特征，不可能暂停全网中所有节点正在处理的事务而统一升级，这样极有可能带来区块链分叉问题。

图 6.5　区块链单链示意图

　　传统中心化系统中，数据集中存储、版本集中管理等重大性升级为了确保用户所使用版本的正确性，往往设置为若不更新最新版本就无法登录，然而区块链去中心化的使用方式，造成新的软件版本发布后，无法由一个中心节点控制网络中所有节点都升级到最新版本。假如在区块 2 生成时网络中发布了新版本，并且产生了之前版本无法识别的数据结构，部分用户由于网络拥堵、数据量庞大等原因未升级，而新旧版本的区块节点仍然进行着挖矿、验证交易和打包区块，一段时间后区块链网络链式结构就会变成如图 6.6 所示的结构。

图 6.6　区块链分叉后网络链式结构示意图

　　上述情况为分叉，可以看到，区块链网络不再是区块首尾相连的一条链，在生成区块 3 时，出现了采用新版本的新区块 3，之后区块 N 的生成也有两个部分。旧版本的区块 3 和新版本的区块 3 区块数据结构不同，会导致节点交易验证中可能出现新版本要验证的交易在其前序节点中无法查询到的情况。实际上根据新版本节点对旧版本节点的认同与否，可以将区块链网络分叉情况继续细分为两类。

1）新版本节点认为旧版本节点发出的区块和交易合法

此时新版本完全兼容旧版本的数据结构，对于新版本来说，仍然可以保留之前的区块链数据，但是旧版本节点不一定能够接受新版本节点生成的区块。如果旧版本中有一个备用的闲置数据字段，而新版本使用了该备用字段，此时因为旧版本之前也没使用该备用字段，所以对于新版本发出的区块依然能接受，相当于欺骗了旧版本节点。新旧区块的生成如图 6.7 所示。

图 6.7　新旧区块的生成

可以看到，此时在区块链中，新节点和旧节点所使用的数据结构在字段设置上几乎一致，字段含义不同并不会影响节点对网络数据的打包验证。因此无论是旧节点维护的区块链数据，还是新节点维护的区块链数据，都有可能既包含旧版本区块也包含新版本区块。实际上，在区块链应用程序进行重大升级时，都会在全网中进行节点投票，事先取得社区同意，保证全网大部分的运行节点愿意升级到新版本。这种情况下，因为采用新版本节点算力要大于旧版本节点算力，所以一旦完成升级后，后续打包区块基本是由新版本节点发出，不会发生旧版本区块和新版本区块交错链接的情况。

2）新版本节点认为旧版本节点发出的区块或交易不合法

新版本与旧版本数据结构无法兼容，这种情况下，新版本节点单独成链，形成另一条新的区块链，如图 6.8 所示。

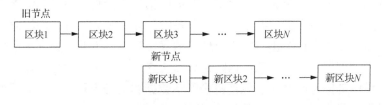

图 6.8　开辟新区块链

旧节点如果还能接受新节点发出的区块，那么在旧节点维护的区块链数据中，还有可能会插入新版本区块。但是新节点采用新数据结构，完全与旧节点不兼容，因此不会再有旧版本区块。这种情况下新节点不但不接受新产生的旧版本区块，对于之前的旧版本区块也不再认可，相当于新版本节点另外开辟了一条区块链。

上述内容解释了区块链程序由于版本升级原因引起的两种可能的分叉情况，从旧版本节点的角度，新版本节点产生的区块是否兼容，将导致两种类型的分叉，即软分叉和硬分叉。

（1）软分叉。当发布的新版本和旧版本协议不兼容时，升级后的新节点无法接受旧节点挖出的区块。旧节点在不知道新协议的情况下，继续接受新节点用新协议所挖出的区块，就会产生临时性分叉，这种情况称作软分叉。

（2）硬分叉。当发布的新版本和旧版本协议不兼容时，旧节点无法验证已经升级的新节点挖出的全部或者部分区块，导致发生永久性分歧，即出现了两条链，这种情况称为硬分叉。

无论是软分叉还是硬分叉，对于区块链应用都是一件重大的事情，如果旧版本在没有取得社区（主要是占据主要算力的矿池用户）一致认可的情况下强制升级，很有可能会导致严重分叉问题，分叉后会发生什么是很难预料的。目前比特币就出现了数个不同版本，除了 bitcoin core，还有新推出的 bitcoin classic、bitcoin XT 和 bitcoin unlimited，其中 bitcoin unlimited 无事务块大小和费用限制。以太坊在经历了著名的 TheDAO 合约漏洞攻击事件后直接进行了硬分叉，形成代表不同社区共识和价值观的两条链，一条为以太坊，另一条为以太坊原链（ethereum classic，ETC）。由于这两条链发生分叉之前数据一样，进行分叉后，原本持有以太币的人除了持有原有的 ETH 外，还有相同数量的 ETC，这意味着凭空多出了一些资产。

6.2.3　隐私保护问题

在信息安全系统中，隐私数据通常被认为是敏感数据，以及数据拥有者不愿意披露给其他机构的数据信息。为了实现分布式节点间数据同步和交易共识，区块链上部分信息必须公开透明，如公共地址、交易内容、交易金额等。用户创建的区块链地址与用户身份无关，也不需要可信第三方参与，但是当链上用户使用网络地址进行区块链存储、共享或其他业务时，攻击者通过分析网络层区块链存储的传播路径可能会推测出对应于该地址的真实身份。因此，必须考虑隐私保护问题，并且处理区块链中敏感数据防止隐私泄露。

区块链中的隐私数据主要包括身份隐私数据和交易隐私数据，对于这些隐私数据需要采取隐私保护策略。其具体策略可以分为以下 4 类。

（1）判断识别区块链服务的隐私构成；

（2）制定区块链服务隐私保护策略；

（3）保护区块链中的数据存储、传输和应用；

（4）按期审核隐私保护操作效果，不断优化或修改迭代区块链数据的保护策略。

虽然目前区块链广泛使用的密码学相关技术具有较高安全性，但是将其用于区块链网络隐私保护研究工作仍然存在许多困难和挑战。

1）私钥安全

区块链的私钥由椭圆曲线密码算法生成，私钥自身质量取决于产生私钥的随机数。该随机数是构建信息安全系统的密码学基础，其生成效率和质量直接决定系统安全性，高质量随机数的核心是具有"不可预测性"。随机数分为伪随机数和真随机数两种。伪随机数一般依靠种子和算法，若知道种子或者已经产生的随机数，可以获得接下来的随机数，具有可预测性。真随机数一般基于硬件设计，根据外界温度、电压、电磁场、环境噪声等产生随机数，随机的不可预测性大大增加。当前主流区块链系统均使用操作系统提供的随机数函数生成私钥，随机种子来自计算机主板上的计数器在内存中的计数值（即系统时钟）。使用这种方式产生的随机数都是伪随机数，该方式中默认随机种子从系统时钟选择，不由用户设置，因此只要随机种子和算法一定，产生的随机数就不会改变。由伪随机数生成的私钥，安全性存在极大隐患。

私钥的存储和使用一般分为软实现和硬实现。软实现指存储和使用都以软件形式。密钥生成后作为文件或字符串保存在用户终端或者托管到服务器，可直接使用或通过简单口令控制读取到私钥明文存放在内存，通过 CPU 完成私钥计算。这种存储和使用方式显然有很多安全风险，容易被黑客复制、窃取，甚至暴力破解等。硬实现一般是依托专用密码安全芯片或者密码设备作为载体，有物理保护、敏感数据保护、密钥保护等机制，确保私钥必须由专用硬件产生。私钥在任意时间和情况下都不能在密码设备外出现明文形式，密码设备内部也应具备密钥保护机制，以防非法探测和读取。私钥不可导出，仅可计算输出签名值，金融领域常见的 U 盾、金融 IC 卡、加密机等均属于此类方式。目前在区块链中，钱包客户端生成私钥并提供给用户，客户端并不直接存储用户私钥，用户只能采用自己擅长的方式，如纸笔抄录、拍照、大脑记忆等进行保存。然而，32 字节的私钥毫无规律可循，利用大脑记忆显然不可能，同时纸笔抄录保存也存在丢失的风险。据不完全统计，在比特币系统中，有很多被遗忘私钥的地址，其总额加起来价值数十亿美元。区块链分布式特性无法支持私钥的补发管理。用户私钥一旦丢失或者被盗便无法恢复。即使已知公钥，也无法暴力破解，目前广泛使用的公开密钥算法有 RSA 算法、ECC 算法等。

2）基于散列算法的加密

在传统密码学中，安全依赖下面假设。

（1）没人能够完成 2^{79} 次计算步骤，即密码学安全性基于 NP 难问题。

（2）因式分解超越多项式的时间复杂度（如 RSA 算法加密原理）。

（3）寻找 n 次剩余方根很难（如 Rabin 加密原理，$s = \sqrt{m} \bmod n$）。

（4）椭圆曲线的离散对数问题不能在 $2^{n/2}$ 的时间复杂度内解决。

在区块链中，除了密码学的上述假设，还依赖下面这些假设。

（1）可能篡改的个体所控制的计算资源不超过全部的 25%。

（2）可能篡改的个体所控制的金钱不超过全部的 25%。

（3）某个工作量证明算法总算力和投入资金数量形成超线性关系的变化临界点不能太低。

（4）系统中需要有诚实节点提供算力。

（5）系统用户基数要大，用户可以随时加入或者退出，同时要保证有固定节点一直处于网络中。

（6）系统中两个节点可以互相快速地发送消息。

对于特定问题，也会有额外的安全假设。因此，通常很难定义一个特定协议是否安全，或者一个特定问题已被解决。对于数字加密货币，最让人担心的现实威胁来自量子计算机，它对区块链和虚拟货币的基础——公开密钥加密产生了冲击。作为一种密码学算法，简单来说，公开密钥加密需要两个密钥，分别是公开密钥与私有密钥，即公钥与私钥。如果知道两个密钥中的一个，并不能计算出另一个，故可以任意向外公开一个，为公钥。私钥则必须保密，即使对被信任用户也不能将其透露。以一台普通计算机每秒进行 140 亿次两个密钥匹配度测试的速度，全部测试完所需的时间比宇宙诞生以来的寿命（140 亿年）还要长，超过 7.8 亿倍。但如果计算机运行速度大幅度提高，这一"不可能"被破解的算法完全有可能被量子计算机破解。在强大量子计算机面前，包括比特币在内的虚拟货币采用公开密钥加密算法就显得非常脆弱，其密码学算法随时可能被破解。新加坡国立大学研究者对量子计算机威胁挖矿问题进行深入研究，认为十年后量子计算机可以轻易地通过公钥推断出私钥。

3）隐私泄露

全局区块链账本可公开透明地存储交易数据，网络中任意节点都能够获得完整数据副本。潜在攻击者可以通过分析账本中的交易记录对用户交易隐私和身份隐私构成威胁，造成隐私泄露。例如，攻击者通过分析特定钱包的交易详情、资金余额和流向获取用户交易隐私，通过分析交易之间的关系和潜在标识信息来推测交易者身份信息。

比特币是一个透明的数字支付系统，系统中保留了全部交易历史，每一笔交易都可以被追踪。每一个交易输入地址由上一笔交易输出构成，一个交易输出地址也可以作为多个交易的输入。根据交易链式关联分析，比特币系统可能会透露两种信息，一是资金的使用记录。比特币系统中货币资金由"挖矿"产生，产生后记录于矿工的挖矿地址（即属于该矿工），之后通过交易形式将资产转移至其他钱包地址。全局账本中数据公开，并且挖矿和交易信息记录在其中，因此可以经过分析获得每一笔资金的交易记录。二是地址相关交易信息。交易详细列表中包含全部输入、输出地址，分析者可以通过特定地址检索交易相关信息。

同时每一笔交易中存在较多潜在标识信息，根据这些信息可以推断出交易者身份信息。潜在标识信息包括交易特征和规律。与日常生活中的交易一样，区块链中用户完成交易后，区块链全局账本会反映出某种交易特征。因此，攻击者可以通过交易特征分析用户画像匹配到真实身份。有模拟研究表明，即使采用比特币的一次性地址保护策略，也有 40%左右的区块链地址与真实身份匹配成功。区块链中不同用户也存在不同行为规律，包括特殊的货币流向、输入输出数量、交易时间等。有研究者通过抽象交易规律给出交易相关参数，提出基于参数的身份识别方法，该方法基于比特币系统进行了长达 6 个月的实验，表明其识别精确度高达 62%，错误率小于 10.1%。

为了增强区块链中参与主体的隐私保护，可以采取以下策略：①参与主体通过代理认证机构进行交易，不直接参与，从而达到避免参与主体隐私泄露的目的。②缩小交易数据共享范围，交易数据传输只在关键节点间进行。③设置数据访问控制机制，控制节点对数据的读写权限。④采用多重加密、环签名、零知识证明等密码学技术，防止隐私泄露。

6.2.4　安全性问题

从信息安全角度分析，区块链技术主要利用密码学相关原理保证记录数据不可篡改，从而进一步实现区块链记录的数据完整性，达到数据真实可信。但由于密码学自身存在部分缺陷，区块链在安全性方面仍然存在一定局限性。

1）51%算力攻击问题

51%算力攻击通常是指攻击者掌握了全网较高算力发起的对区块链的网络攻击。区块链网络中的数据记录通常需要靠共识机制完成，而目前大多常用共识机制是基于证明的共识机制，因此若攻击者掌握了全网较高算力，则可通过算力获得记账权，从而实现通过阻止产生新的区块、撤销当前区块已完成事务或双花等方式对区块链网络进行攻击，威胁区块链网络安全。

但是，随着目前区块链网络规模的不断扩大，想要掌握网络中大部分算力极其困难，付出的成本远远超过攻击取得的收益。此外随着以 PBFT 算法、Paxos 算法和 Raft 算法等为代表的非证明类共识算法的出现，使区块链网络不断转型，交易记录不再需要大量算力证明，在一定程度上解决了 51%算力攻击问题。

2）双花问题

在数字货币系统中，数据的可复制性使得系统可能存在同一笔数字资产被重复使用的情况，这种问题通常被称为数字货币双花问题，也称双重支付问题。双花问题可通过 51%算力攻击、芬尼攻击和 vector76 攻击等产生，其中最典型的是 51%算力攻击，即当攻击者掌握了全网大部分算力时，能够利用自己拥有的记账权在花费某笔货币后，使该花费记录不被记录在区块链主链上，从而实现一笔货币两次或多次使用，形成双花攻击。目前，非交互式零知识证明中广泛采用的 zk-SNARK 技术性能较差，生成一笔匿名交易对应的零知识证明证据需要 40s 左右。为减少等待时间，这部分区块链采用零确认机制，即卖家不等待交易在网络中的确认就交付商品。此时，攻击者便可以同时建立两笔交易，使其中一笔交易将货币转账给自己另一个账号，再通过添加高额矿工费等方式使这一笔交易先被记录在区块链上，从而实现货币的双花攻击。

3）哈希碰撞

哈希碰撞是指两个不同的原始值经过哈希运算后可能得到同样结果。现有区块链结构中，哈希值是保证区块链不可篡改的重要参数，如果可以构造出具有相同哈希值但内容不同的数据区块，就可以篡改区块链上已存储的数据。

目前，各领域安全协议中使用较多的哈希算法为 SHA-1 算法。但是 SHA-1 算法已在 2017 年被荷兰国家数学与计算机科学研究中心和 Google 公司的研究人员发现了一例哈希碰撞实例，这表示 SHA-1 算法已不再具有很好的安全性，需要被安全性更高的算法代替。SHA-2 系列算法是在 SHA-1 算法基础上的一种复杂扩展，是目前区块链系统通常采用的散列生成算法。虽然目前还没能找到有效方法破解 SHA-2 系列算法，但如果该算法一旦被破解，区块链中所有数据隐私和安全将不复存在。特别是算法升级需要耗费大量时间，在升级过程中将给攻击者留出充足时间攻击旧版本区块链系统，从而造成经济损失。

6.3　区块链技术发展挑战

区块链技术的发展会受到政策限制，也会受到合作伙伴和投资者影响。区块链技术的发展不仅会对传统法律法规造成冲击和影响，各国政府在监管层面也将面临不同程度的挑战。

6.3.1　对传统法律法规的冲击

关于区块链对法律的影响与挑战，从以下四个维度来展开分析。

1）去中心化与法律适用和司法管辖权问题

去中心化是指网络中每个节点是平等的，所有节点共同负责维护和管理整个网络，任意节点的加入和退出都不影响整个网络正常运行。区块链分布式特性使得各节点处在不同地区和不同国家，节点所处地区法律法规都有所不同，导致区块链系统运行没有一个统一法律上的保障。习近平总书记在第二届世界互联网大会开幕式上讲话指出，网络空间不是法外之地，区块链领域也是如此。因此，如何制定合适的法律法规来明确区块链中节点的责任和义务，并确保区块链中所有节点都遵守法律，当系统中智能合约并未按照当事人的真实意愿执行时，所产生的争议纠纷和赔偿条款都有法律界定,是开发者和立法机构需要共同考虑的问题,法律的完善也能够避免利用区块链进行赌博、逃税、洗钱等行为。

2)匿名化与网络实名制问题

以区块链技术实现的比特币系统因其匿名交易的特点吸引了大量用户,匿名性也成为区块链的显著特点。但是为了便于对网络环境进行监督,网络实名制已逐渐成为必然趋势。《中华人民共和国网络安全法》明确规定,用户接入网络时必须提供实名信息,否则将不得为其提供相关服务,区块链应用的所有者和使用者也必须遵守这一规定。因此如何解决区块链技术匿名性和网络规定实名制的冲突是技术研究人员和立法者需要思考的重要问题。

3)可靠性与删除权问题

区块链技术拥有的不可篡改特性要求用户必须至少掌握整个系统 51%的节点,才能够对已经记录到区块链上的数据进行修改或删除,这给区块链相关企业履行"删除义务"带来了巨大障碍。删除权在国外也称被遗忘权,是指用户在符合特定条件情况下有权要求互联网公司删除其相关数据信息。个人有权要求网络运营者更正记录的错误信息,若网络运营者未按照约定获取用户信息,用户有权要求网络运营者删除其个人信息。区块链系统由于其不可篡改特性导致执行删除权非常困难,不利于网络空间环境治理。

4)透明性与个人数据保护问题

透明性要求整个系统内部所有操作和数据都是公开透明的,系统内部各个节点是相互信任的状态。比特币区块链通过共识机制和加密算法解决了信任问题,并保护了用户个人隐私,但是随着区块链技术应用于更多领域,必然会出现一些需要将虚拟世界和现实生活相结合的场景,如档案存证、资产登记等。当存入区块链的相关信息涉及法律法规问题需要被查看时,若不知道个人信息,则难以进行调用查看,因此在区块链系统中如何确保透明性的同时又能够保护个人数据隐私是需要解决的难题。

6.3.2 政府层面所面临的挑战

目前,世界各地关于比特币的法规变得越来越清晰,在美国已经有一些立法或监管针对区块链进行了更新,判例法也进一步规定了比特币的定义。在美国以外的地区,众多金融监管机构也在权衡如何接受比特币、持有人如何纳税等问题。我国对比特币的态度也逐渐明确,2013 年 11 月,中国人民银行副行长易纲在网络论坛上首谈比特币。易纲表示,从人民银行角度来看,近期不可能承认比特币的合法性。2016 年 2 月,中国人民银行行长周小川表示,数字货币作为法定货币必须由央行来发行。数字货币的发行、流通和交易,都应当遵循传统货币与数字货币一体化思路,实施与传统货币同样原则的管理。中国人民银行发行的数字货币目前主要是替代实物现金以提高便利性，降低传统纸币发行和流通成本。2018
年，中央推出了极具中国特色的"无币区块链"，渗透到了物流、金融、慈善、
溯源等多个领域。一方面，区块链技术特性和应用优势给数字政府建设带来了发
展机遇，可以提升政府数据治理质量和效率；另一方面，区块链技术在政府数据
治理的理念、机制、制度等方面存在一系列不同程度的风险，要求政府能够不断
推进改革，应对挑战。

1）管理权威挑战

去中心化是区块链技术的首要特征。去中心化或者弱中心化意味着区块链系
统没有核心管理机构，每个参与主体权利与义务均等，那么政府在治理体系中将
与其他主体处于相对平等的地位，而不再占据核心支配管理地位。区块链去中心
化特性克服了现有组织层级多和信息传递慢的弊病，有助于建立紧凑、扁平的政
府组织结构，但严重冲击了传统政府的管理权威和服务职能。政府扮演着重要的
中介角色，垄断了大量社会数据，以其在数据治理领域举足轻重的地位使得公众
高度信任并依赖政府提供的公共服务。然而，区块链运用数学算法和 P2P 技术构
建起参与者之间相互独立的信任机制，打破了传统以政府为中介的信任网络，消
解了政府在产权登记、公证、知识产权保护等方面的管理权威和服务职能。

2）安全监管挑战

区块链的去信任化使得整个区块链网络中，参与者可以越过传统治理体系中
的中介机构，无需政府出具相应信用背书就可以实现数据连通与交互。个人数据
上链后会迅速在全网广播，并且所有网络节点访问区块信息过程是公开透明的，
如果个人私钥泄露，将会出现参与者个人信息在网络上公布的问题，严重影响参
与者个人隐私。如果个人私钥丢失，那么将无法访问区块链中存储的数据来获取
个人证明信息，从而影响用户有形资产归属情况。在传统政府治理过程中，政府
作为收集、存储和传递信息的主要媒介，承担着数据安全与保密责任。区块链去
中心化存储方式中没有任何节点应当或者有可能对数据安全承担相应法律责任。
区块链技术的日常运营由全体网络节点集体维护，且技术管理只存在于网络节点
本身，这意味着政府监管只局限于宏观层面的组织管理。如果将政府监管权力下
放到区块链集体网络内部，那么区块链技术与大数据、云计算等技术的应用模式
也相差无几。

3）法律秩序挑战

社会和政府运用区块链这项互联网新技术并制定出相关监管措施需要一个过
程。伴随着区块链技术快速推进，传统法律政策和监管制度已经不再满足区块链
技术的发展要求，区块链的创新技术和应用范围已经拓展到社会各个方面，如数
字货币、医疗养老、保险金融等，因此亟须全新管理理念和立法要求。与传统物
权法领域实体物品不同的是，数据信息价值在于记录、交换、复制和使用，且政

府在数据、信息与虚拟财产等方面的专门法律制度建设滞后，难以进行有效的知识产权保护和确权登记。另外，区块链运用与现行法律存在一定冲突。例如，智能合约是基于计算机语言的合约，可以在满足限制条件后自动执行和监督，这与传统法律条款中对合约主体和主体间行为约束的相关性冲突。因此，区块链迅猛发展与广泛应用面临着制度冲突与制度空白双重障碍，需要政府更新立法理念，完善立法的规范性、科学性和预见性。

第7章 区块链与信息技术

目前，全球信息化已发展至各行各业，信息技术促进了产业间的创新融合发展并引发了新一轮科技革命和产业变革。物联网、大数据、云计算、人工智能和区块链等新技术驱动网络转变为万物互联的形式，数字化、智能化服务将遍布人们的生活当中。《"十三五"国家信息化规划》中提出要加强量子通信、未来网络、人工智能、大数据分析、新型非易失性存储、区块链等新技术基础研发和前沿布局，占据对新技术的主导优势。区块链技术作为新的计算范式，与新一代信息技术创新结合已经在大数据、云计算、信息安全等领域呈现出巨大发展潜力。

图 7.1 说明了区块链与新一代信息技术的关系，从国内外发展现状和区块链技术发展趋势来看，区块链技术催生出新的计算架构，大数据技术作为存储基础设施为区块链提供存储服务，云计算技术部署区块链网络的基础设施，物联网中智能设备为区块链提供数据支持，下一代通信网络则可以给区块链提供新型通信基础设施，信息安全技术的发展则保障了区块链数据安全性。同时区块链技术的去中心化、分布式存储、可溯源、安全可靠等特性也为新一代信息技术发展演进所遇问题提供新的解决思路。区块链作为新型计算范式，其分布式特性所带来的技术架构将实现数据流通溯源，解决大数据中数据流通困难、物联网中数据泄露

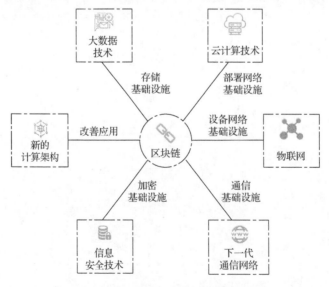

图 7.1 区块链与新一代信息技术的关系

等问题，区块链技术发展也将促进信息安全技术的新发展。总之，区块链与新一代信息技术必将相辅相成、相互促进、共同发展，进而强化科技创新，提升产业核心竞争力，建设产业创新支撑体系，充分发挥区块链本质性能，推进重大科技成果产业化，促进产业集聚发展，进而对国家信息化发展起到诸多关键作用和贡献，同时为我国从网络大国建设成为网络强国的理念提供坚强后盾。

7.1　新的计算架构

区块链技术通过去中心化方式建立起全球信任，让价值传递可以低成本高效率地进行。区块链技术重塑新一代互联网体系，建立一个由 BaaS 和 DAPP 组成面向未来的计算架构。

1. 构建新一代互联网体系

区块链对网络中的数字资产和交易信息进行验证、加密和记录，通过密码学算法保证记录数据的安全性，所有被记录的数据都能够执行追溯、查询、共享等操作，并且无法被篡改。随着嵌入式技术和物联网的发展，越来越多的实物被接入网络当中，区块链将作为万物互联网基础服务层，用于记录除数字资产以外更多的数据，最终成为万物的账本。基于区块链技术可在互联网上建立信任连接层，通过去中心化方式实现网络节点和数据信息安全可信，保证所有接入网络的节点处在一个共建可信制度的网络之中。对新一代互联网体系的信任是使用密码学算法建立的，它能在实现信息共享的同时有效保护网络节点用户个人隐私。

2. BaaS

区块链是新一代互联网上的一个重要服务，称为区块链即服务，即对区块链开发者提供服务以便快速建立开发环境，利用公有区块链产生的数据提供搜索、交易、数据分析等操作。BaaS 使节点更便捷地部署、运行和监控区块链，具有更好的服务性。比特币、以太坊本身就是 BaaS，目前区块浏览器、数字货币交易平台和公链衍生的应用，如公证通 Factom、基于以太坊的区块链身份验证项目 uPort等都可被称为 BaaS，未来更多区块链技术和应用也会成为互联网上的 BaaS。

区块链充分依托现有互联网服务，用户对于服务的要求不同于对传统互联网应用的要求。一些新的 BaaS 正不断被开发出来，如 Storj 的分布式存储服务、星际文件系统（inter planetary file system，IPFS）的分布式文件服务、Factom 的分布式数据记录服务、IBM 的 openchain 服务等。图 7.2 展示了 IBM 区块链提供给开源 Linux 社区的 openchain 开源区块链架构，通过 IBM 云计算平台的 Bluemxi和 API 基础架构来支持外部数据对接。openchain 提供可插入式共识算法，其数据存储使用 RockDB，同时提供智能合约以链上代码形式支持商业交易。在处理大型企业和金融机构数据时，相较于传统区块链工具，其降低了运算速度、成本和交易风险。

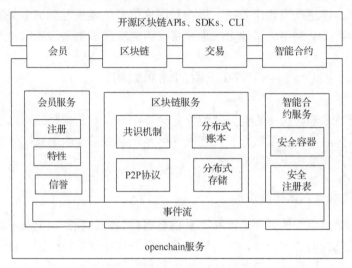

图 7.2　openchain 开源区块链架构

3. DAPP

　　DAPP 是指运行在分布式网络上、参与者信息被安全存储、通过网络节点去中心化操作的分布式应用。区块链中智能合约技术的去中心化特性，促使 DAPP 成为区块链时代的主流应用。DAPP 有 4 个特点：一是以开放源码为开发模式，其中比特币、以太坊等都是开源且集体智慧的结晶；二是以共识机制为制度保障，共识机制是区块链的灵魂，也是区块链上 DAPP 的灵魂，DAPP 的修改、完善和升级都基于用户群体中的多数共识；三是以区块链为基础平台，DAPP 依托区块链平台开发，应用数据存储在一个公开区块链上；四是以加密代币为驱动，区块链社群的加密代币也称为应用币，是区块链和 DAPP 可持续发展的动力，需要依据标准加密算法来设计。

　　区块链平台发展为 DAPP 构建了可编程、可扩展的安全基础设施，包括比特币区块链建立的 DAPP 基础架构、以太坊建立的去中心化应用层与编程语言、公证通提供可扩展数据层以简化记录保存的大数据管理等。随着区块链技术深入发展，大量 DAPP 的产生将有利于推动区块链生态系统演变。

7.2　大数据技术

大数据是指数据规模远超传统数据库处理能力的数据集合，主要特征是数据量大、数据类型多、数据流转快和价值密度低。大数据已逐渐成为国家基础性战略资源，其发展面临众多困难和挑战，主要体现在以下两方面：一是由于数据量庞大，数据难以进行共享流通，形成严重的数据垄断和数据孤岛现象；二是数据存在严重安全隐患，各领域数据安全保障体系仍不健全，大数据相关应用系统经常遭受黑客攻击，造成严重数据隐私泄露。

随着我国从专有数据库向区块链共享数据层转移，大数据概念将进一步延伸，当进入到区块链数据库阶段，数据可以实现价值互联。区块链技术能够透明地记录、追溯数据资产来源、所有权、使用权和流通路径，通过 P2P 网络和共识算法建立可信任网络环境，保障数据不被篡改和窃取，有助于数据要素流通融合。区块链能够进一步规范数据使用，精确授权数据使用范围并建立安全的数据流通机制，实现全球化数据交易应用。

1.　区块链解决大数据安全问题

区块链技术通过加时间戳和加密两种方式解决了数据流通、共享和隐私泄露问题。区块链能够记录大数据来源、所有权、使用权和流通过程等信息，实现对数据的使用与否、使用次数登记。这种方式的最大意义是可以让数据资产化，数据一旦产生，即使在网络中经过无数次传播和复制，仍然可以追溯到数据拥有者和所有使用记录。数据使用者也可通过查询和追溯检验数据的真实性，保障数据这一特殊商品交易的安全性。在数据共享和流通过程中，经过加密的数据需要私钥解密才能够被读取，并且只有获得授权的用户才能访问该数据，使得在共享数据时避免隐私泄露的问题。

2.　区块链数据库提高大数据风控的有效性

影响大数据风控有效性的关键因素是数据库维护成本和信息传递效率。区块链利用其分布式、开放共享的特性使数据公开透明地传递给网络中所有参与者，大大提高了数据传递效率，区块链数据可追溯、不可篡改的特性降低了监管部门分析预测风险的工作难度。区块链能够提高数据库存储数据的质量，避免数据碎片化、丢失和内容不完整等问题。区块链分布式数据库由网络中所有节点共同记录数据，可从数据记录源头上提高数据质量，单个节点修改数据无法对数据库造成影响，并且还会被数据监控机制发现。区块链数据库抗攻击能力极强，随着区块链网络规模增大，攻击者需要花费巨大成本才能攻破区块链数据库，因此区块链数据库能够有效保证数据安全，防范大数据风控中数据泄露问题。

3. 区块链技术健全大数据价值流通体系

区块链技术可以有效解决数据流通困难的问题，其不可篡改和可追溯特性使网络中所有数据变得更加可靠，数据质量获得全网节点信任，保证数据分析和数据挖掘结果的有效性。区块链的共识机制可推动大数据权益体系建立，全网节点都可对数据进行有效性验证，通过数据确权建立可信赖的大数据流通体系，为数据交易、数据共享和隐私保护提供有力保障。

7.3　云计算技术

云计算技术是分布式并行计算、虚拟化、网络存储和负载均衡等传统计算机相关技术融合发展的产物，在技术特性上与区块链有相似之处。区块链可以看作是云计算环境中的一种资源，两者结合一直以来受到广泛关注。

在基础设施即服务（infrastructure as a service，IaaS）、平台即服务（platform as a service，PaaS）和软件即服务（software as a service，SaaS）的基础上建立 BaaS：将区块链嵌入云计算平台中，利用云服务快速创建部署区块链基础设施和相关运行环境，保证区块链运行的安全性、稳定性和高效性。此外，BaaS 能够为开发者提供便捷且高性能的区块链应用开发配套服务，方便开发者进行相关业务拓展，降低区块链应用开发成本，使开发人员关注区块链应用本身而不是运行环境，加快区块链应用开发速度，促进区块链应用落地。

区块链技术也为云计算提供了一种更安全的数据管理方式，将云端数据存储于区块链上，利用区块链自身难以篡改、不可伪造的特性保证云存储数据真实可靠。对于云计算技术，"可信、可靠、可控制"是云计算发展必须解决的三大问题，而区块链技术以去中心化、集体维护和数据不可篡改为主要特征，按节点加入和运行机制的不同分为公有链、联盟链和私有链，这有益于云计算发展三大问题的解决，与云计算长期发展目标不谋而合。区块链与云计算技术深度结合，不仅有益于云计算技术发展，也将加速区块链技术走向成熟，推动区块链从金融领域向更多领域拓展。

7.4　物　联　网

物联网是指将物品通过信息传感设备，按照编写好的协议与互联网进行信息通信和数据交换，实现物品智能化识别、定位、跟踪、监控和管理的网络。其具有两层含义：一是物联网是在互联网基础上扩展和延伸的网络，物联网的基础与核心仍然是互联网；二是信息通信与数据交换不再只存在于客户端与服务器之间，物联网中物品之间也可相互通信，即万物互联。

　　物联网发展核心难题不在传感器、互联网等基础设施层面，而是来源于数据层面，数据存储与交换能力是物联网发展的关键因素。首先，在物联网设备数量与相关数据规模急速增长的背景下，若依然使用中心化模式管理数据，就需要为数据中心基础设施的建设与维护投入大量资金，使物联网建设成本极大提高。其次，中心化模式存储数据也会带来巨大安全隐患，若中心数据库被攻破，则所有数据将被泄露。最后，在物联网与共享经济时代，各种产品都被接入一个庞大的交易网络，网络中每一个节点都可能担任交易发起者和交易对象的角色，物联网中产生的巨额交易数量会使相关清算系统分秒不停地运转，对相关基础设施稳定性造成了进一步挑战。

　　物联网时代，接入网络的节点数量会出现极大增长，因此未来物联网一定是个自组织、自调节系统，在系统中进行信息和价值交换，必然需要可靠的去中心化 P2P 价值传输网络。区块链技术恰好能够满足这种需求，因此成为目前解决物联网发展难题的方法之一，也成为构建新一代万物互联的关键技术，图 7.3 展示了一种基于区块链的去中心化物联网模型。

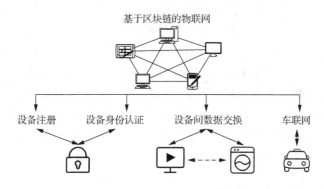

图 7.3　一种基于区块链的去中心化物联网模型

　　区块链为物联网提供了一种网络自治方法，促进物联网中节点之间信息深度交互，帮助各节点对彼此关系更加理解，让物联网中不同设备了解彼此间的关系，使网络通过实现设备自我管理和维护来实现去中心化自治，从而达到物物相连的最终目的。这时整个系统将变成一个去中心化自组织体系，该体系可以实现无需信任的 P2P 价值传输与安全数据分享，进而构造出一个健壮、可扩展的物联网。区块链技术将为物联网领域带来新的发展机会，促进物联网技术在各行各业深入发展，成为新一代物联网技术的坚固基石。

7.5　信息安全技术

区块链技术是一种从密码学发展中诞生的技术，是多种密码学技术的综合体现。然而现代区块链使用的密码学技术依然是多年前的研究成果，将区块链技术应用于更多分布式、多元身份参与的应用场景中，所使用的加密技术是否满足实际安全需求也需要更多应用验证。此外，区块链还应该与零知识证明、多方保密计算、群签名、基于格的密码体制、同态密码学等密码学前沿技术深入融合，使区块链及相关应用面临的安全问题得到解决。随着现代信息应用越来越趋于全民化与全球化，在信息安全方面，除了需要保障信息数据完整性之外，还需要注重信息基础设施保护。区块链技术的分布式存储和共享特性有望为这些问题带来创新性的解决方式。

1.　区块链与信息数据完整性

信息数据完整性的基本要求是不可抵赖与不可篡改，通常使用哈希算法判断数据是否被篡改，并使用数字签名确保签名者对其签名文件不可抵赖，整个过程的关键技术之一是非对称加密技术。非对称加密技术中密钥的管理十分重要，若用户意外丢失密钥，则无法再保证相关数据的安全。区块链技术则使用共识机制保证数据不可抵赖与不可篡改，数据在全网达成共识后传送给接收方，使接收方能通过共识结果判断数据是否正确。例如，一种基于区块链的无密钥签名架构（keyless signature infrastructure，KSI）通过在区块链上存储原始数据和文件的哈希表，利用区块链特性保证存储的哈希值不可篡改，接收方收到数据后便能通过查表来判断收到的数据是否正确。

2.　区块链与信息基础设施保护

区块链技术可用于保护信息基础设施。以 PKI 为例，PKI 是电子邮件、消息应用、网站等各种通讯应用中的常见基础设施，主要用于实现基于公钥密码体制的密钥和证书的产生、存储、分发和撤销等功能。但由于大多数 PKI 的实现依靠一个集中式可信第三方 CA 来管理用户证书，若该机构被攻破，攻击者就可利用漏洞伪造用户身份信息，对整个系统安全造成极大危害。究其原因是传统 PKI 中心服务器权力过大，能够获取并控制所有数据，因此除了加强 PKI 本身的安全性之外，也可通过下放 PKI 部分权力来进一步提升数据安全性。区块链技术使系统中数据控制权力不再过于集中，数据由多节点维护，有利于提升系统安全性，为移动通信终端设备、接入设备、网络设备和业务应用提供低成本解决方案。

第8章 区块链场景/应用案例分析

8.1 区块链与金融

8.1.1 数字货币现状

数字货币是一种价值的数据表现形式，通过数据交易发挥交易媒介、记账单位和价值储存功能。数字货币存在诸多问题，首先数字货币仍未脱离货币范畴，是一种符号，因此不具有价值。其次数字货币发行成本较低，任何机构都可发行数字货币，导致用户对数字货币缺乏信任。最后数字货币具有无形性、无价值、低成本等特性，使得发行量难以控制。

在货币发行方面，区块链技术使数字货币安全问题和信任问题得到了较好解决。在货币使用方面，数字货币在一定程度上打破了现实世界中存在的货币兑换限制和支付的寡头垄断，满足了公众低成本进行跨国界支付和保护个人隐私的需求。区块链的出现使传统金融行业将面临一场前所未有的机遇与挑战。

8.1.2 应用案例

随着电子商务和电子金融快速发展，数字货币因其安全、使用简便、交易成本低等优势，被广泛应用于基于互联网的商业行为，有取代传统纸质货币的可能。目前，国内外已发行了多种数字货币，其中比特币使用最为广泛。

2019 年 6 月 Facebook 发布了《Libra 白皮书》[50]，依据现有项目和研究搭建了 Libra 区块链，并基于该链建立了支付系统，发行 Libra 币。Libra 币发行机制如图 8.1 所示，用户使用法定货币向授权代理商购买 Libra 币，授权代理商将法定货币兑换为储备货币后，向 Libra 协会支付储备货币，同时 Libra 协会向授权代理商发行相应数量的 Libra 币。用户退回 Libra 币的过程与买入相反，Libra 协会作为"最后的买家"，回收并销毁 Libra 币，确保流通中的 Libra 币与 Libra 储备中的法定货币相一致。Libra 网络中主要流通的代币除了 Libra 币外，还有一种是投资人持有代币令牌（通证），该令牌用于 Libra 协会向投资人发行项目收益。

此外，Libra 协会为保障 Libra 区块链能够被安全高效使用，做出了三项决策。

（1）设计和使用 Move 编程语言。Move 是一种专门用于 Libra 区块链的编程语言，主要功能是实现该数字货币系统自定义交易逻辑和智能合约。它充分汲取了智能合约相关安全事件经验，降低了出现安全事件的风险。另外，通过降低关键代码开发难度，使得开发人员可以更加轻松地编写代码，进而高效管理 Libra 系统。

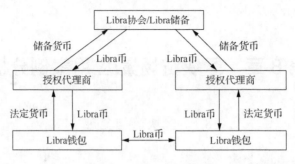

图 8.1　Libra 币发行机制

（2）使用拜占庭容错共识机制。Libra 所依赖的区块链采用了 LibraBFT 共识协议完成节点共识，使得交易及其执行顺序在所有节点中达成一致。当系统中部分节点被恶意破坏或发生故障时，BFT 共识协议可保障网络正常运行。与比特币中的工作量证明机制相比，该共识机制具有高处理量、低延迟的优点。

（3）采用改进的区块链数据结构。为保障 Libra 区块链中交易数据的安全性，其采用已广泛应用于其他区块链的 merkle 树。与以往区块链不同，Libra 区块链是一种单一数据结构，只记录长期交易历史和状态。该方式简化了访问区块链的工作量，允许建立在该区块链上的应用程序在任意节点读取数据，并使用统一框架验证数据完整性。

8.2　区块链与医疗

8.2.1　医疗领域现状

目前，医疗数据大多存储于公共卫生部门或者医疗机构的数据库中，个人健康实时数据存储于服务提供商的私有数据库中。此类数据涉及用户个人隐私，不允许被公开，使得医疗结构之间的数据共享与利用存在障碍。同时，由于数据中心化存储的保存方式不够安全，数据篡改和泄露时有发生。美国第二大医疗保险公司被黑客盗取了 8000 万名用户和雇员的个人隐私数据，加州大学洛杉矶分校医疗系统被黑客盗取 450 万份医疗数据。此类事件使得医疗数据存储问题得到了广泛关注。

医疗数据具有私密性和敏感性，如何进行数据安全共享和隐私有效保护成为电子病历的关键问题。区块链具有的分布性和难篡改性等特性为这些问题的解决提供了有效方法。先构建私有链和联盟链，分别存储用户加密的电子病历与电子病历安全索引记录，然后将分布式密钥生成技术与基于类型和身份的代理重加密方案相结合，设计一种多中心的方案作为数据共享协议，采用委托权益证明算法选取代理节点。该方案在通信开销与算力方面耗能较少，能有效实现医疗数据之间的安全共享[51]。

8.2.2 应用案例

2018 年 3 月，趣医网正式发布了《医疗健康区块链技术白皮书》，旨在构建开放、平等和安全的智慧医疗链。在该区块链上，个人通过授权可构建医疗档案，根据需要向部分医疗结构、保险机构等授权，实现了医疗数据共享利用。对患者而言，可享受更具专业性的个性化医疗健康服务，能够处理与医疗健康相关的保险理赔结算等行业生态服务，节约时间和费用。对医生而言，全面了解患者医疗健康档案，不仅可节约不必要的重复检查时间，而且能对患者病情和治疗提供更为准确的判断，以及精准、优质的医疗服务。对政府监管部门而言，可以对行业实现更为有序、高效的监管。

趣医网区块链用来存储个人用户医疗健康数据，其中非影像数据直接存储在链上，影像数据存储在数据中心，将文件信息和哈希值上链。当数据被篡改时，可通过对比哈希值发现，杜绝了数据被篡改。通过多因子认证和多级访问控制机制提供对数据的访问，对用户个人健康隐私数据访问需经过用户授权，用户可选择性地开放部分隐私数据给指定的医生或医疗机构访问。该链主要包括注册合约、数据存储合约和数据访问合约三个智能合约。注册合约是患者用于注册身份的合约，其将患者的身份信息与趣医网医疗区块链的账户地址进行映射。数据存储合约是患者和医疗机构共同授权存储患者完整医疗索引记录的合约，记录患者在各个医疗机构的医疗记录索引。每当患者在医疗机构产生一次医疗记录，在患者和医疗机构共同授权情况下，系统将授权部分的数据更新到患者医疗记录索引集中。经患者确认，第三方机构可以在数据访问合约控制下获得访问患者数据的权利。

8.3 区块链与政府管理

8.3.1 政府服务现状

公民隐私信息记录在政府部门的不同信息系统中，但政府工作大部分为集中化。虽然政府部门的信息化程度很高，但数据管理模式相对落后。一方面，这些信息在政府部门之间流通需要专门授权和人工介入，数据的管理浪费了大量时间和资源；另一方面，相对集中的数据存储面临黑客攻击，增加了公民隐私信息泄露风险。

区块链技术可改变数据管理方式，降低数据流通时的资源消耗。通过在政府部门之间构建联盟链，使得公民数据在联盟链节点之间共享，有效保护了用户数据隐私，并且实现了高效共享。同时，区块链技术可将公民身份信息存储于专属于个人的"地址"上，减少数据流通环节，提高数据交易效率。此外，区块链具有不可篡改性，保证了链上公民信息的可信性和完整性。

8.3.2　应用案例

公证通采用区块链技术对政府部门数据管理模式和数据记录方式进行改革，系统不允许撤销已发布的数据，并且可以提供一份数据流通记录，进而完成审计系统、财产公证系统、投票系统等。用户通过该系统构建个人虚拟区块链，存储任意类型数据，将数据打包作为一个输入条目存至公证通区块链。在公证通系统中，用户需要持有 Factoids 币进行交易，服务器也能收获 Factoids 币作为维护系统的回报。公证通将矿工工作分为两个任务：按照顺序记录条目和审计条目的有效性。公证通服务器接收数据条目，将它们装入到不同区块，并修复条目顺序。10min 后，该条目顺序通过插入到区块链的一个锚定而变得不可逆转。公证通对10min 内收集的数据创建哈希值，然后将该哈希值记录到区块链，实现数据永久保存。公证通中的奖励机制与 PoS 共识机制的不同之处在于公证通中只有一小部分用户权益能够被认可。可转移的 Factoid 权益没有投票权，避免了 PoS 共识机制"股份磨损"和"没有人进行 PoS"问题。

8.4　区块链与教育

8.4.1　教育行业现状

目前，教育资源受制于中心化平台，且受到地域、经济条件等客观因素限制，很多城市的教育资源匹配对接困难，师资、教学和科研成果无法共享。此外，主张自由开放的学校网络容易遭到黑客攻击。内部管理疏漏、合作机构通过自身所拥有的权限侵占信息等问题，导致信息数据泄露，极大地威胁了教育系统数据存储安全。

区块链技术的自身特性可以有效解决教育行业存在的诸多问题。针对教育资源共享，区块链可构建安全、高效和可信的开放式教育资源新生态，简化了操作流程，提高了资源共享效率，解决了资源孤岛问题。针对学籍信息管理，利用区块链技术将学位证书等文件上链，既能保证数据的真实性，又能解决信息不完整、数据维度局限、缺乏验证手段等问题，节省了学校和企业的时间、人力和物力。针对知识产权保护，区块链将教育机构的资料，如课程视频、教材等数据加密存储于链上，避免了被恶意盗用，有效保障了商业利益。针对学术研究确权，将研究内容、实验数据和研究结果等信息在区块链上进行验证存储，保证研究内容与成果的真实性，杜绝学术造假；同时对链上内容进行加密，引用他人研究成果需经作者授权，保障学术科研成果不被剽窃，创造良好的学术研究环境。

8.4.2　应用案例

麻省理工学院于 2016 年发布了首个数字学位证书,该试点项目使得学生成为自己证书的管理者,可以拥有自己学历记录所有权,并能够以安全的方式与他人分享。具体证书颁发流程如下:①发行方创建一个含收件人和发行方姓名、发行日期等基本信息的数字文件;②发行人使用自己的私钥对证书内容进行签名,并为证书追加签名;③区块链通过哈希算法验证该证书内容没有被篡改;④发行人使用私钥在区块链上创建一个记录,表明在何时为谁颁发了什么证书。虽然文凭信息本身并没有存储在区块链上,但区块链的时间戳机制可以表明麻省理工学院创造了证书,证明学生对自身证书的所有权。

8.5　区块链与农业

8.5.1　农业现状

随着农业生产集约化、工业化水平不断提升,农产品质量和安全问题已成为农业发展的重点和难点。从农业生产经营形态看,地方级零售商会向消费者出售不合格产品来提高自身利润,食品安全问题给农业带来了巨大损失。消费者对食品的要求急剧增加,但跟踪、验证食物从农场到餐桌过程中的数据准确性,对于生产商和制造商而言是一大难题。从食品安全角度,我国缺乏农产品溯源系统来加强农产品质量安全监管,人们对食品安全机制缺乏足够信任,而实现农产品全程追溯是农产品规范化、品质化发展的重要助力。

区块链因其可追溯和不可篡改的特点,可以很好地解决农产品溯源问题。利用区块链搭建溯源平台可将所有农产品信息全部记录在内,包括产品生产、加工、流通和消费等所有环节的信息,实现农产品全程追溯。利用区块链自身不可篡改和时间戳机制,对数据进行实时监管,在降低监管成本的同时,提高了监管效率和精度。除可溯源外,区块链技术利用智能合约,保证种植户和采购商之间公平交易,提高农产品买卖双方的契约精神。运用区块链技术可减少人工投入和其他设施投入,生产和流通等环节的成本会大幅度降低,帮助生产商和渠道商降低各项开支,同时也会降低农产品价格。除此之外,农业补贴、土地登记等方面也可以应用区块链技术解决人员违规操作、分配不均等问题。

8.5.2　应用案例

京东使用区块链技术实现品牌商、渠道商、零售商、消费者、监管部门和第三方检测机构之间的信任共享,全面提升品牌、效率、体验、监管和供应链整体收益。将商品原材料生产、流通和营销过程信息整合写入区块链，建立了完整的防伪追溯应用系统，其记录流程如下。

（1）生产记录上链。对从原材料到产品的每个生产工艺环节进行操作记录，使用手持设备记录生产、检验信息，同时将记录信息后生成的加密码传输至下一生产环节设备上，以此记录生产环节的所有信息。

（2）产品包装环节。此环节使用定制的贴码设备，生成对应身份码，一部分可直接被识别，一部分由涂层覆盖。身份码通过非对称加密算法生成，消费者购买后进行扫码验真。

（3）成品检验和防伪赋码。企业将产品合格证明、防伪识别码等信息写入产品身份码。员工使用相关设备将防伪信息和包装记录用企业私钥加密保存在区块链中。

（4）出入库产品记录。产品出入库时，使用传送带移动式扫码记录仪进行扫描，并将出入库信息叠加到产品的身份码上，单个产品与整箱产品身份码信息对应，将产品信息存储于区块链上，并实时传递到仓库管理系统。

（5）消费者验真。消费者可使用移动设备对产品身份码进行扫描识别，通过后台对产品信息真实性计算，得出产品为正品的可能性数据。此环节也可对接企业营销方案和数据分析系统。

8.6　区块链与物联网

8.6.1　物联网行业现状

随着多个对等主体之间的协作和物联网设备数量增加，物联网数据存储成本、存取效率和性能稳定性面临着巨大考验。物联网设备对采集后的数据只是进行简单设备联网管理、运行状态等方面的数据处理和服务。没有加密保障的身份、签名验证等，对从大多数物联网设备中收集和发送的数据根本无法进行溯源，并且没有得到可信第三方担保的情况下，人们无法信任这些数据。未被加密或加密性不强的数据可能会被拦截和篡改，进一步降低其他实体（如他人、公司、设备）对于这些设备所产生数据的信任度，会对物联网带来新的安全隐患。同时，全球物联网平台缺少统一标准，很容易造成多个物联网设备之间通信受到阻碍。

区块链可以为物联网提供点对点直接互联的数据传输方式，不需要中央处理器管理，可同时处理数以亿计的交易。并且利用分布在不同位置且闲置的设备计算力、存储容量和带宽进行交易处理，大幅度降低计算和存储成本。另外，区块链身份权限管理和多方共识有助于核实身份，识别非法节点，及时阻止恶意节点接入和攻击，依托链式结构构建可证可溯电子存证，降低了电子欺骗和盗窃风险。

分布式架构和主体对等的特点有助于打破物联网现存的多个信息孤岛，促进信息横向流动和多方协作。区块链以其特有的分布式数字账本将数据信息分布式记录，通过非对称加密等安全算法，使其具备不可篡改特性，形成不可变的公共账本，从根本上消除人为干扰因素，创建安全的信息交互模式。

8.6.2　应用案例

Filament 是为物联网企业提供区块链解决方案的供应商，其利用区块链技术为工业网络构建硬件和软件，为每个公共分类账本上的设备创建不同身份时建立一个智能设备目录，实现物联网设备间进行安全沟通、执行智能合约和发送小额交易等应用，使企业能够安全地连接并通过远程无线网络监控他们的资产。Filament 主要项目涉及工业市场，尤其是石油、天然气、制造业和农业等行业，其中 Blocklet 产品使企业和工业市场直接从物联网设备、制造设备和其他连接机器对交易进行安全处理和记录。

Filament 开发两个硬件模块：传感器装置 Filament tap 与延伸该技术的 Filament patch。前者是一款即时连接设备，可以连接到相关工业设备上，对其进行检测和分析；后者是一款能为用户提供二次开发的模块，具备多种无线连接方式，支持任何网络环境接入云端，以及与用户的任何设备无线通信。Filament 基于区块链的平台使用了五层协议：Blockname、TeleHash、智能合约、Pennybank 和 BitTorrent。传感器装置 Filament tap 的运行依赖前三层协议，后两层协议则供用户端自行选择构建。Blockname 能够创造一个独特标识符，存储在设备嵌入式芯片中的一部分，并记录在区块链上；TeleHash 可以提供点对点加密通信；在智能合约的基础上，区块链上节点设备可以独立处理付款业务，其中小额交易通过 Pennybank 协议来执行；BitTorrent 支持文件共享。Filament 的优点在于加密硬件的使用，保障了智能设备数据存储与数据通信安全。除了传感器装置 Filament tap 以外，Filament 还为用户提供了可附于设备表面的智能模块 patch。安装了 tap 或 patch 的智能设备可以实现脱离网络连接的远距离通信，使大规模工业网络设备更加易于部署，便于统一管理。

第 9 章　区块链应用开发

本章介绍区块链的应用开发，详细阐述比特币区块链开发、以太坊和超级账本平台开发的关键概念和技术原理，并从平台环境的搭建与配置、源代码剖析和运行、应用开发等方面详细介绍。

9.1　比　特　币

9.1.1　比特币简介

比特币是一种以区块链为技术支撑的数字货币，比特币系统经历了较大规模和较长时间的检验。与传统货币不同，比特币发行并不依赖某一特定货币发行机构，而是采用工作量证明算法生成新货币，该算法可保障比特币无法通过大量发行来控制币值。比特币网络是一种 P2P 网络，通过众多节点构成的分布式数据库完成交易行为的确认与存储，可有效避免虚假交易。比特币系统采用密码学技术保证交易过程中数据的安全性，有效保护了货币所有权和交易匿名性。与其他数字货币不同，比特币预设了货币总量，自 2009 年第一枚货币发行以来，其币值经历了多次变更。

比特币网络具有以下三个特性。

（1）去中心化：网络中每一笔交易都需要大多数节点达成共识，因此网络中任何独立节点无法破坏交易。

（2）匿名性：比特币网络中账户地址是匿名的，无法从交易信息关联到具体个体，同时也导致了难以完成审计工作。

（3）通胀预防：比特币通过挖矿来完成货币发行，每四年发行量减半，并设定了 2100 万枚总量上限。

9.1.2　技术原理

比特币分布式特性决定了比特币系统中不会出现传统货币体系中的中心服务器概念。由于没有中央权威的存在，信任是比特币系统最主要的特性。比特币系统包含账号、交易和矿工三个核心概念。

1. 账号

比特币账号由数字密钥、比特币地址两部分组成。数字密钥独立于比特币协议，具有密码学安全模型、去中心化信任与控制等优势，它实际上不存储于比特币系统中，而是由用户钱包生成和管理，该钱包为一个文件或简单数据库。每一笔比特币交易都需要经过有效签名才会被记录至新区块中，并且只有有效数字密钥才能产生有效数字签名，因此拥有密钥副本就拥有该账户比特币控制权。密钥对比特币用户具有透明性，由一个公钥和一个私钥组成，公钥相当于用户名，私钥可以理解为密码。在比特币支付过程中，接收者公钥由数字摘要表示，称为比特币地址。

2. 交易

比特币交易的实质是一个不断创造区块的过程，是比特币系统中最重要的组成之一。按照比特币系统技术原理和设计思路，比特币区块链中每一部分功能实现都是为了保证比特币交易生成，每一笔交易通过在网络中安全传输和验证构成新区块，并添加至比特币交易总账。比特币交易本质上是一个含有输入和输出的数据结构，该数据结构中包含交易地址和价值转移等相关信息，称为 UTXO。在比特币系统中用户对比特币拥有权体现在 UTXO 中，用户拥有的比特币数取决于其拥有的 UTXO 数。

3. 矿工

挖矿是增加比特币货币供应，完成比特币货币发行的一个过程，而矿工是一个逻辑概念，可以理解为比特币系统中的一个网络节点。挖矿还可以调节矿工行为，防止欺诈交易来保护系统网络安全，避免"双重支付"。矿工们通过为比特币网络提供算力、进行挖矿竞争来获得比特币奖励。

9.1.3　编译与安装

Linux、Mac、Windows 等系统均支持编译运行比特币代码，本小节重点研究 bitcoind 代码部分，它实现了包括比特币钱包、交易和区块验证引擎等功能，以及 P2P 网络中的完整网络节点。本小节以 Linux+ Ubuntu 14.04 Desktop 64bits 作为开发测试环境。

1. 编译 bitcoind 所需要的依赖库

安装编译环境，包括核心依赖库、钱包依赖库、GUI 依赖库等。

```
    $ sudo apt-get -y install build-essential libtool autotools-dev
automake autoconf pkg-config libssl-dev libboost-all-dev libevent-dev
libdb-dev libdb++-dev libminiupnpc-dev libzmq3-dev libqt5gui5 libqt5core5a
```

```
libqt5dbus5 qttools5-dev qttools5-dev-tools libprotobuf-dev protobuf-
compiler libqrencode-dev
    $ sudo apt-get install git-core
```

2. 下载 bitcoin 源代码

（1）下载 bitcoin 源代码，可从 github 上克隆权威源码仓库，使用 git 命令创建源码的本地拷贝。

```
$ git clone https://github.com/bitcoin/bitcoin
Cloning into 'bitcoin'...
remote:counting objects:199446,done.
remote:compressing objects:100%(7/7),done.
remote: Total 31864 (delta 24480), reused 26530 (delta 19621)
Receiving objects: 100% (31864), 18.47 MiB | 119 KiB/s, done.
Resolving deltas: 100% (24480/24480), done.
```

通常情况下克隆的代码会与最新代码同步，也可以查找最新版本（此处下载 bitcoin 版本为 v0.16.2），利用 git checkout 命令使本地代码与最新代码一致。

```
$ git checkout v0.16.2
Note: checking out 'v0.16.2'.

You are in 'detached HEAD' state.You can look around, make
experimental Change and commit them,and you can discard any commits you
make in this State without impacting any branches by performing another
checkout.

If you want to create a new branch to retain commits you create,you
may do so (now or later) by using -b with the checkout command again.
Example:
    git checkout -b <new-branch-name>
HEAD is now at 15ec451... Merge pull request #3605
```

另一种方式是通过命令"wget https://github.com/bitcoin/bitcoin/archive/v0.16.2.tar.gz"和"tar –zxvf bitcoin-0.16.2.tar.gz"直接下载包含完整源代码的 zip 包进行解压编译。

（2）使用"cd bitcoin"命令进入其目录，可在源代码文件中查看文档。利用命令"more README.md"在 bitcoin 目录下查看 README.md 中的主文档。此后将构建比特币的命令行客户端，输入"more doc/build-unix.md"命令，阅读 bitcoind 命令行客户端编译说明。运行前查看 build 文件，文件中包含 bitcoind 编译之前系统必备的库文件。当缺少某些必备库时，必须重新检查安装，否则构建过程将出现错误。

3. 编译源代码

当满足所有必备条件时可开始构建，输入 "./autogen.sh" 命令，通过 autogen.sh 脚本生成一组构建脚本，即编译源码所需要的库配置。

```
$ ./autogen.sh
configure.ac:28: installing 'src/build-aux/config.guess'
configure.ac:28: installing 'src/build-aux/config.sub'
configure.ac:38: installing 'src/build-aux/install-sh'
configure.ac:37: installing 'src/build-aux/missing'
src/Makefile.am: installing 'src/build-aux/depcomp'
Parallel-tests:installing 'build-aux/test-driver'
```

autogen.sh 脚本创建了一系列自动配置脚本，其中重点是 configure 脚本，此脚本可以提供很多不同选项进行定制构建过程。通过 "./configure" 命令，不使用配置选项而用默认的功能来构建 bitcoind 客户端。

```
$ ./configure
checking build system type... x86_64-unknown-linux-gnu
checking host system type... x86_64-unknown-linux-gnu
checking for a BSD-compatible install... /usr/bin/install -c
checking whether build environment is sane... yes
checking for a thread-safe mkdir -p... /bin/mkdir -p
checking for gawk... no
checking for mawk... mawk
checking whether make sets $(MAKE)... yes


......


configure: creating ./config.status
config.status: creating Makefile
config.status: creating src/Makefile
config.status: creating src/test/Makefile
config.status: creating src/qt/Makefile
config.status: creating src/qt/test/Makefile
config.status: creating share/setup.nsi
config.status: creating share/qt/Info.plist
config.status: creating qa/pull-tester/run-bitcoind-for-
test.sh
config.status: creating qa/pull-tester/build-tests.sh
config.status: creating src/bitcoin-config.h
config.status: executing depfiles commands
```

此时 configure 命令创建可定制的构建脚本、生成 makefile 文件并结束。若出现缺失库而提示错误，configure 命令将会以错误信息终止，此时需要重新检查、安装并确认完成所有必备库，再运行 configure 命令完成配置。

通过 make 命令进行编译，编译过程会耗费较长时间并且在任何时刻都可恢复，即使中途发生中断再次输入 make 即可。若没有错误，此过程结束，编译完成。

```
$ make
Making all in src
make[1]: Entering directory '/home/ubuntu/bitcoin/src'
make all-recursive
make[2]: Entering directory '/home/ubuntu/bitcoin/src'
Making all in .
make[3]: Entering directory '/home/ubuntu/bitcoin/src'
CXX     addrman.o
CXX     alert.o
CXX     rpcserver.o
CXX     bloom.o
CXX     chainparams.o

......

CXX     test_bitcoin-wallet_tests.o
CXX     test_bitcoin-rpc_wallet_tests.o
CXXLD   test_bitcoin
make[4]: Leaving directory '/home/ubuntu/bitcoin/src/test'
make[3]: Leaving directory '/home/ubuntu/bitcoin/src/test'
make[2]: Leaving directory '/home/ubuntu/bitcoin/src'
make[1]: Leaving directory '/home/ubuntu/bitcoin/src'
make[1]: Entering directory '/home/ubuntu/bitcoin'
make[1]: Nothing to be done for 'all-am'.
make[1]: Leaving directory '/home/ubuntu/bitcoin'
```

使用 "make install" 命令安装 bitcoind 可执行文件到系统路径下。

```
$ make install
Making all in src
Making install in .
/bin/mkdir -p '/usr/local/bin'
/usr/bin/install -c bitcoind bitcoin-cli '/usr/local/bin'
Making install in test
make install-am
/bin/mkdir -p '/usr/local/bin'
/usr/bin/install -c test_bitcoin '/usr/local/bin'
```

可以通过 which 命令查询系统中可执行文件的路径，确认 bitcoind 是否安装成功。例如，输入 "which bitcoind" 命令可以查询到 bitcoind 位置是/usr/local/bin,

这也是默认安装位置。

4. 运行 bitcoind

完成上述一系列准备工作后，便可运行 bitcoind。它在默认情况下保留区块链的完整副本，此数据集的大小约为 120GB，首次运行会下载所有区块重新构建比特币区块链，因此耗费时间较长。除此之外，运行节点需要一个具有足够资源来处理所有比特币交易的永久连接系统，因此需大量磁盘空间和 RAM。

在完整的数据集被下载完成之前，bitcoind 无法处理交易或更新账户余额，使用"bitcoind -daemon"命令在后台模式运行 bitcoind。

```
$ bitcoind -daemon
Bitcoin version v0.16.21-beta (2018-07-31 09:30:15 +0100)
Using OpenSSL version OpenSSL 1.0.1c 10 May 2012
Default data directory /home/bitcoin/.bitcoin
Using data directory /bitcoin/
Using at most 4 connections (1024 file descriptors available)
init message: Verifying wallet...
dbenv.open LogDir=/bitcoin/database ErrorFile=/bitcoin/db.log
Bound to [::]:8333
Bound to 0.0.0.0:8333
init message: Loading block index...
Opening LevelDB in /bitcoin/blocks/index
Opened LevelDB successfully
Opening LevelDB in /bitcoin/chainstate
Opened LevelDB successfully
[... more startup messages ...]
```

9.1.4　bitcoin-cli 模块详解

bitcoin-cli 模块是比特币系统的核心模块，通过 bitcoin-cli 模块可以有效管理比特币系统，比特币系统提供的所有功能（包括 RESTAPI 接口相关的功能）和绝大多数操作可以通过 bitcoin-cli 模块管理。需要指出的是，bitcoin-cli 模块目前只支持管理本机的比特币系统，即 bitcoin-cli 模块只能和比特币系统运行在同一台机器中。本小节详细介绍 bitcoin-cli 模块中的命令选项及其使用方法。

1. RPC 命令及说明

首先调用 help 命令查看可用的比特币 RPC 命令列表，为了便于使用，此处分别对区块链模块、控制模块、创建模块、挖矿模块、网络模块、交易模块、工具模块和钱包模块这 8 个模块的 RPC 命令进行介绍并解释说明，如表 9.1~表 9.8所示。

表 9.1　区块链模块的 RPC 命令

RPC 命令	解释说明
getbestblockhash	获取主链中最大高度区块的哈希值
getblock "hash" (verbose)	根据指定的索引，返回对应的区块信息
getblockchaininfo	获取区块链信息
getblockcount	获取主链中区块的数量
getblock hash index	根据指定的索引，返回对应块的哈希值
getblockheader "hash" (verbose)	根据指定的索引，返回对应区块的头部信息
getchaintips	获取包括分叉链在内的所有区块链的最大区块信息
getdifficulty	获取挖矿难度
getmempoolancestors txid(verbose)	获取内存池对应哈希的信息，正序排列
getmempooldescendants txid(verbose)	获取内存池对应哈希的信息，逆序排列
getmempoolentry txid	返回指定交易的内存数据
getmempoolinfo	返回内存池信息
getrawmempool(verbose)	获取内存中未确认的交易列表
gettxout "txid" n(includemempool)	根据指定的哈希和索引，返回对应的零钱信息
gettxoutproof ["txid" , ...] (blockhash)	返回某个 txid 在某个块的证据
gettxoutsetinfo	获取已确认未支付交易的统计信息
verifychain (checklevel numblocks)	验证区块链数据库
veri txoutproof "proof"	验证 gettxoutproof 返回的证据

表 9.2　控制模块的 RPC 命令

RPC 命令	解释说明
getinfo	获取统计信息
help("command")	帮助
stop	退出程序

表 9.3　创建模块的 RPC 命令

RPC 命令	解释说明
generate numblocks(maxtries)	立即生成 x 个块（仅用于回归测试模式）
generatetoaddress numblocks address (maxtries)	立即生成 x 个块并发向地址 Y（仅用于回归测试模式）

表 9.4　挖矿模块的 RPC 命令

RPC 命令	解释说明
getblocktemplate("jsonrequestobject")	获取挖矿模板
getmininginfo	获取挖矿信息
getnetworkhashps(blocks height)	获取估算的挖矿哈希算力（hashes per second）
prioritisetransaction <txid><priority delta><fee delta>	提高挖矿时交易被打包的优先级
submitblock "hexdata" ("jsonparametersobject")	提交广播新块到网络

表 9.5 网络模块的 RPC 命令

RPC 命令	解释说明
addnode "node" "add|remove|onetry"	尝试从 addnode 列表加入或删除节点，或者尝试连接节点
clearbanned	清理被禁的 IPs
disconnectnode "node"	立刻从指定节点断开
getaddednodeinfo dummy ("node")	获取节点信息
getconnectioncount	获取节点当前的连接数
getnettotals	获取网络流量统计信息
getnetworkinfo	获取网络信息
getpeerinfo	获取连接上的节点信息
listbanned	列出所有被禁用的 IPs
ping	发送 ping 命令
Setban "ip(/netmask)" "add|remove" (bantime) (absolute)	尝试从禁用列表加入或删除节点

表 9.6 交易模块的 RPC 命令

RPC 命令	解释说明
createrawtransaction[{ "txid" : "id", "vout" :n},...]{ "address" :amount, "data" : "hex" ,…} (locktime)	创建交易
decoderawtransaction "hexstring"	解码交易
decodescript "hex"	解码脚本
fundrawtransaction "hexstring" (options)	向 createrawtransaction 创建的交易中添加 input 直到满足 amount
getrawtransaction "txid" (verbose)	根据指定的哈希值，返回对应的交易信息
sendrawtransaction "hexstring" (allowhighfees)	广播交易
signrawtransaction "hexstring" ([{ "txid" : "id", "vout" :n, "scriptPubKey" "hex", "redeemScript" : "hex" },...]["pri vatekeyl" ,...]sighashtype)	签名交易

表 9.7 工具模块的 RPC 命令

RPC 命令	解释说明
createmultisig nrequired["key" ,..,]	创建多签地址
createwitnessaddress "script"	创建隔离认证地址
estimatefee nblocks	评估达到 n 个块确认的交易费
estimatepriority nblocks	评估优先级
signmessagewithprivkey "privkey" "message"	用私钥签名消息
validateaddress "bitcoinaddress"	获取比特币地址信息
verify message "bitcoinaddress" "signature" "message"	用比特币地址（公钥）验证消息

表 9.8　钱包模块的 RPC 命令

RPC 命令	解释说明
abandontransaction "txid"	启用交易，从而使其输入再次变得可用
addmultisigaddress nrequired["key" ,...]("account")	添加多签地址
addwitnessaddress "address"	添加隔离认证地址
backupwallet "destination"	备份 wallet.dat 钱包文件，可以通过 importwallet 进行恢复
dumpprivkey "bitcoinaddress"	打印地址私钥
dumpwallet "filename"	dump 钱包成可读文件的形式
encryptwallet "passphrase"	加密钱包
getaddressesbyaccount	取得账户所有地址
getbalance("account" minconf includeWatchonly)	获取余额
getnewaddress("account")	生成一个新的地址
getrawchangeaddress	生成一个找零地址
getreceivedbyaddress "bitcoinaddress" (minconf)	获取某个地址接收的金额
gettransaction "txid" (includeWatchonly)	获取钱包中某笔交易的详细信息
getunconfirmedbalance	获取未确认的余额
getwalletinfo	获取钱包信息
importaddress "address" ("label" rescan p2sh)	导入地址
importprivkey "bitcoinprivkey" ("label" rescan)	导入私钥
importprunedfunds	导入资金
importpubkey "pubkey" ("label" rescan)	导入公钥
importwallet "filename"	恢复 backupwallet 命令备份的钱包
keypoolrefill (newsize)	预先生成地址
listaccounts(minconf includeWatchonly)	列出账号列表
listaddressgroupings	列出地址组
listlockunspent	列出临时未支付的输出
listreceivedbyaddress(minconf includeempty includeWatchonly)	列出地址列表余额
listsinceblock("blockhash" target-confirmations includeWatchonly)	列出自某个区块以来的所有交易
listtransactions("account" count from includeWatchonly)	列出一段区间之内的交易
listunspent (minconf maxconf ["address" , ..])	列出未被使用的交易
lockunspent unlock([{ "txid" : "txid" , "vout" :n} , ...))	锁定或解锁交易
removeprunedfunds "txid" Seendmany	从钱包删除指定交易
"fromaccount" { "address" :amount,...}(minconf "comment" ["address" ,...])	向多个地址同时发币

续表

RPC 命令	解释说明
sendtoaddress "bitcoinaddress" amount("comment" "comment-to" subtractfeefromamount)	发送一笔金额到指定地址
settxfee amount	设置交易费，覆盖 paytxfee 参数
signmessage "bitcoinaddress" "message"	用指定地址的私钥签名消息
walletlock	锁定钱包
walletpassphrasechange "oldpassphrase" "new passphrase"	修改钱包密钥
walletpassphrase "passphrase" timeout	解锁钱包，并在指定时间后自动锁定

2. 通过命令行使用 RPC API

1）获得比特币核心客户端状态的信息

通过 getinfo 命令可获得关于比特币网络节点、钱包、区块链数据库状态的基本信息。

```
$ bitcoin-cli getinfo
{
"version" : 90000,
"protocolversion" : 70002,
"walletversion" : 60000,
"balance" : 0.00000000,
"blocks" : 286216,
"timeoffset" : -72,
"connections" : 4,
"proxy" : "",
"difficulty" : 2621404453.06461525,
"testnet" : false,
"keypoololdest" : 1374553827,
"keypoolsize" : 101,
"paytxfee" : 0.00000000,
"errors" : ""
}
```

数据相关信息以 JavaScript 对象表示法（JSON）返回。从获取的统计信息中可以得到比特币软件客户端的版本编号、协议编号、钱包编号、当前余额和此客户端已知区块数等。

2）钱包设置和加密

通过 encryptwallet 命令加密钱包（此处设置的密码以 foo 为例）。

```
$ bitcoin-cli encryptwallet foo
```

```
    wallet encrypted; Bitcoin server stopping, restart to run with
encrypted wallet.
    The keypool has been flushed, you need to make a new backup.
```

此时钱包处于锁定状态，可使用 getinfo 命令进行验证，再观察"unlocked_until"的数值，它表示钱包解锁结束的时间戳，为 0 则表示钱包被锁定。

```
$ bitcoin-cli getinfo
{
    "version" : 90000,
#[... other information...]
    "unlocked_until" : 0,
    "errors" : ""
}
```

通过 walletpassphrase 命令可以解锁钱包，输入"walletpassphrase foo 360"，在该命令后需要加上密码和计时器参数，即多少秒后钱包会再次被自动锁定的时间秒数值。再次运行 getinfo 命令查看，这时 unlocked_until 会有具体数值，表示目前钱包处于解锁状态。

```
$ bitcoin-cli getinfo
{
    "version" : 90000,
#[... other information ...]
    "unlocked_until" : 1392580909,
    "errors" : ""
}
```

3）钱包备份、纯文本导出和恢复

backupwallet 命令用来备份钱包文件，而恢复时可通过 importwallet 命令。若钱包正处于锁定状态，则需要先解锁才能恢复。查询钱包信息前需要通过 dumpwallet 命令将钱包转储为可读文件的形式。

```
$ bitcoin-cli dumpwallet wallet.txt
$ more wallet.txt
# Wallet dump created by Bitcoin v0.16.21-beta (2018-07-31
09:30:15 +0100)
# * Created on 2018-08- 8dT20:34:55Z
# * Best block at time of backup was 286234
(0000000000000000f74f0bc9d3c186267bc45c7b91c49a0386538ac24c0
d3a44),
# mined on 2018-08- 8dT20:24:01Z
KzTg2wn6Z8s7ai5NA9MVX4vstHRsqP26QKJCzLg4JvFrp6mMaGB9
2017-12- 4dT04:30:27Z
change=1 # addr=16pJ6XkwSQv5ma5FSXMRPaXEYrENCEg47F
```

```
            Kz3dVz7R6mUpXzdZy4gJEVZxXJwA15f198eVui4CUivXotzLBDKY
2017-12- 4dT04:30:27Z
            change=1 # addr=17oJds8kaN8LP8kuAkWTco6ZM7BGXFC3gk
            [... many more keys ...]
```

4）钱包地址和接收交易

bitcoin-cli 模块维持了一个地址池，地址池的大小可以通过 getinfo 命令返回的 keypoolsize 参数获取。使用 getnewaddress 命令获取一个地址，可以用作公开接收地址和零钱地址。

```
            $ bitcoin-cli getnewaddress
            1hvzSofGwT8cjb8JU7nBsCSfEVQX5u9CL
```

使用该地址从外部钱包向 bitcoind 钱包发送一笔比特币，这里以 50mBTC（0.05 个比特币）为例。通过 getreceivedbyaddress 命令获取该地址接收的金额，以及指定该数额要被加到余额中所需要的确认数。

```
            $ bitcoin-cli getreceivedbyaddress 1hvzSofGwT8cjb8JU7nBsCSfE
VQX5u9CL 0
            0.05000000
```

上面指定 0 个确认数，即发送比特币之后余额立即发生变化。若未设置该确认数，将会按照 bitcoind 配置文件中的 minconf 设置指定，即至少在 minconf 个确认之后才能看到余额变化。比特币被发送但还未确认时余额为 0。

```
            $ bitcoin-cli getreceivedbyaddress 1hvzSofGwT8cjb8JU7nBsCSfE
VQX5u9CL
            0.00000000
```

交易结束后使用 listtransactions 命令列出这笔交易。

```
            $ bitcoin-cli listtransactions
            [
              {
                "account" : "",
                "address":"1hvzSofGwT8cjb8JU7nBsCSfEVQX5u9CL",
                "category" : "receive",
                "amount" : 0.05000000,
                "confirmations" : 0,
                "txid" : "9ca8f969bd3ef5ec2a8685660fdbf7a8bd365524c2e1fc66c309ac
bae2c14ae3",
                "time" : 1392660908,
                "timereceived" : 1392660908
              }
            ]
```

使用 getaddressesbyaccout 命令列出钱包中包含的所有地址。

```
$ bitcoin-cli getaddressesbyaccount ""
[
    "1LQoTPYy1TyERbNV4zZbhEmgyfAipC6eqL",
    "17vrg8uwMQUibkvS2ECRX4zpcVJ78iFaZS",
    "1FvRHWhHBBZA8cGRRsGiAeqEzUmjJkJQWR",
    "1NVJK3JsL41BF1KyxrUyJW5XHjunjfp2jz",
    "14MZqqzCxjc99M5ipsQSRfieT7qPZcM7Df",
    "1BhrGvtKFjTAhGdPGbrEwP3xvFjkJBuFCa",
    "15nem8CX91XtQE8B1Hdv97jE8X44H3DQMT",
    "1Q3q6taTsUiv3mMemEuQQJ9sGLEGaSjo81",
    "1HoSiTg8sb16oE6SrmazQEwcGEv8obv9ns",
    "13fE8BGhBvnoy68yZKuWJ2hheYKovSDjqM",
    "1hvzSofGwT8cjb8JU7nBsCSfEVQX5u9CL",
    "1KHUmVfCJteJ21LmRXHSpPoe23rXKifAb2",
    "1LqJZz1D9yHxG4cLkdujnqG5jNNGmPeAMD"
]
```

最后，使用 getbalance 命令显示交易经过确认后的余额。

```
$ bitcoin-cli getbalance
0.05000000
```

若交易还未经过 minconf 个确认完成，getbalance 返回的余额是 0。

5）解码交易

通过 gettransaction 命令查询之前的入账交易，并获取这笔交易的详细信息。

```
$ bitcoin-cli gettransaction
9ca8f969bd3ef5ec2a8685660fdbf7a8bd365524c2e1fc66c309acbae2c14ae3
    {
        "amount" : 0.05000000,
        "confirmations" : 0,
    "txid":"9ca8f969bd3ef5ec2a8685660fdbf7a8bd365524c2e1fc66c309
acbae2c14ae3",
        "time" : 1392660908,
        "timereceived" : 1392660908,
        "details" : [ {
        "account" : "",
        "address":"1hvzSofGwT8cjb8JU7nBsCSfEVQX5u9CL",
        "category" : "receive",
        "amount" : 0.05000000
        } ]
    }
```

从返回结果中可以看到交易哈希值（txid），交易哈希值被区块链确认之后是不可更改且权威的。如果需要解码这笔交易，需要先使用 getrawtransaction 命令根据交易哈希值返回对应的交易信息，即输入命令" getrawtransaction 9ca8f969bd3ef5ec2a868…c309acbae"，这里会返回一个十六进制的字符串，然后将其作为参数使用 decoderawtransaction 命令进行解码，解码后的信息会以 JSON 数据格式呈现。

```
$ bitcoin-cli decoderawtransaction 0100000001d717...
388ac00000000
    {
    "txid":"9ca8f969bd3ef5ec2a8685660fdbf7a8bd365524c2e1fc66c309
acbae2c14ae3",
        "version" : 1,
        "locktime" : 0,
        "vin" : [
            {
        "txid":"d3c7e022ea80c4808e64dd0a1dba009f3eaee2318a4ece562f8e
f815952717d7",
                "vout" : 0,
                "scriptSig" : {
                "asm" :
"3045022100a4ebbeec83225dedead659bbde7da3d026c8b8e12e61a2df0dd0758e2
27383b302203301768ef878007e9ef7c304f70ffaf1f2c975b192d34c5b9b2ac1bd1
93dfba20104793ac8a58ea751f9710e39aad2e296cc14daa44fa59248be58ede65e4
c4b↵884ac5b5b6dede05ba84727e34c8fd3ee1d6929d7a44b6e111d41cc79e05dbfe
5cea",
                "hex":
"483045022100a4ebbeec83225dedead659bbde7da3d026c8b8e12e61a2df0dd0758
e227383b302203301768ef878007e9ef7c304f70ffaf1f2c975b192d34c5b9b2ac1b
d193dfba2014104793ac8a58ea751f9710e39aad2e296cc14daa44fa59248be58ede
65e4c4b884ac5b5b6dede05ba84727e34c8fd3ee1d6929d7a44b6e111d41cc79e05d
bfe5cea"
                },
                "sequence" : 4294967295
            }
        ],
        "vout" : [
            {
            "value" : 0.05000000,
            "n" : 0,
            "scriptPubKey" : {
            "asm" : "OP_DUP OP_HASH160 07bdb518fa2
e6089fd810235cf1100c9c13d1fd2 OP_EQUALVERIFY OP_CHECKSIG",
            "hex" :"76a91407bdb518fa2e6089fd810235cf1100c9c13d1fd288ac",
            "reqSigs" : 1,
            "type" : "pubkeyhash",
```

```
                    "addresses" : [
                        "1hvzSofGwT8cjb8JU7nBsCSfEVQX5u9CL"
                    ]
                }
            },
            {
                "value" : 1.03362847,
                "n" : 1,
                "scriptPubKey" : {
                    "asm" : "OP_DUP OP_HASH160 107b7086b31518935
    c8d28703d66d09b36231343 OP_EQUALVERIFY OP_CHECKSIG",
                    "hex" : "76a914107b7086b31518935c8d28703d66d09b362
    3134388ac",
                    "reqSigs" : 1,
                    "type" : "pubkeyhash",
                    "addresses" : [
                        "12W9goQ3P7Waw5JH8fRVs1e2rVAKoGnvoy"]
                }
            }
        ]
    }
```

　　交易解码后的数据展示了这笔交易包含的所有信息，可以发现上面进行的 0.05 个比特币交易使用了一个输入并且产生了两个输出。该交易的输入是前一笔确认交易的输出，而两个输出是 0.05 个比特币存入额度和给发送者返回的找零。

　　可以使用 gettransaction 命令检查本次交易哈希值索引的前一笔交易。因为币值一定是从一个持有者地址传送到另一个持有者地址，所以可以追溯一连串的交易。如果接收到的交易被记录在区块中并且得到确认，gettransaction 命令将返回附加信息，包含交易区块的哈希值。

```
    $ bitcoin-cli gettransaction
9ca8f969bd3ef5ec2a8685660fdbf7a8bd365524c2e1fc66c309acbae2c14ae3
    {
        "amount" : 0.05000000,
        "confirmations" : 1,
        "blockhash" :
"000000000000000051d2e759c63a26e247f185ecb7926ed7a6624bc31c2a717b",
        "blockindex" : 18,
        "blocktime" : 1392660808,
        "txid" : "9ca8f969bd3ef5ec2a8685660fdbf7a8bd365524c2e1f
c66c309acbae2c14ae3",
        "time" : 1392660908,
        "timereceived" : 1392660908,
        "details" : [
```

```
        {
            "account" : "",
            "address" : "1hvzSofGwT8cjb8JU7nBsCSfEVQX5u9CL",
            "category" : "receive",
            "amount" : 0.05000000
        }
    ]
}
```

6）检索区块

已知交易存在的区块后，可通过 getblock 命令根据指定的哈希值返回对应的交易信息。

```
$ bitcoin-cli getblock
0000000000000000051d2e759c63a26e247f185ecb7926ed7a6624bc31c2a717b true
        {
            "hash" : "0000000000000000051d2e759c63a26e247f185ecb7926
ed7a6624bc31c2a717b",
            "confirmations" : 2,
            "size" : 248758,
            "height" : 286384,
            "version" : 2,
            "merkleroot" :
"9891747e37903016c3b77c7a0ef10acf467c530de52d84735bd55538719f9916",
            "tx" : [
            "46e130ab3c67d31d2b2c7f8fbc1ca71604a72e6bc504c8a35f777286c6d
89bf0",
            "2d5625725b66d6c1da88b80b41e8c07dc5179ae2553361c96b14bcf1ce2
c3868",
            "923392fc41904894f32d7c127059bed27dbb3cfd550d87b9a2dc03824f2
49c80",
            "f983739510a0f75837a82bfd9c96cd72090b15fa3928efb9cce95f68842
03214",
            "190e1b010d5a53161aa0733b953eb29ef1074070658aaa656f933ded1a1
77952",
            "ee791ec8161440262f6e9144d5702f0057cef7e5767bc043879b7c2ff3f
f5277",
            "4c45449ff56582664abfadeb1907756d9bc90601d32387d9cfd4f1ef813
b46be",
            "3b031ed886c6d5220b3e3a28e3261727f3b4f0b29de5f93bc2de3e97938
a8a53",
            "14b533283751e34a8065952fd1cd2c954e3d37aaa69d4b183ac6483481e
5497d",
            "57b28365adaff61aaf60462e917a7cc9931904258127685c18f136eeaeb
d5d35",
```

```
        "8c0cc19fff6b66980f90af39bee20294bc745baf32cd83199aa83a1f0cd
6ca51",
        "1b408640d54a1409d66ddaf3915a9dc2e8a6227439e8d91d2f74e704ba1
cdae2",
        "0568f4fad1fdeff4dc70b106b0f0ec7827642c05fe5d2295b9deba4f5c5
f5168",
        "9194bfe5756c7ec04743341a3605da285752685b9c7eebb594c6ed9ec91
45f86",
        "765038fc1d444c5d5db9163ba1cc74bba2b4f87dd87985342813bd24021
b6faf",
        "bff1caa9c20fa4eef33877765ee0a7d599fd1962417871ca63a24864766
37136",
        "d76aa89083f56fcce4d5bf7fcf20c0406abdac0375a2d3c62007f64aa80
bed74",
        "e57a4c70f91c8d9ba0ff0a55987ea578affb92daaa59c76820125f31a95
84dfc",
        "9ca8f969bd3ef5ec2a8685660fdbf7a8bd365524c2e1fc66c309acbae2c
14ae3",
        #[... many more transactions ...]
        ],
        "time" : 1392660808,
        "nonce" : 3888130470,
        "bits" : "19015f53",
        "difficulty" : 3129573174.52228737,
      "chainwork" :"00000000000000000000000000000000000000000000019
31d1658fc04879e466",
        "previousblockhash" :"0000000000000000177e61d5f6ba6b9450e0da
de9f39c257b4d48b4941ac77e7",
        "nextblockhash" : "0000000000000001239d2c3bf7f4c68a4ca673
e434702a57da8fe0d829a92eb6"
```

从结果可以看出，该区块总计包含 367 笔交易，并且列出的第 19 笔交易（9ca8f9…）就是存入 0.05 个比特币到本地地址的交易哈希值，通过"height"值可知该区块是整个区块链中第286384个区块。同样可以通过 getblockhash 命令查询区块高度来检索一个区块，需要将区块高度作为参数，并返回区块哈希值。

```
$ bitcoin-cli getblockhash 0
$ bitcoin-cli 0000000000019d6689c085ae165831e934ff763ae46a2a6c
172b3f1b60a8ce26f
```

当参数为 0 时，就获得了"创世区块"的区块哈希值，该区块信息如下。

```
$ bitcoin-cli getblock 000000000019d6689c085ae165831e934ff763
ae46a2a6c172b3f1b60a8ce26f
        {
```

```
         "hash" : "000000000019d6689c085ae165831e934ff763ae46a2a6c1
72b3f1b60a8ce26f",
         "confirmations" : 286388,
         "size" : 285,
         "height" : 0,
         "version" : 1,
         "merkleroot" : "4a5e1e4baab89f3a32518a88c31bc87f618f76673
e2cc77ab2127b7af↵
         deda33b",
         "tx" : [
      "4a5e1e4baab89f3a32518a88c31bc87f618f76673e2cc77ab2127b7afde
da33b"],
         "time" : 1231006505,
         "nonce" : 2083236893,
         "bits" : "1d00ffff",
         "difficulty" : 1.00000000,
         "chainwork" :
"0000000000000000000000000000000000000000000000000000000100010001",
         "nextblockhash" :
"00000000839a8e6886ab5951d76f411475428afc90947ee320161bbf18eb6048"
         }
```

3. 调用 API 进行开发

RPC API 可以通过多种方式调用开发，但是应用编程接口的全部要点是以编程方式访问功能。网络协议是 HTTP 或 HTTPS（用于加密连接）。此处以 getbestblockhash 为例进行说明。

（1）通过 bitcoind-qt 调用，可以通过点击"帮助→调试窗口→控制台"进入 bitcoind 的 RPC 控制台，输入 help 可以浏览所有 RPC 命令，help getbestblockhash 可以查看 getbestblockhash 命令的详细帮助，包括输入、输出和说明等。

（2）通过 bitcoind-cli 调用，在运行的 bitcoind 客户端中执行"bitcoin-cli getbestblockhash"命令。

（3）通过 curl 调用，调用代码如下。

```
$ curl --user myusername --data-binary '{"jsonrpc": "1.0",
"id":"curltest", "method": "getbestblockhash", "params": [] }' -H '
content-type: text/plain;' http://127.0.0.1:8332/
```

（4）通过语言库调用，Python 库的地址为 https://github.com/jgarzik/python-bitcoinrpc，更多其他语言库参照 https://en.bitcoin.it/wiki/API_reference_(JSON-RPC)。

4. 其他替代客户端、资料库、工具包

除了使用 bitcoind 客户端，还可以使用其他客户端和资料库连接比特币网络和数据结构。这些工具通过一系列编程语言执行，并为比特币程序提供原生交互。

（1）libbitcoin 程序是一款基于 C++语言、可扩展、多线程和模块化的执行工具。它可以支持全节点客户端和 sx 命令行工具，并可以提供与比特币命令相同的功能。sx 工具同时提供了 bitcoind 客户端所不能提供的管理和操作工具，包括 type-2 型确定性密钥和密码助记工具。

（2）bitcoinj 是一个用于处理比特币协议的库，也是一款全节点 Java 客户端和程序库。它可以维护钱包、发送和接收交易，不需要比特币核心的本地副本，并具有许多其他高级功能。bitcoinj 库用 Java 语言实现，运行在 JVM 虚拟机中。

（3）btcd 是一款基于 Go 语言的全节点比特币工具，通过使用精准的规则下载、验证和服务区块链。它依靠新发掘出来的区块维护交易池，同时依赖没有形成区块的单独交易。在缜密的规则和检查下，确保了每笔独立交易的安全，并且可以基于矿工需求过滤特定交易。

（4）bits of proof（BOP）是一款 Java 企业级平台的比特币工具，BOP 的现代化和模块化实现将为其 TruePeta 架构提供具有优秀的性能和大规模比特币挖掘操作。

（5）picocoin 是一款轻量级比特币执行客户端，用于实现比特币应用的 C 库，不仅可以在 C 程序中实现比特币相关功能，还可以在其他语言编写的程序中实现与 C 库的链接，相比其他库更灵活和容易使用。

（6）pybitcointools 是一款基于 Python 语言的比特币程序库，用于比特币签名和交易。该程序具有简单的界面，以标准格式输入和输出，支持二进制、十六进制和 Base58，以及 flectrum 和 BIP0032，使用 sinale 命令行指令创建和发布事务，且包含非比特币特定的转换和 JSON 实用工具。

（7）pycoin 是一款基于 Python 语言的程序库，可以支持比特币密钥操作和交易的客户端，甚至可以支持编译语言从而处理非标准交易。pycoin 库同时支持 Python2.7 与 Python3，以及一些便于使用的命令行工具，如 ku 和 tx。

9.2　以　太　坊

9.2.1　以太坊简介

2013 年末，俄罗斯程序员 Buterin 受比特币启发后提出以太坊这一概念，《以太坊白皮书》详细阐释了以太坊技术设计的基本原理。2014 年 1 月，Buterin 在北美比特币会议上正式宣布了以太坊平台,同年 6 月,以太坊正式上线运营。目前,以太币已成为市值第二高的加密货币,仅次于比特币。

　　与代表点对点数字支付系统的比特币不同,以太坊是一个平台,将比特币针对数字货币交易的功能进行了拓展,面向更灵活、复杂的应用场景,并支持智能合约这一重要特性。同时,以太坊可以看作是一台庞大、面向世界范围的去中心化虚拟计算机,世界上所有计算机都能通过安装客户端加入以太坊,成为以太坊中的一个节点,为以太坊的正常运转提供动力。作为下一代智能合约与去中心化应用平台,以太坊的发展潜力不容小觑。

　　为了满足在不同语言环境下的使用,以太坊进行了多个项目的开发,包括基于 Go 语言的 Go-ethereum 客户端(最常用)、基于 Python 语言的 Pyethapp 客户端、基于 C++语言的 Cpp-ethereum 客户端、基于 Java 语言的 Ethereum(J)第三方库等。不同项目针对客户的不同需求做出了相应优化,用户可根据自身情况灵活选择。下面对官方发布的部分项目进行介绍。

　　1)Go-ethereum

　　Go-ethereum(通常被称为 Geth)项目是以太坊的三个原始实现之一,另外两个是 Pyethapp 项目和 Cpp-ethereum 项目。Geth 是一款使用 Go 语言编写的命令行客户端,支持 Linux、Mac OS 和 Windows 操作系统。其是目前使用最广泛的以太坊客户端,功能齐全,并且能在网络上找到大量该平台的操作教程,适合初学者使用。

　　2)Pyethapp

　　Pyethapp 项目是使用 Python 语言编写的命令行客户端,支持 Linux、Mac OS 和 Windows 操作系统。Python 实现旨在提供一个可扩展的代码库,Pyethapp 利用两个以太坊核心组件来实现客户端,分别为 Pyethereum(核心库)和 Pydevp2p(P2P 网络库)。除了编译以太坊客户端的程序语言不同,Pyethapp 其余功能特性与 Geth 相同。

　　3)Cpp-ethereum

　　Cpp-ethereum 项目是使用 C++语言编写的命令行客户端,支持 Linux、Mac OS 和 Windows 操作系统。Cpp-ethereum 的普及程度不如 Geth,但优势在于具有良好的可移植性。此外,Cpp-ethereum 能进行 GPU 挖矿,挖矿效率是使用 CPU 挖矿的一百倍左右,因此常被装在专业矿机上进行挖矿工作。

　　4)Ethereum(J)

　　Ethereum(J)是使用 Java 语言实现的以太坊协议库,支持任何可以运行 Java 环境的系统。与前三种客户端相比,Ethereum(J)虽然只是一个协议库,但能够嵌入任何 Java/Scala 项目中,为以太坊协议及其子服务提供全面支持。

5）Mix 与 Remix

Mix 项目是一款 DAPP 的集成开发环境（integrated development environment，IDE），使用 Solidity 作为开发语言，支持分布式应用的编写、调试和部署。其优势在于全图形界面，是曾经主流的以太坊智能合约开发平台，后来由于 Remix 项目的冲击而逐渐没落，最终并入 Remix 项目中。Remix 项目也是 DAPP 的 IDE，同样使用 Solidity 作为开发语言，支持全图形界面。Remix 相较 Mix 的优势在于其支持在浏览器中快速编译、部署和测试智能合约，并且支持多版本即时切换，是目前最主流的智能合约开发工具之一。

6）Mist

Mist 项目是使用 JavaScript 语言开发的以太坊项目，是一款图形化的以太坊市场客户端，支持 Linux、Mac OS 和 Windows 操作系统。Mist 项目的功能是管理用户的以太坊钱包，为用户提供交互性良好的图形化界面，使用户能十分方便地完成钱包管理工作。此外，Mist 项目提供了 DAPP 市场功能，类似手机的应用市场，所有用户都能够在 Mist 市场上浏览、发布、售卖和购买 DAPP 应用。

9.2.2　工作原理

可以将以太坊看作一个基于交易的状态机。状态机是指根据一系列输入，由事先设置好的电路程序进行不同状态之间的转换，以此完成特定操作的控制中心。以太坊是一个基于区块链的平台，区块链上每增加一个节点都会导致整条链的状态改变，因此以太坊的每一个区块都能被称为以太坊的某一状态。

在以太坊交易的发生与结算过程中，这些交易都被写入一个个区块内。为了验证当前状态能否转换为下一个新状态，即一个区块能否连接到上一区块，需要通过一系列验证判断新区块中的所有交易是否有效。该验证过程就是挖矿，即一组节点用它们的计算资源来创建一个包含有效交易的区块，只有当包含有效交易的区块连接上主链，这些交易才算成功并且有效。网络上任意的矿工节点都可以参与此过程，这些节点在同一时间创建和校验区块，每个矿工在提交一个区块到区块链上时，都会提供一个数学机制的"证明"，证明该区块一定是有效的。刺激矿工挖矿的是每生成一个区块的固定奖励值 5ETH，此外还有每个用户为其工作所提供的一定量燃料费，燃料费是为了奖励这些矿工为了计算和验证所付出的努力。用户进行交易时，交易发起方需要先用私钥将自己的签名数据、接收者地址、交易金额、交易手续费（包括燃料限制和燃料价格）等数据打包封装进交易数据包中，然后加入交易池，待矿工选择交易池中的交易进行验证证明，成功则将区块添加进以太坊主链上。

9.2.3　关键概念

1. 智能合约

运行在以太坊上的程序被称为智能合约（smart contract），它是代码和数据（状态）的集合，允许在没有第三方的情况下进行具有可追踪且不可更改的可信交易。

智能合约可在规则制定者的共同意愿下事先制定，通过程序代码的方式实现，完成后即可上传至以太坊平台进行部署。一旦智能合约在平台上部署完成，就能够接受来自外部的交易或事件请求。通过事先制定的规则，运行自身代码返回处理结果或改变自身状态，也可能调用其他智能合约完成进一步处理。

由于以太坊客户端的多语言性，智能合约的实现可通过多种编程语言实现，目前最流行的语言是 Solidity 语言，相较于其他语言有以下几点优势。

（1）Solidity 语言包含"Address"类型，能在编程中映射为用户与合约的地址。

（2）Solidity 语言的运行环境建立在去中心化网络上，这一点合乎以太坊底层去中心化的定义。

（3）Solidity 语言的异常处理机制是出现异常时立即强制回撤所有操作。这一特性满足智能合约的实际使用需求。

智能合约是以太坊项目中最重要的概念，可以看作是运行在以太坊平台上的具有公信力、能自动执行、不可抵赖的现实条款。由于智能合约在部署过程中与全网达成共识，其运行结果也受到全网监督，再加上区块链不可篡改、无法伪造的属性，加入合约的用户不会出现抵赖、作假等情况。

2. 以太币及挖矿

以太币是以太坊网络中的代币。与比特币类似，以太币也是一种数字加密货币，也需要通过"挖矿"这一方式获取。虽然以太币同样支持购买现实中的商品与服务，但目前以太币的主要作用是购买燃料（gas），让客户支付在以太坊平台中对服务器执行请求操作产生的费用，以维护以太坊网络智能合约的正常运作。

挖矿是获取以太币的主要方式。挖矿的过程就是进行工作量证明，找到合适的区块将其链接在主链上的过程。以太坊规定，每产生一个新区块就会生成 5 个 ETH，假设每 14s 挖出一个区块，每年产出约 225 万个区块（365×24×60×60/14），总计 1130 万个以太币。为了保证以太币发行总量的均衡，需要使每个区块的挖矿时间保持在 10~19s 内（低于 10s 增大挖矿难度，高于 19s 减小难度）。因此以太坊规定，每次挖矿后，下一次挖矿的难度都会根据上一次挖矿所花费的时间改变，并且规定计算出的当前区块难度不应低于以太坊创世区块难度。

按照以太坊版本不同，目前存在三种难度计算规则，分别为 byzantium 规则、homestead 规则和 frontier 规则。这里采用 homestead 规则进行说明，具体计算公式为

$$CurrentDiff = LastDiff + \frac{LastDiff}{2048} \times MAX(1 - \left\lfloor \frac{T}{10} \right\rfloor, -99) + \left\lfloor 2^x \right\rfloor$$

$$T = CurTime - LastTime$$

$$x = \left\lfloor \frac{BlockNo}{100000} \right\rfloor - 2$$

其中，CurrentDiff 为当前区块难度；LastDiff 为上一区块难度；CurTime 为当前区块时间戳；LastTime 为上一区块时间戳；BlockNo 为当前区块号。需要注意的是，公式末尾的 $\left\lfloor 2^x \right\rfloor$ 为难度炸弹，其功能为当区块号大于 200000 时，需要使用难度炸弹使挖矿难度开始呈指数级别增长。该过程使用伪代码描述如下。

```
Begin:
    Input CurTime, BlockNo, LastDiff, LastTime
    M1 ← CurTime - LastTime
    M1 ← M1 / 10
    M1 ← 1 - M1
    if M1 > -99
        then M1 = M1
    else if M1 < -99
        then M1 = -99
    M2 ← LastDiff / 2048
    M2 ← M2 * M1
    CurrentDiff ← M2 + LastDiff
    if CurrentDiff < 131072
        then CurrentDiff = 131072
    X ← BlockNo / 100000
    X ← X - 2
    if X > 0
        Y ← 2^X
        CurrentDiff ← CurrentDiff + Y
    Output CurrentDiff
Ends
```

3. 账户

在比特币的设计中没有账户这一概念，而是采用未花费输出这一方式来完成不同账户间的交易处理，利用区块链的可追溯性与不可篡改性记录整个系统的交易结果，任何人都可以查询到交易历史，从而计算出特定用户的账户余额。以太坊采用了不同的做法，先使用椭圆曲线数字签名算法（elliptic curve digital signature algorithm，ECDSA）生成账户公钥，然后经过哈希加密得到账户地址。由于该地址是唯一的，能被以太坊用于识别账户单元，再通过跟踪每个账户地址的状态来确认账户余额。

以太坊账户分为两类，外部账户和合约账户。外部账户由个人掌控并且账户持有以太币，可以向外部发送交易；合约账户存储需要执行的智能合约代码，需要由外部账户来激活并购买一定量的燃料，在合约执行时消耗。

外部账户与合约账户均以一个 20 字节的 16 进制数表示，它由 ECC 算法得出，该算法具体流程参照 3.1 节，此处仅对账户地址的生成过程进行说明。如图 9.1 所示，该过程首先由椭圆 secp256k1 曲线随机生成一个 32 字节大小的私钥，其次使用 ECDSA 将该私钥映射为一个唯一的大小为 64 字节的公钥，最后使用该公钥经过 Keccak256 单向散列函数推导出 20 字节大小的账户地址。

图 9.1　账户地址的生成过程

4. 交易与消息

以太坊的交易是指从一个外部账户发送到另一个外部账户的数据，该数据一般是经发送方账户签名的数据包，数据包内容包括发送者的数字签名、接收的地址、转移的货币数量等。此外，在发送交易时，用户还需要缴纳一定的以太币作为交易费用（燃料）进行消耗。

以太坊的消息则是指由一个合约账户生成发送给另一个合约账户的数据，这些数据可以理解为不同程序之间相互调用时传递的虚拟对象，该对象用于不同合约账户之间的信息传递，使其相互配合，共同完成某项功能的正常运作。

由于交易与消息的相似性，即两者完成的都是发送账户在缴纳交易费用后向接收账户发送消息数据的任务，在实际应用中并没有严格的区分，通常使用交易代替。在以太坊底层构建中，原始交易的数据结构如下所示。

```
type txdata struct {
    AccountNonce:   uint64
    Recipient:      *common.Address
    Price:          *big.Int
    GasLimit:       uint64
    Amount:         *big.Int
    V:              *big.Int
    R:              *big.Int
    S:              *big.Int
```

```
    PayLoad:              []byte
};
```

其中，AccountNonce 表示该账户发生的交易次数；Recipient 表示交易去向的地址，根据交易类型的不同分为用户地址与合约地址；Price 表示燃料价格；GasLimit 表示燃料限制，燃料价格与燃料限制会在 9.2.4 小节进行说明；Amount 表示转账数量，当交易对象为合约时，该数量为 0；V、R、S 表示签名数据；PayLoad 表示交易携带的信息。

以太坊中交易流程如图 9.2 所示，首先用户构建交易提交给交易池，当交易池中有交易时，交易池会按照时间先后顺序提交 TxPreEvent 事件给 worker 验证；其次 worker 对交易进行初始验证，包括交易大小验证、交易金额验证、交易次数验证、手续费验证等过程，验证通过后提交给 Receipt 执行列表等待矿工选择；最后矿工从 Receipt 执行列表中选择交易（可同时选择多个），将其组装成区块，再调用 CpuAgent 进行工作量证明算法，一旦区块打包成功，将其链接在以太坊主链上进行全网广播，全网收到广播后同步自己的数据节点。

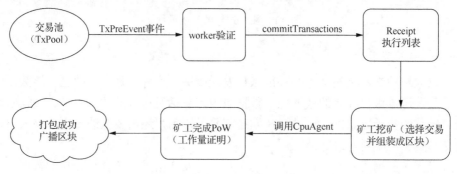

图 9.2　以太坊交易流程

5. 燃料

任何涉及以太坊的交互行为，无论是账户之间的交易，还是智能合约的执行，都需要一定数量的燃料。以太坊燃料由两部分组成，分别为燃料限制（gas limit）和燃料价格（gas price），燃料限制的最小度量单位为 wei，操作中的一单位燃料通常称为 1wei。燃料限制是用户愿意为某个操作（发送交易或者部署智能合约）所支付的最大燃料量，该数量由用户发送交易时指定，在不同时期不同状况下差别很大。例如，在网络顺畅时往往较低，而拥塞时较高。燃料价格则是用户愿意为每单位燃料所花费的价钱，也由用户发送交易时指定。

发送交易时，用户的总花费为燃料限制乘以燃料价格，矿工在执行操作时会消耗燃料，收取的价格为实际消耗燃料乘以燃料价格，用户与矿工之间存在两种关系。

（1）用户给出的燃料大于矿工实际消耗的燃料。此情况下多余的燃料费将会返还给用户，返还费用为[（GasLimit–GasUsed）×Price]，用户的实际消耗与矿工的实际收益都为（GasUsed×Price），而且用户发送的交易与部署的合约都会在以太坊上正常执行。

（2）用户给出的燃料小于矿工实际消耗的燃料。此情况下所有燃料费将变为矿工的收益，该收益为（GasLimit×Price），用户不会得到任何燃料费返还，并且用户发送的交易与部署的合约返回失败信息（转账金额原路退回）。因此，用户在发送交易时，需要特别考虑给出的燃料限制与价格是否符合当前形势，并且在自己不亏损的情况下容易被矿工接受，以顺利执行发送的交易。在此种状况下，用户的行为分为如下四种可能。

（1）用户给出过低的燃料限制。此种可能与给出的燃料价格无关。如果一个操作用完了燃料，就会退回原来的状态，但用户支付的所有燃料费将变为矿工的收益而不会返还用户，用户处于亏损状态，并且随着给出的燃料价格越高，亏损越大。

（2）用户给出过高的燃料限制与过低的燃料价格。由于存在燃料耗尽的可能和多余燃料会返还给用户的机制，用户初始给出极高的燃料限制似乎是很好的决定。但每个矿工能同时接受多个操作并且受到每区块 6700000wei 的限制（来源于以太坊规定），因此当矿工发现接受其他多人较小燃料限制所获取的总收益（GasLimit1×Price1+GasLimit2×Price2+⋯+GasLimitN×PriceN）大于单用户给出的收益（6700000×Price1）时，则会选择前者而放弃后者。

举例说明，现有四个用户分别为 A、B、C、D，A 给出的 GasLimit 为 6700000wei，价格为 2ETH/wei，而 B、C、D 给出的 GasLimit 都是 2000000wei，价格为 30ETH/wei。

可以计算出，如果矿工选择 A 用户，那么得到的总收益为
$$6700000 \times 2 = 13400000\text{ETH}$$
选择 B、C、D 三位用户，得到的总收益为
$$2000000 \times 30 \times 3 = 180000000\text{ETH}$$

由 180000000ETH>13400000ETH 可知，矿工会选择为 B、C、D 三位用户服务。

（3）用户给出过高的燃料限制与过高的燃料价格。此种情况下，即可能（2）中讨论的（GasLimit1×Price1+GasLimit2×Price2+⋯+GasLimitN×PriceN<6700000×Price1）情况时，矿工会优先选择该用户的交易进行操作。但是对用户来说，由于燃料费过于昂贵，绝大多数情况下该消费与用户从交易、合约中得到的收益不成正比进而放弃。

（4）用户给出合适的燃料限制，合适的燃料价格。在以上几种情况的讨论中可以得出，只有当用户给出合适的燃料限制与价格时，交易才能在以太坊上正常执行，并且用户与矿工双方都能各取所需。

9.2.4 搭建与配置

1. 搭建以太坊平台

1）安装常用软件包

使用“sudo apt-get install software-properties-common”命令安装常用软件包，如图 9.3 所示。

```
user0@user0-OptiPlex-3020:~$ sudo apt-get install software-properties-common
正在读取软件包列表... 完成
正在分析软件包的依赖关系树
正在读取状态信息... 完成
下列【新】软件包将被安装：
  software-properties-common
升级了 0 个软件包，新安装了 1 个软件包，要卸载 0 个软件包，有 280 个软件包未被升级。
需要下载 9,452 B 的归档。
解压缩后会消耗 193 kB 的额外空间。
获取:1 http://cn.archive.ubuntu.com/ubuntu xenial-updates/main amd64 software-properties-common all 0.96.20.7 [9,452 B]
已下载 9,452 B，耗时 1秒 (7,477 B/s)
正在选中未选择的软件包 software-properties-common。
(正在读取数据库 ... 系统当前共安装有 191121 个文件和目录。)
正准备解包 .../software-properties-common_0.96.20.7_all.deb  ...
正在解包 software-properties-common (0.96.20.7) ...
正在处理用于 dbus (1.10.6-1ubuntu3.3) 的触发器 ...
正在处理用于 man-db (2.7.5-1) 的触发器 ...
正在设置 software-properties-common (0.96.20.7) ...
```

图 9.3　安装常用软件包

2）将需要的软件包添加至当前的 apt 库中并更新

add-apt-repository 命令的功能是获取个人软件包（personal package archives，PPA），将其添加至当前的 apt 库中，并自动导入公钥，设置命令“sudo add-apt-repository -y ppa:ethereum/ethereum”。个人软件包是 Ubuntu Launchpad 网站提供的一项服务，允许个人用户上传程序源代码，作为 apt 资源供其他用户下载和更新，执行“sudo apt-get update”命令，如图 9.4 所示。

```
user0@user0-OptiPlex-3020:~$ sudo add-apt-repository -y ppa:ethereum/ethereum
gpg: 钥匙环‘/tmp/tmpsjbdwqpq/secring.gpg’已建立
gpg: 钥匙环‘/tmp/tmpsjbdwqpq/pubring.gpg’已建立
gpg: 下载密钥‘923F6CA9’，从 hkp 服务器 keyserver.ubuntu.com
gpg: /tmp/tmpsjbdwqpq/trustdb.gpg：建立了信任度数据库
gpg: 密钥 923F6CA9：公钥“Launchpad PPA for Ethereum”已导入
gpg: 合计被处理的数量：1
gpg:               已导入：1  (RSA: 1)
OK
user0@user0-OptiPlex-3020:~$ sudo apt-get update
命中:1 http://ppa.launchpad.net/ethereum/ethereum/ubuntu xenial InRelease
获取:2 http://security.ubuntu.com/ubuntu xenial-security InRelease [107 kB]
命中:3 http://cn.archive.ubuntu.com/ubuntu xenial InRelease
获取:4 http://cn.archive.ubuntu.com/ubuntu xenial-updates InRelease [109 kB]
获取:5 http://security.ubuntu.com/ubuntu xenial-security/main amd64 DEP-11 Metadata [67.7 kB]
获取:6 http://cn.archive.ubuntu.com/ubuntu xenial-backports InRelease [107 kB]
获取:7 http://security.ubuntu.com/ubuntu xenial-security/main DEP-11 64x64 Icons [73.4 kB]
获取:8 http://security.ubuntu.com/ubuntu xenial-security/universe amd64 DEP-11 Metadata [107 kB]
获取:9 http://cn.archive.ubuntu.com/ubuntu xenial-updates/main amd64 DEP-11 Metadata [318 kB]
获取:10 http://security.ubuntu.com/ubuntu xenial-security/universe DEP-11 64x64 Icons [147 kB]
获取:11 http://cn.archive.ubuntu.com/ubuntu xenial-updates/main DEP-11 64x64 Icons [233 kB]
获取:12 http://cn.archive.ubuntu.com/ubuntu xenial-updates/universe amd64 DEP-11 Metadata [247 kB]
获取:13 http://cn.archive.ubuntu.com/ubuntu xenial-updates/universe DEP-11 64x64 Icons [333 kB]
获取:14 http://cn.archive.ubuntu.com/ubuntu xenial-updates/multiverse amd64 DEP-11 Metadata [5,960 B]
获取:15 http://cn.archive.ubuntu.com/ubuntu xenial-backports/main amd64 DEP-11 Metadata [3,328 B]
获取:16 http://cn.archive.ubuntu.com/ubuntu xenial-backports/universe amd64 DEP-11 Metadata [5,100 B]
已下载 1,863 kB，耗时 6秒 (277 kB/s)
正在读取软件包列表... 完成
```

图 9.4　将软件包添加至当前的 apt 库中并更新

3）安装以太坊客户端

通过"sudo apt-get install ethereum"命令安装以太坊客户端，这里安装的是使用 Go 语言编写的客户端 Go-ethereum，该客户端目前使用最为广泛，如图 9.5 所示。

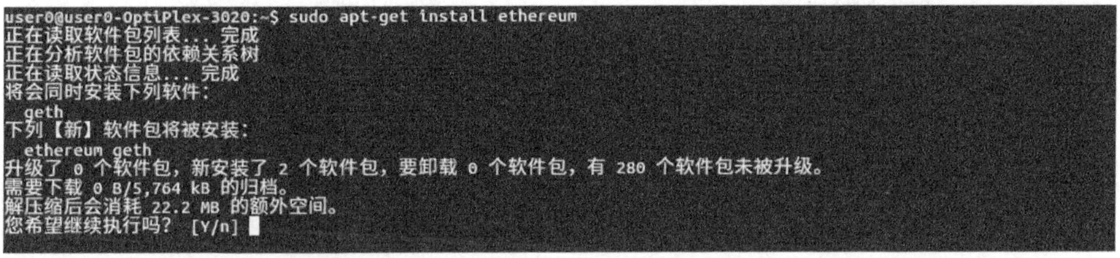

```
user0@user0-OptiPlex-3020:~$ sudo apt-get install ethereum
正在读取软件包列表... 完成
正在分析软件包的依赖关系树
正在读取状态信息... 完成
将会同时安装下列软件:
  geth
下列【新】软件包将被安装:
  ethereum geth
升级了 0 个软件包，新安装了 2 个软件包，要卸载 0 个软件包，有 280 个软件包未被升级。
需要下载 0 B/5,764 kB 的归档。
解压缩后会消耗 22.2 MB 的额外空间。
您希望继续执行吗?  [Y/n]
```

图 9.5　安装以太坊客户端

系统从服务器查询获取到相应软件包后会提示"Do you want to continue? [Y/N]"，此时键入"Y"后回车，等待安装完成即可。安装完成后，使用"geth version"命令查看以太坊版本号等信息，如图 9.6 所示。

```
user0@user0-OptiPlex-3020:~$ geth version
Geth
Version: 1.8.12-stable
Git Commit: 37685930d953bcbe023f9bc65b135a8d8b8f1488
Architecture: amd64
Protocol Versions: [63 62]
Network Id: 1
Go Version: go1.10
Operating System: linux
GOPATH=
GOROOT=/usr/lib/go-1.10
```

图 9.6　查看以太坊版本号等信息

其他各命令和选项可以通过"geth --help"命令查看。geth 命令选项和说明如表 9.9 所示。

表 9.9　geth 命令选项和说明

geth 命令选项	说明
account	管理账户
attach	启动交互式 JavaScript 环境（连接到节点）
bug	上报 bug Issues
console	启动交互式 JavaScript 环境
copydb	从文件夹创建本地链
dump	Dump（分析）一个特定的块存储
dumpconfig	显示配置值
export	导出区块链到文件
import	导入一个区块链文件
init	启动并初始化一个新的创世纪块

续表

geth 命令选项	说明
js	执行指定的 JavaScript 文件（多个）
license	显示许可信息
makecache	生成 ethash 验证缓存（用于测试）
makedag	生成 ethash 挖矿 DAG（用于测试）
monitor	监控和可视化节点指标
removedb	删除区块链和状态数据库
version	打印版本号
wallet	管理 ethereum 预售钱包
help,h	显示一个命令或帮助一个命令列表
ETHEREUM	以太坊网络配置（专指以太坊固有配置）
DEVELOP	开发者选项
ETHASH	Ethash 验证
TRANSACTION POOL	以太币交易（交易池）
PERFORMANCE TUNING	性能优化选项
ACCOUNT	账户管理
API AND CONSOLE	API 和控制台管理
PERFORMANCE TUNING	性能优化选项
NETWORKING	网络管理（专指网络配置）
GAS PRICE ORACLE	燃油费设置
VIRTUAL MACHINE	虚拟机选项
LOGGING AND DEBUGGING	日志与调试

4）安装 Solidity 编译环境

Solidity 语言是智能合约的默认编程语言，是一款语法类似于 JavaScript 的静态高级语言，文件扩展名以.sol 结尾。使用"sudo apt-get install solc"命令进行 solc 编译环境的安装，安装途中遇到停顿时，键入"Y"即可，如图 9.7 所示。

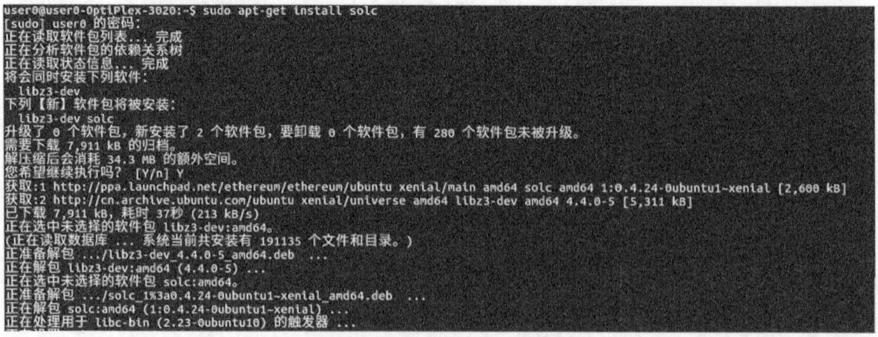

图 9.7　安装 Solidity 编译环境

安装完成后，使用“solc--version”或者“solc --help”命令查看版本信息或命令选项，并且验证安装是否成功，如图 9.8 和图 9.9 所示。

```
user0@user0-OptiPlex-3020:~$ solc --version
solc, the solidity compiler commandline interface
Version: 0.4.24+commit.e67f0147.Linux.g++
```

图 9.8 “solc --version”验证结果

```
user0@user0-OptiPlex-3020:~$ solc --help
solc, the Solidity commandline compiler.

This program comes with ABSOLUTELY NO WARRANTY. This is free software, and you
are welcome to redistribute it under certain conditions. See 'solc --license'
for details.

Usage: solc [options] [input_file...]
Compiles the given Solidity input files (or the standard input if none given or
"-" is used as a file name) and outputs the components specified in the options
at standard output or in files in the output directory, if specified.
Imports are automatically read from the filesystem, but it is also possible to
remap paths using the context:prefix=path syntax.
Example:
    solc --bin -o /tmp/solcoutput dapp-bin=/usr/local/lib/dapp-bin contract.sol

Allowed options:
  --help                Show help message and exit.
  --version             Show version and exit.
  --license             Show licensing information and exit.
  --evm-version version
                        Select desired EVM version. Either homestead,
                        tangerineWhistle, spuriousDragon, byzantium (default) or
                        constantinople.
  --optimize            Enable bytecode optimizer.
  --optimize-runs n (=200)
                        Set for how many contract runs to optimize.Lower values
                        will optimize more for initial deployment cost, higher
```

图 9.9 “solc --help”验证结果

2. 搭建 Node.js 环境

使用“apt-get install nodejs-legacy”命令安装 Node.js。安装途中遇到停顿，键入“Y”后回车即可。安装完成后，使用 node -v 命令查看是否安装成功，如果能正确输出版本号，则表示成功。

3. 安装 NPM 包

NPM 作为一种包管理工具，能有效解决 Node.js 代码部署上的很多问题，常见的使用场景如下。

（1）允许用户从 NPM 服务器下载第三方包到本地使用。

（2）允许用户从 NPM 服务器下载并安装命令行程序到本地使用。

（3）允许用户将自己编写的包或命令行程序上传到 NPM 服务器。

NPM 的安装通常附带于 Node.js 的安装，但为避免附带时出错，可将 NPM 单独安装确保正确。

使用“npm install npm@latest -g”命令，如图 9.10 所示。

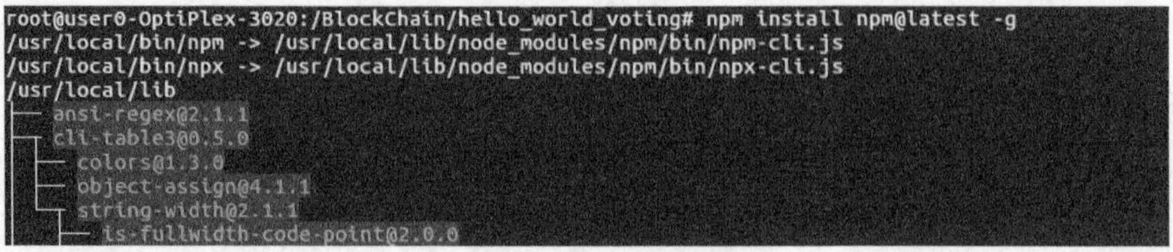

图 9.10　安装 NPM 包

4. 安装 web3.js

通过"npm i web3@^0.20.0 -s"命令安装 web3.js，web3.js 可提供用于和以太坊通信的 JavaScript API，内部使用 JSON RPC 协议，如图 9.11 所示。

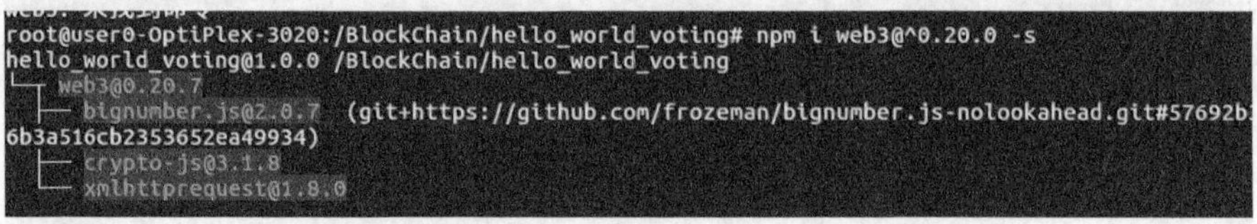

图 9.11　安装 web3.js

5. 搭建测试区块链

对于开发者，所有在公有链上进行测试的智能合约都需要消耗以太币，因此可以选择自行在本地搭建一条私有链进行开发测试。上述已搭建好以太坊环境，这里仅需创建一个私有链，再进行初始状态的配置即可。

1）初始化创世区块

创世区块是整个区块链网络的初始状态，规定了区块链网络 ID、挖矿难度、初始账户和初始余额等信息。在 BlockChain 目录中新建"BCgenesis.json"，内容如下。

```
{"config": {
"chainId": 10,
"homesteadBlock": 0,
"eip155Block": 0,
"eip158Block": 0
},
"coinbase":"0x0000000000000000000000000000000000000000",
"difficulty":"0x20000",
"extraData":"",
"gasLimit":"0x2fefd8",
"nonce":"0x0000000000000042",
"mixhash":"0x0000000000000000000000000000000000000000000000000000000000000000",
```

```
    "parentHash":"0x00000000000000000000000000000000000000000000000
0000000000000000000000",
    "timestamp":"0x00",
    "alloc": {}
    }
```

这里对部分参数进行解释。

chainId：区块链网络 ID（不同 ID 的节点不能相互连接）。

homesteadBlock：以太坊版本。

eip155Block：连锁对于 Eip155 不会交叉，置为 0。

eip158Block：连锁对于 Eip158 不会交叉，置为 0。

coinbase：矿工账号。

difficulty：区块难度（决定了挖矿的容易程度）。

extraData：附加信息。

gasLimit：单个区块允许消耗的燃料总量（决定单个区块打包交易数量）。

nonce：64bits 的随机数，用于挖矿。

mixhash：64bits，与 nonce 配合用于挖矿，由上一个区块的一部分生成，初始值为 0。

parentHash：64bits，上一个区块的哈希值，创世块初值为 0。

timestamp：区块时间戳。

alloc：预置账号及其以太币数量，在这里不需要预置，因此留空。

编写完成的 bcGenesis.json 文件内容如图 9.12 所示。

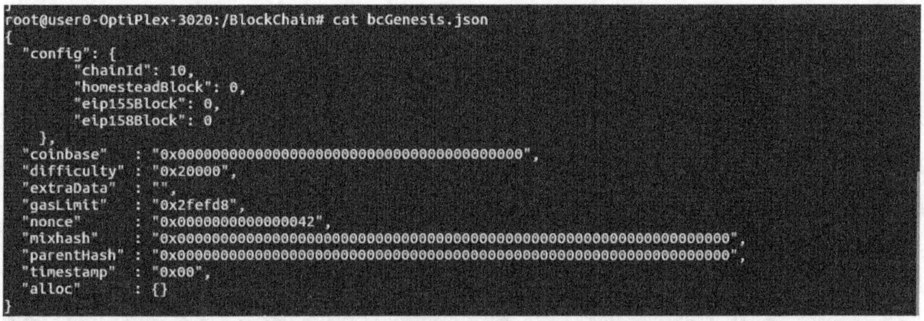

图 9.12　bcGenesis.json 文件内容

使用"geth init ./bcGenesis.json--datadir "./TestChain""命令创建创世区块并初始化，指定当前区块链网络数据保存在 TestChain 目录中。然后进入数据目录 TestChain，可以发现在该目录中生成了两个子目录，分别为 geth 和 keystore，如图 9.13 所示。

```
root@user0-OptiPlex-3020:/BlockChain# cd TestChain/
root@user0-OptiPlex-3020:/BlockChain/TestChain# ll
总用量 16
drwx------ 4 root root     4096 7月   30 23:06 ./
drwxrwx--- 3 root BCgroup  4096 7月   30 23:08 ../
drwxr-xr-x 4 root root     4096 7月   30 23:06 geth/
drwx------ 2 root root     4096 7月   30 23:06 keystore/
root@user0-OptiPlex-3020:/BlockChain/TestChain#
```

图 9.13　TestChain 目录内容

　　其中，geth 目录保存的是区块链相关数据，keystore 目录保存的是该链条中用户的数据。

　　2）创建自己的私有链

　　在 TestChain 目录中执行 "geth --datadir "./" --nodiscover console 2>>geth.log" 命令启动区块链，并且将执行中的日志数据保存在 geth.log 文件中，如图 9.14 所示。

```
root@user0-OptiPlex-3020:/BlockChain/TestChain# geth --datadir "./" --nodiscover console 2>>geth.log
Welcome to the Geth JavaScript console!

instance: Geth/v1.8.12-stable-37685930/linux-amd64/go1.10
 modules: admin:1.0 debug:1.0 eth:1.0 miner:1.0 net:1.0 personal:1.0 rpc:1.0 txpool:1.0 web3:1.0

>
```

图 9.14　私有链创建

　　执行 "eth.accounts" 命令查看当前账户。因为是新创建的私有链，所以没有任何账户存在，接下来开始添加账户。

6. 创建账户与挖矿

　　1）创建账户

　　创建账户的方式有两种，第一种是在创建时直接初始化密码，即执行命令 "personal.newAccount("123456")"，其中 "123456" 为设置的密码；第二种方式是先创建账户，后输入密码，即执行命令 "personal.newAccount()"，随后，系统会要求输入密码，如图 9.15 所示。

```
[1]
> personal.newAccount("123456")
"0xd248019281b0f8eed7f410c731d5515245422c6a"
> personal.newAccount()
Passphrase:
Repeat passphrase:
"0x6d52f72647031c1bf5be4829f2711451aa433857"
>
```

图 9.15　创建账户

　　两种方式创建之后，系统都会分配一个 20 字节的 16 进制账号，这时查看账户列表，发现列表中存在刚刚创建的用户，如图 9.16 所示。

```
> eth.accounts
["0xd248019281b0f8eed7f410c731d5515245422c6a", "0x0d52f72647031c1bf5be4829f2711451aa433857"]
>
```

图 9.16 查看账户列表

为了后续的操作方便，在 geth 命令行中，可以自定义两个变量来存储账号，如图 9.17 所示。

```
>
> acc1 = eth.accounts[0]
"0xd248019281b0f8eed7f410c731d5515245422c6a"
> acc2 = eth.accounts[1]
"0x0d52f72647031c1bf5be4829f2711451aa433857"
>
```

图 9.17 定义变量存储账号

然后可以使用"eth.getBalance"命令查询账户余额，如图 9.18 所示。

```
> eth.getBalance(acc1)

> eth.getBalance(acc2)

>
```

图 9.18 查询账户余额

由于是新创建的账号，可以看见两个账号的余额全部为 0，接下来开始挖矿工作，赚取以太币。

2）挖矿

在命令行中执行"miner.start()"命令即可开始挖矿，所获得的以太币会默认进入第一个账户中。在本项目中，因为上一步运行以太坊时，将所有的输出都重定向到了 geth.log 日志中，所以这里输出的值为 null，其内容可以在退出 geth 命令行后打开 geth.log 日志文件查看，如图 9.19 所示。

```
INFO [07-31|00:23:32.659] Transaction pool price threshold updated price=18000000000
INFO [07-31|00:23:32.659] Starting mining operation
INFO [07-31|00:23:32.660] Commit new mining work                    number=355 txs=1 uncles=0 elapsed=727.
584µs
INFO [07-31|00:23:34.570] Successfully sealed new block             number=355 hash=aaa2b1..61635e
INFO [07-31|00:23:34.570] 🔨block reached canonical chain           number=350 hash=29b084..f2dade
INFO [07-31|00:23:34.570] ⛏mined potential block                   number=355 hash=aaa2b1..61635e
INFO [07-31|00:23:34.570] Commit new mining work                    number=356 txs=0 uncles=0 elapsed=145.
616µs
INFO [07-31|00:23:36.898] Successfully sealed new block             number=356 hash=5ac9bd..a6a669
INFO [07-31|00:23:36.899] 🔨block reached canonical chain           number=351 hash=2a59db..ac09e7
INFO [07-31|00:23:36.899] ⛏mined potential block                   number=356 hash=5ac9bd..a6a669
INFO [07-31|00:23:36.899] Commit new mining work                    number=357 txs=0 uncles=0 elapsed=125.
245µs
INFO [07-31|00:23:37.584] Successfully sealed new block             number=357 hash=d62f38..d432ca
INFO [07-31|00:23:37.585] 🔨block reached canonical chain           number=352 hash=beb481..b647cd
INFO [07-31|00:23:37.585] ⛏mined potential block                   number=357 hash=d62f38..d432ca
INFO [07-31|00:23:37.585] Commit new mining work                    number=358 txs=0 uncles=0 elapsed=124.
309µs
INFO [07-31|00:23:37.610] Successfully sealed new block             number=358 hash=e35583..2152e1
INFO [07-31|00:23:37.610] 🔨block reached canonical chain           number=353 hash=d11441..501223
INFO [07-31|00:23:37.610] ⛏mined potential block                   number=358 hash=e35583..2152e1
INFO [07-31|00:23:37.610] Commit new mining work                    number=359 txs=0 uncles=0 elapsed=90.6
48µs
```

图 9.19 查看 geth.log 日志文件

也可通过查询区块链的高度证明挖矿工作已经在后台执行，通过
"eth.getBalance（acc1）"检查账户余额，发现账户已经获得了许多以太币。在该
区块链中，初始设定的难度值很小，因此能够在短时间内获得大量收益，如图9.20
所示。

```
> eth.getBalance(acc1)
```

图 9.20　检查账户余额

可以通过"miner.stop()"命令执行停止挖矿，执行成功后会返回"true"。在
刚创建完私有链时，整条链上并不存在交易，因此这时挖矿得到的是空区块，矿
工赚取的是生成每区块所获得的固定 5 以太币奖励费用。

7. 账户交易

账户在交易前需要被解锁，这是以太币的交易安全体系规定的，否则会有
"Error: authentication needed: password or unlock"的提示。使用"personal.
unlockAccount"命令解锁账户（需要密码），解锁成功后会有"true"的返回值，
如图9.21所示。

```
> personal.unlockAccount(acc1,"123456")
true
> personal.unlockAccount(acc2)
Unlock account 0x0d52f72647031c1bf5be4829f2711451aa433857
Passphrase:
true
>
```

图 9.21　解锁账户

解锁成功后可以开始转账操作，转账使用的命令格式为"eth.sendTransaction
({from:acc1,to:acc2,value:X})"，表示从 acc1 账户转出 X 个以太币给 acc2 账户，
此处以 X=10 为例，如图9.22所示。

```
> eth.sendTransaction({from:acc1,to:acc2,value:10})
"0x6bfee78cf26be07e008323c581a00070b39059699a92368729d2ab767e10f372"
>
```

图 9.22　转账操作

此时转账工作还没有完成，根据前面对交易原理的概述，现在只是 acc1 账户
将交易发布到了平台上，还需要经过矿工的验证才能将该记录加入区块链。可以
通过检查 acc2 的账户余额进行验证，若为 0 则表示转账还未完成，如图9.23所示。

```
> eth.getBalance(acc2)
>
```

图 9.23　检查账户余额

在开始挖矿工作之后再次查询 acc2 的账户余额，验证转账成功，如图 9.24 所示。

```
> miner.start()
null
> miner.stop()
true
>
> eth.getBalance(acc2)
```

图 9.24　再次查询账户余额验证转账成功

上述执行的命令中，发送方并没有在指令中添加燃料费信息，因此默认的是全网平均费用，包括燃料限制和燃料价格。当然也可以在指令中加上用户指定的费用，即命令为“eth.sendTransaction({from:acc1,to:acc2,value:10,gas:10000,Price:6666})”。

9.3　超 级 账 本

9.3.1　超级账本简介

2015 年 12 月，Linux 基金会启动了超级账本开源项目，旨在共建开放平台，推进区块链数字技术和交易验证，推动区块链及分布式记账系统的跨行业发展与协作，并着重提升性能和可靠性，使之支持以技术、金融或供应链为主的企业商业交易。

作为一个由多个机构共同参与的联合项目，超级账本没有宣布单一的区块链标准，而是面向不同应用场景与不同应用目的开发多个不同项目，通过项目之间的合作来共同创造一个完善的超级账本社区，具有以下目标：

（1）开发一个企业级别的、开源的分布式账本框架和代码库，用于支持企业业务。

（2）提供技术与业务支持，提供一个开放的、由社区驱动的基础架构。

（3）建立一个开发区块链与共享分类账的技术社区，为社区成员提供技术和案例上的支持。

（4）向公众宣传区块链技术，普及区块链技术应用。

（5）促进超级账本社区研发能在更多平台上运行的框架、工具包和方法。

目前，正在开发中的项目包括 Fabric、Iroha、Blockchain Explorer、Indy、Sawtooth、Cello、Composer、Burrow 等，这些项目都遵守 Apache 协议，重视模块化设计，并根据实际生产的需要不断改进自身。超级账本项目继承了独立的开放协议和标准，通过专用框架将区块链的各功能（包括共识、存储、身份、访问控制与智能合约等）模块化，为企业提供了简单易行的模块化组网方案，使企业能根据自身实际需求定制账本功能。通过创建公开标准，实现虚拟和数字形式的价值交换，使超级账本能够安全、高效且低成本地进行交易和追踪，不仅适用于金融领域，也适用于制造、银行、保险、物联网等行业领域。

1. Hyperledger Fabric

Hyperledger Fabric 是一个开源的、拥有企业级许可的分布式分类账平台，专为超级账本在企业环境中的使用而设计。该平台最重要的特性之一是支持可插拔共识协议，使企业能更有效地定制区块链应用，以适应特定用例与信任模型。例如，当智能合约部署在单个企业内，由可信任的权威机构运营时，实用拜占庭容错共识算法是不必要的，是由于该算法会降低系统性能和吞吐量，使用崩溃容错（crash fault tolerance，CFT）共识协议会取得更好的系统效益。此外，平台还具有高度模块化与可配置的架构，为各种行业（如银行、金融、保险、医疗、人力资源、供应链行业等）提供可灵活部署的功能模块，并且针对不同行业的特色进行了模块的特殊优化。

Fabric 是 Hyperledger 项目中第一个支持在不同编程语言中创建的智能合约分布式账本平台，不需要受限于领域特定语言，即开发者不需要额外的培训来学习新的语言或领域特定语言，节约企业对人力资源培训的成本。

2. Hyperledger Composer

Hyperledger Composer 是一套使用 JavaScript 开发的、用于构建区块链业务网的协作工具，是一个广泛的开放式开发工具集和框架，使业务所有者和开发人员能够简单、快速地创建区块链应用程序来解决业务问题，通过创建区块链解决方案与技术开发推动业务需求的一致性。Composer 是一个强大的区块链查询工具，对应用程序开发人员来说，查询区块链各个区块中的交易数据等资源是一个复杂的任务。如何编写可被区块链理解的业务查询、转换不同格式和性质的数据、提取出数据最直观的结果都是传统查询存在的难题。Composer 具有富查询特性，使开发人员能够使用类似 SQL 的查询语句轻松完成数据查询任务，并对查询结果进行自动转换与表示。

3. Hyperledger Iroha

Hyperledger Iroha 是一个基于 C++ 语言编写的模块化分布式区块链平台，是 Linux 基金会托管的超级账本项目之一。与其他平台相比，Iroha 项目的独特优势在于以客户为中心，为客户提供各种内置命令，使用内置命令能十分方便地执行常见任务，如注册账户、创建数字资产和在账户之间转移资产。另外，Iroha 是超级账本系列项目中唯一拥有强力权限操控的分类账，它能为系统中的一切操作设置权限，可用于管理数字资产、身份和序列化数据。对于银行间结算清算、中国人民银行数字货币结算等应用非常有用。

9.3.2 系统架构

超级账本是一种模块化的区块链架构，超级账本系统架构如图 9.25 所示。

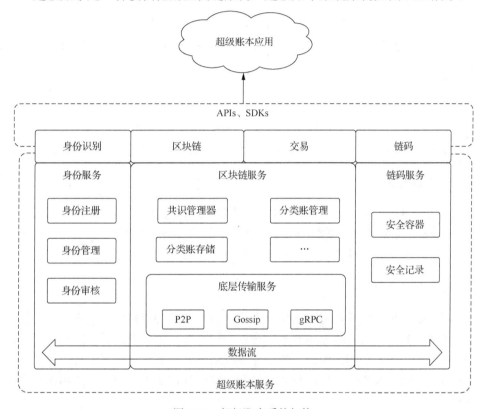

图 9.25 超级账本系统架构

1. 接口与工具包

系统架构提供了封装有 API 的 SDK，应用程序能够通过接口使用超级账本提供的服务，访问网络中的账本、交易数据和链码等资源。

2. 身份识别服务

身份识别服务是超级账本独有的特性之一，也是超级账本的优势所在。身份服务负责提供节点身份注册、身份管理和身份审核功能，其对象包括参与超级账本业务的所有节点、账本中的资产和智能合约、系统中的各个组成部分等。

3. 区块链服务

区块链服务负责通过点对点通信协议管理分布式账本,主要有底层传输服务、共识管理器、分类账存储、分类账管理等组件。底层传输服务包括 P2P 网络、Gossip 协议和 gRPC 框架;共识管理器是共识算法和其他超级账本组件间接口的抽象定义,负责定义区块链的共识规则,协调节点达成共识过程;分类账存储是指当外部应用通过发起交易在账本中记录数据时,建立对应的数据结构区分信息的不同状态;分类账管理功能进一步依赖核心区块链结构、数据库、共识等技术对账本进行管理。

4. 链码服务

智能合约在超级账本中被称为链码,其将区块链上的控制逻辑以代码方式实现,拥有自动执行、强制执行等特性,可用于在缺乏信任的环境中实现可靠交易。

9.3.3　关键概念

超级账本提供的是一种模块化区块链架构,是分布式记账技术（distributed ledger technology,DLT）的独特实现,提供了可供企业使用的网络,具备安全性、可扩展性、易移植性等特性。实践开发前先对其相关概念进行介绍。

1. 模块化结构

超级账本是一种模块化的区块链架构,将不同的功能模块化,提供的功能模块（如共识算法、状态数据库存储、排序、加密等）都可以被插入或拔出于任何一个基于超级账本的网络中,实现了业务需求的灵活性、可扩展性等。企业只需根据自身实际需求安装对应的模块,有利于降低管理成本,使企业应用的开发部署更加灵活。

2. 节点角色与身份管理

超级账本对网络中的不同节点分配了 4 种不同角色,不同角色在超级账本网络中承担的任务不同,它们互相配合,共同管理维护超级账本网络的正常运行。下面对这 4 种节点角色进行简要介绍。

1）背书节点

背书一词源于银行票据业务,是指持票人人为将票据权利转让给他人或者将一定的票据权利授予他人,而在票据背面或者粘单上记载有关事项并签章的行为。因此,背书节点的主要功能是响应节点的背书请求、对交易提案进行检查和背书。当背书节点接收到一个交易时,调用与该交易链码相关的验证系统链代码（verify system chaincode，VSCC）作为交易确认流程的一部分来确定交易的有效性。

2）排序节点

排序节点负责对所有发往网络中的交易进行排序，并按照配置中的约定整理成区块，然后提交给确认节点处理。具体来讲，当排序节点收到消息时，首先对收到的消息进行提取、解析和检查；其次封装为 Kafka 消息发送到 Kafka 集群中，利用 Kafka 通过共识算法来确保写入分区消息的一致性，即一旦写入分区，任何排序节点只能看到相同的消息队列；最后排序节点对所有合法交易进行全局排序，新的交易组合将生成的区块结构提交给确认节点进行下一步处理。

3）确认节点

确认节点周期性获得重排序后的区块结构，对其中所有交易进行执行前的最终检查，包括签名信息是否齐全、交易信息是否完整、是否重复交易等。所有检查通过后将执行该笔交易，并将其记入账本，同时生成新的区块，更新区块中各项信息。

4）证书节点

证书节点对网络中所有的证书进行管理，提供标准的 PKI 服务。此外，超级账本提供了一种需要身份验证授权的区块链网络，使用身份管理服务负责为所有节点成员提供成员身份，并支持对所有成员进行身份验证，管理对象包括参与超级账本业务的所有节点、账本中的资产和智能合约、系统中的各个组成部分等。该服务对数据制定严格的访问策略（包括访问控制、授权权限、联盟策略等），再由权限管理负责整个过程中的访问控制，利用已有的 PKI 体系、数字证书、加解密算法等安全技术对数据进行策略管理与访问控制，保证数据和资产的安全，使在超级账本上运行企业的网络安全性得到强有力的保证。因此可以认为超级账本是一个有权限的账本，对传统的区块链模型进行了革新，为身份识别、审核和隐私提供了一个安全、健康的模型。

3．传输服务

传输服务包括 P2P 模型、Gossip 协议、gRPC 框架。P2P 模型是一种组网模型，其分散化、可扩展等特性与区块链的思想相吻合；Gossip 协议是 Hyperledger Fabric 实现的一种数据传输协议，该协议通过在交易确认节点和排序节点之间划分工作负载来优化区块链网络性能，提高网络安全性和可扩展性，以确保数据传输的完整性和一致性；gRPC 框架是一个高性能、开源和通用的 RPC 框架，其思想是定义一个服务，指定该服务可以被远程调用的方法及其参数和返回类型，用来实现不同进程间的通信。

4. 链码

在 Fabric 网络中，链码（即智能合约）是一个交易处理程序，需要对应用发出的交易做出响应，这种响应来源于事先制定好的逻辑规则。制定规则的成员商定业务逻辑后，先将业务逻辑编程到链码中，然后彼此遵循此合约执行，与账本进行交互。链码不能直接与应用程序通信，独立运行在 Docker 安全容器中，被调用后与背书节点建立连接，运行过程中通过与背书节点通信，间接实现与应用程序的通信。Fabric 网络中链码的定义结构如下。

```
package ChainCode
//导入必要的包
import(
    "github.com/hyperledger/fabric/core/chaincode/shim"
    pb "github.com/hyperledger/fabric/protos/peer"  // pb 是对
导入包的重命名
)
//声明链码结构体,用于定义变量
type ExampleChaincode struct { }

func (t *ExampleChaincode) Init(stub shim.ChaincodeStubInterface)
pb.Response{
    ......  //该方法为链码初始化或升级时使用的处理逻辑,可在该方法内加入初始
化与升级的判断逻辑进行区分调用。
}
    func (t *ExampleChaincode) Invoke(stub shim.ChaincodeStubInterface)
pb.Response{
    ......//该方法为链码在运行中被调用或查询时的处理逻辑。
}

func main() {
    err:=shim.Start(new(ExampleChaincode))  //实例化对象
    if err != nil {
        ......//链码调用错误时的处理逻辑
    }
}
```

在超级账本网络中，链码可以通过多种编程语言实现，超级账本网络会为不同语言的链码提供不同语言环境的运行平台。目前的版本中，超级账本为链码的管理提供了 4 个指令，分别为打包、安装、实例化和升级。打包指令将链码的源码、属性、执行策略和签名等打包，其中签名的作用是验证所有者身份、防止链码被篡改；安装指令根据背书策略，选择节点并在每个节点上依次安装链码，安装链码的节点可以执行合约；实例化指令将链码绑定在一个或多个通道，开始执

行策略并处理交易；升级指令是更新链码的规则，但链码名称不能改变。根据官方文档，Fabric2.1.0 以后的版本可能会增加启动链码与停止链码指令。

应用与链码的交互如图 9.26 所示，交互过程如下：①应用通过 gRPC 请求向背书节点发起链码的调用请求；②背书节点检查链码是否启动，若没有，则调用 Docker 接口启动链码；③Docker 服务器根据 API 的命令启动容器并建立连接；④链码与背书节点开始交互，执行相应功能；⑤返回给背书节点的背书系统链代码（endorsement system chaincode，ESCC）再对模拟结果进行背书；⑥ESCC 对结果进行签名返回给背书节点；⑦背书节点将结果返回给应用。

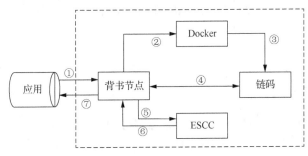

图 9.26　应用与链码的交互

5. 交易

超级账本中交易有两种类型：部署交易和调用交易。部署交易是指创建新链码并以一个程序作为参数，当一个部署交易成功执行以后，链码被成功装入区块链上；调用交易是指在之前部署链码的上下文中执行编制好的操作。超级账本典型交易流程如图 9.27 所示。

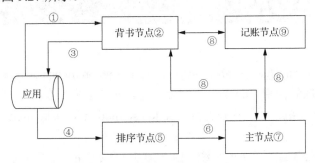

图 9.27　超级账本典型交易流程

超级账本典型交易流程如下：①应用程序创建交易提案并发送给背书节点，请求背书节点的签名；②背书节点收到请求后，对交易提案进行验证（包括来源的格式、有效性等），模拟请求中的业务逻辑，通过验证后生成背书签名以及需要返回的响应提案信息；③背书节点将响应提案和签名返回给应用程序，应用程序收到反馈后对签名进行验证，以确保签名的合法性，只有合法后才能进行下一步；④应用程序构造交易请求发送给排序节点，其中构造的交易请求包括交易提案、响应提案、背书签名等信息；⑤排序节点收集网络中广播的交易信息，按照各个通道的时间顺序对交易进行排序并生成区块，将区块广播给通道上不同组织的主节点；⑥主节点验证收到区块的合法性，以及每笔交易的交易格式是否正确，是否有合法签名，交易内容是否被篡改；⑦检查记账节点是否加入了这个通道，验证全部通过后再提交给 VSCC 进行背书策略以及链码验证，然后进行多版本并发控制检查对数据进行校验；⑧全部通过后记账节点会将数据保存到本地账本，更新状态数据库，产生区块生成事件，广播给网络中所有节点；⑨系统内所有节点同步最新区块。

9.3.4　搭建与配置

1. Docker 的安装与配置

超级账本依赖于 Docker 容器，因此需要先安装 Docker，可以通过官方提供的脚本进行安装，执行命令“curl -sSL https://get.daocloud.io/docker | sh”，如图 9.28 所示。

```
root@VM-0-5-ubuntu:~# curl -sSL https://get.daocloud.io/docker | sh
# Executing docker install script, commit: 36b78b2
+ sh -c apt-get update -qq >/dev/null
+ sh -c apt-get install -y -qq apt-transport-https ca-certificates curl >/dev/nu
ll
+ sh -c curl -fsSL "https://download.docker.com/linux/ubuntu/gpg" | apt-key add
-qq - >/dev/null
+ sh -c echo "deb [arch=amd64] https://download.docker.com/linux/ubuntu xenial e
dge" > /etc/apt/sources.list.d/docker.list
+ [ ubuntu = debian ]
+ sh -c apt-get update -qq >/dev/null
+ sh -c apt-get install -y -qq --no-install-recommends docker-ce >/dev/null
```

图 9.28　安装 Docker

执行“+ sh -c apt-get install -y -qq --no-install-recommends docker-ce >/dev/null”命令，安装完成后使用“docker -v”命令查看安装版本。在脚本安装的同时，新建了一个 Docker 组，需要通过命令“sudo usermod -aG docker $USER”将当前用户加入该组。

对于 ubuntu 16.04 版本的系统，由于其基于 Debian，需要对 Docker 进行进一步的配置。打开 Docker 的配置文件，该文件位于“/etc/default”目录下，再打开 docker 文件，在其末尾加上“DOCKER_OPTS="-s=aufs -r=true -H tcp://0.0.0.0:2375 -H unix:///var/run/docker.sock --api-cors-header='*'"”配置，该配置是开启 Docker 远程服务。保存完毕后重启 Docker 服务使配置生效。

2. Docker Compose 的安装

Docker Compose 负责实现对 Docker 容器集群的快速编排，由 Python 语言编写，通过调用 Docker 服务提供的 API 来对容器进行管理，因此在安装 Docker Compose 之前需要安装 Python 环境。安装完成后通过运行命令“pip install docker-compose”安装 Docker Compose 本体，完毕后使用“docker-compose-v”查看安装的 Docker Compose 版本。

3. 下载 Hyperledger Fabric 源码

超级账本的源码文件托管在 https://gerrit.hyperledger.org/r/#/admin/projects 中，通过“git clone https://github.com/hyperledger/fabric.git”命令在 github 上直接下载源文件。

4. 部署超级账本

1）下载 Docker 镜像文件

进入 fabric/scripts 目录，首先查看该目录下的 bootstrap.sh 文件，正常情况下该文件是有执行权限的，但也有少数情况没有执行权限，此时需要通过“sudo chmod +x bootstrap.sh”命令添加该权限。其次修改读取文件的内容，在 curl 前添加“#”，即执行命令“sed -i 's/curl/#curl/g' bootstrap.sh”，这一步是为了注释掉 curl 命令，防止添加不必要的源，下载多余的二进制文件。最后执行“./bootstrap.sh”命令开始下载 Docker 镜像文件。可以通过“docker images”命令查看所有镜像文件，如图 9.29 所示。

```
root@VM-0-5-ubuntu:~/fabric/scripts# docker images
REPOSITORY                    TAG        IMAGE ID        CREATED        SIZE
hyperledger/fabric-ca         1.2.0      66cc132bd09c    4 weeks ago    252MB
hyperledger/fabric-ca         latest     66cc132bd09c    4 weeks ago    252MB
hyperledger/fabric-tools      1.2.0      379602873003    4 weeks ago    1.51GB
hyperledger/fabric-tools      latest     379602873003    4 weeks ago    1.51GB
hyperledger/fabric-ccenv      1.2.0      6acf31e2d9a4    4 weeks ago    1.43GB
hyperledger/fabric-ccenv      latest     6acf31e2d9a4    4 weeks ago    1.43GB
hyperledger/fabric-orderer    1.2.0      4baf7789a8ec    4 weeks ago    152MB
hyperledger/fabric-orderer    latest     4baf7789a8ec    4 weeks ago    152MB
hyperledger/fabric-peer       1.2.0      82c262e65984    4 weeks ago    159MB
hyperledger/fabric-peer       latest     82c262e65984    4 weeks ago    159MB
hyperledger/fabric-zookeeper  0.4.10     2b51158f3898    4 weeks ago    1.44GB
hyperledger/fabric-zookeeper  latest     2b51158f3898    4 weeks ago    1.44GB
hyperledger/fabric-kafka      0.4.10     936aef6db0e6    4 weeks ago    1.45GB
hyperledger/fabric-kafka      latest     936aef6db0e6    4 weeks ago    1.45GB
hyperledger/fabric-couchdb    0.4.10     3092eca241fc    4 weeks ago    1.61GB
hyperledger/fabric-couchdb    latest     3092eca241fc    4 weeks ago    1.61GB
```

图 9.29　查看 Docker 镜像文件

其中，REPOSITORY 为仓库名称，不同仓库对应着不同版本；TAG 为标签，一般代指版本号，最新版本用 latest 表示；IMAGE ID 表示映射库 ID；CREATED 表示创建时间；SIZE 表示 Docker 镜像文件的大小。

2）通道创建与加入

使用 git 下载配置文件，下载之后进入 fabric-samples 目录，然后进入 basic-network 目录，使用命令"docker-compose -f docker-compose.yml up -d"启动容器，如图 9.30 所示。

```
root@VM-0-5-ubuntu:~/fabric-samples/basic-network# docker-compose -f docker-compose.yml up -d
Creating network "net_basic" with the default driver
Creating orderer.example.com ... done
Creating couchdb            ... done
Creating ca.example.com     ... done
Creating cli                ... done
Creating peer0.org1.example.com ... done
```

图 9.30　启动容器

通过命令"docker exec -it -e "CORE_PEER_MSPCONFIGPATH= /etc/hyperledger/msp/users/Admin@org1.example.com/msp"peer0.org1.example.com bash"进入 Peer 节点容器" Peer0.org1.example.com"。操作成功后会发现工作目录变为 root@38afcfd45925:/opt/gopath/src/ github.com/hyperledger/fabric#。

使用命令"peer channel create -o orderer.example.com:7050 -c mychannel -f /etc/hyperledger/ configtx/channel.tx"创建通道，如图 9.31 所示。

```
2018-08-01 02:59:50.648 UTC [channelCmd] InitCmdFactory -> INFO 001 Endorser and orderer connections initialized
2018-08-01 02:59:50.744 UTC [cli/common] readBlock -> INFO 002 Got status: &{NOT_FOUND}
2018-08-01 02:59:50.746 UTC [channelCmd] InitCmdFactory -> INFO 003 Endorser and orderer connections initialized
2018-08-01 02:59:50.952 UTC [cli/common] readBlock -> INFO 004 Received block: 0
```

图 9.31　创建通道

执行"peer channel join -b mychannel.block"命令加入通道，如图 9.32 所示，已成功加入通道。

```
2018-08-01 03:00:20.352 UTC [channelCmd] InitCmdFactory -> INFO 001 Endorser and orderer connections initialized
2018-08-01 03:00:20.685 UTC [channelCmd] executeJoin -> INFO 002 Successfully submitted proposal to join channel
```

图 9.32　成功加入通道

5. 链码的部署与调用查询

首先退出 Peer 节点容器 peer0.org1.example.com，其次执行"docker exec -it cli/bin/bash"命令，进入 cli 容器进行后续操作，如图 9.33 所示。工作目录变为 root@18c51a0e6cf6:/opt/gopath/src/github.com/hyperledger/fabric/peer#。

```
root@VM-0-5-ubuntu:~# docker exec -it cli /bin/bash
root@18c51a0e6cf6:/opt/gopath/src/github.com/hyperledger/fabric/peer#
```

图 9.33　进入 cli 容器

给 Peer 节点 peer0.org1.example.com 安装链码（该链码是网络链码，非本地链码）。实例化链码时，初始设定两个账户分别为 a、b，两个账户余额都为 100，命令为"peer chaincode instantiate -o orderer.example.com:7050 -C mychannel -n mycc -v v0 -c '{"Args":["init","a","100","b","100"]}'"。

　　链码的部署工作已经完成后，使用"peer chaincode query -C mychannel -n mycc -v v0 -c '{"Args":["query","a"]}'"命令进行链码查询。例如，查询 a 账户的余额，结果为 Query Result：100，如图 9.34 所示。

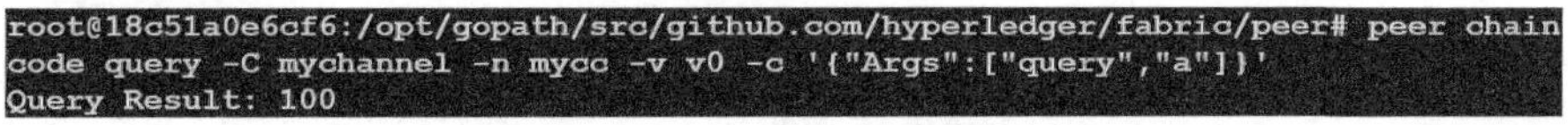

```
root@18a51a0e6af6:/opt/gopath/src/github.com/hyperledger/fabric/peer# peer chain
code query -C mychannel -n mycc -v v0 -c '{"Args":["query","a"]}'
Query Result: 100
```

图 9.34　a 账户余额查询链码

第 10 章　数字版权存证与交易平台开发

区块链技术的重要特性之一是存储在链上的数据真实可信且无法篡改，在电子数据存证领域有良好的应用前景。本章通过一个简单的案例——基于以太坊的数字版权存证与交易平台，说明如何使用区块链技术构建一个分布式应用并解决数字版权保护问题。

10.1　背　　景

随着网络与数字技术的快速发展，数字化信息时代使传统的文化生产和传播方式产生了巨大变革，数字出版技术更新速度不断加快，数字出版产品的种类越来越丰富。据中国新闻出版研究院于 2018 年发布的《2017—2018 中国数字出版产业年度报告》，我国数字出版产业用户规模累计达到 18.25 亿人（包含重复注册的用户等），数字出版产业全年收入规模超过 7000 亿元。由此可见，数字出版领域产生的社会效益和经济效益日益凸显，市场增长潜力巨大。由于数字内容的可复制性，数字版权侵权现象日益严峻。为打击盗版侵权行为，保护知识产权人的合法权益，我国相继颁布了《中华人民共和国著作权法》《中华人民共和国著作权法实施条例》和《信息网络传播权保护条例》等一系列法律法规。如图 10.1 所示，我国目前的版权登记需要花费创作者大量精力准备登记材料，如果由第三方机构代为登记，又会造成登记成本高，登记时间周期长等问题。在互联网时代，除完善现有版权保护的法律法规之外，需要通过技术手段对数字版权进行更有效的保护。

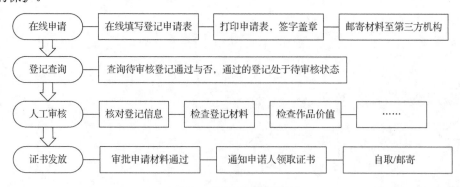

图 10.1　版权登记流程图

随着区块链技术的发展，如何将此技术应用于数字版权保护领域是目前研究的重要内容。与传统数字版权管理模式相比，区块链具有不可替代的技术优势，其拥有的去中心化、难篡改、灵活性高和扩展性强等技术特征为数字版权存证与交易提供了一套全新解决方案。此外，我国政府对于区块链技术也采取了积极支持的态度，并大力扶持"区块链+"产业发展。随着政策的不断贯彻和落实，区块链与产业融合领域将会进一步扩大，而"区块链+数字版权保护"模式势必会为版权保护行业带来新动力。

10.2　平 台 简 介

当前，数字版权存证与交易过程存在确权难、查证难、交易结算难等问题，利用区块链和智能合约技术建立一个区块链数字版权存证与交易平台，可为用户提供以区块链数字版权存证和智能合约版权交易为主的功能与服务。平台核心业务图如图 10.2 所示。

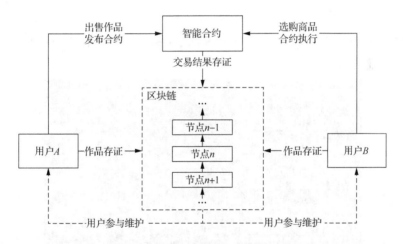

图 10.2　平台核心业务图

用户通过 Web 应用程序对自己创作的作品进行存证，利用区块链的不可篡改和不可伪造等特性保证版权存证数据真实有效；用户可自由出售或购买已存证作品，交易过程由智能合约自动执行，确保交易的公平与公正。较传统版权登记方案，基于区块链的数字版权存证和交易能够更便捷、安全地保护作品，从而有效维护创作者的正当权益。

10.3　平　台　开　发

10.3.1　环境准备

本平台开发使用的基础环境为 Ubuntu OS 16.04LTS（bionic beaver）、Python 3.6 和 Node. js v10.16.0，下面对其他必需的扩展程序和安装过程进行简要说明。

1. Ganache

分布式应用在正式部署至以太坊平台之前，需要先部署到测试链上进行测试。Ganache 是一个用于测试分布式应用的以太坊节点仿真器，仅运行于开发设备上，并在执行交易时实时返回结果，因此能得到即时反馈，可有效提高分布式应用的开发效率。开发的应用最好使用 Ganache 进行充分测试后再部署到实际的区块链客户端上，如 Geth、Parity 等，以免出现意外错误导致巨大损失。

通过如下命令安装 Ganache：

```
$ sudo npm install -g ganache-cli
```

安装完成后，执行 ganache-cli 命令启动 Ganache 客户端，如图 10.3 所示。对返回字段解释如下。

图 10.3　启动 Ganache 客户端

（1）Ganache CLI v6.5.0　（ganache-core: 2.6.0）：客户端版本号为 6.5.0，基于 2.6.0 版本的 Ganache 核心；

（2）Available Accounts：客户端启动时随机创建了十个账户，每个账户默认存入 100 个以太币供测试使用；

（3）Private Keys：每个账户对应的私钥；

（4）HD Wallet：分层确定性钱包，功能是由随机的助记词生成账户私钥，保存这些随机词能够在下次生成相同的用户账户；

（5）Gas Price：燃料价格；

（6）Gas Limit：燃料限制；

（7）Listening on 127.0.0.1:8545：监听地址 127.0.0.1:8545，Web 应用通过该地址与区块链进行交互。

2．Truffle

Truffle 是一套 Solidity 语言开发框架，使用 JavaScript 语言开发。Truffle 拥有内置的智能合约编译、链接、部署和二进制文件的管理方案，能够针对快速迭代开发提供自动化合约测试。Truffle 框架自带能与智能合约直接通信的交互式命令控制台，方便开发人员使用命令对智能合约进行调试。基于 Truffle 框架开发的应用可以不在额外配置的情况下发布到以太坊正式客户端中，使以太坊的分布式应用开发更加容易。

通过如下命令安装 Truffle：

```
$ sudo npm install -g truffle
```

安装完成后，使用如下命令即可创建并初始化 Truffle 项目：

```
$ sudo truffle init
```

等待 Truffle 项目初始化完成后，目录结构如下所示。

```
contracts
├── truffle-config.js    #truffle 配置文件
├── contracts            #存放编写的合约
│       └── Migrations.sol  #迁移合约（必须，在初始化时自动创建）
├── migrations           #存放迁移部署脚本
│       └── 1_initial_migration.js  #迁移脚本（必须,在初始化时自动创建）
└── test                 #存放合约测试脚本
```

3．web3.py

web3.py 是一个为以太坊开发的 Python 第三方库,封装了以太坊的 JSON-RPC

API，提供了一系列与以太坊交互的 Python 对象和函数，方便 Web 应用程序与区块链进行数据传输与过程调用。在安装 web3.py 之前需确保系统的 Python 版本为 3.6 及以上，并且已安装 python-dev、python3.6-dev 和 libevent-dev 扩展包，否则安装过程中会出现错误信息。

通过如下命令安装 web3. py：

```
$ sudo pip install web3
```

安装完成后，进入 Python 命令行，通过如下代码导入 web3.py 包后即可开始使用 web3 对象进行程序编写。

```
>>> from web3 import Web3
```

关于 web3.py 的所有接口调用方法请参阅 web3.py 官方文档：https://web3py.readthedocs.io/en/stable/index.html。下面通过一小段代码来演示如何在 Python 程序中使用 web3.py 与以太坊进行交互。

在与以太坊进行交互前，需要启动一个以太坊客户端，执行 "ganache-cli" 命令启动 Ganache 客户端，通过如下代码连接以太坊客户端并查看当前以太坊上的所有账户地址：

```
>>> from web3 import Web3, HTTPProvider, IPCProvider    # 导入
web3.py 包
>>> web3 = Web3(HTTPProvider('http://localhost:8545'))#连接以
太坊客户端
>>> web3.eth.accounts    #查看账户
```

执行代码查看以太坊账户结果如图 10.4 所示，程序输出了启动 Ganache 客户端时默认创建的 10 个账户地址。

```
>>> from web3 import Web3, HTTPProvider, IPCProvider
>>> web3 = Web3(HTTPProvider('http://localhost:8545'))
>>> web3.eth.accounts
['0x17BADbEC8CD22A2dc9b8df3a5A3fe20409dEdf00', '0x5483eb1054170116FdB90903DeC656540081466f',
'0x1eb04323296EC724fA2a132cEc28548cC0F05980', '0xa79E72A8178321a396d20dff9B940e42BCFb1193',
'0xd1aF8D80204c4F098E3Ff0a96447D8a43869365f', '0x9F4F33166b2352AE69CDCA21562A80924432eDb3',
'0x9563d1FFe2d8B4568A31b99273f16907380D6C1F', '0xde1A998b2862F45F25C9A3B5A96E83A0A4022594',
'0x713dBa4725D8E8225668C05cf4d3D7951E14458E', '0x05a4A20d0D899F1dc14e6388d2d9eF95acdADBE2']
>>>
```

图 10.4　查看以太坊账户结果

4. Django

Django 是一款基于 Python 开发的具有完整架设网站能力的开源 Web 框架，采用模型—视图—控制器（model-view-controller，MVC）设计模式，具有开发快捷、部署方便、维护成本低等特性。与其他框架相比，Django 的优势在于完善的功能支持、强大的数据库访问组件、灵活的 URL 映射等，因此是目前使用最广泛

的 Web 应用程序框架。

使用如下命令安装 Django：

```
$ sudo pip install django
```

安装完成后，进入 Python 命令行，通过如下代码导入 Django 包后查看当前
安装的 Django 版本号，代码运行结果如图 10.5 所示。

```
>>> import django
>>> django.get_version()
'2.2.3'
>>>
```

图 10.5　查看 Django 版本号

下面演示如何使用 Django 新建 Web 项目，并且将该 Web 项目连接到以太坊
网络获取相关信息。

首先，使用如下命令新建 Web 项目：

```
$ sudo django-admin startproject myApp
```

以下是新建的目录结构。

```
myApp
├── manage.py      #管理文件
└── myApp
├── __init__.py        #空文件，告诉编译器该目录的文件可看作 Python 包。
├── settings.py        #主配置文件，项目的所有配置。
├── urls.py        #主路由文件，声明网站使用的 URL。
└── wsgi.py        #网关接口，Web 服务器入口。
```

其次，在 myApp 目录下新建 view.py 文件对接收到的请求进行处理并返回处
理结果，编写的代码如下所示。

```
from django.http import HttpResponse      #导入 django 中需要使用
的模块
from web3 import Web3, HTTPProvider      #导入 web3.py 中需要使用
的模块
import json #导入 json 包
def getAccounts(request):
#连接以太坊客户端
web3 = Web3(HTTPProvider('http://localhost:8545'))
#获取账户地址并解析
accounts = json.dumps(web3.eth.accounts)
#返回请求处理结果
return HttpResponse("Accounts:" + accounts)
```

再次，修改 url 文件，打开 urls.py 文件编写代码如下所示。

```
from . import view  #从当前目录导入view模块
from django.conf.urls import url  #导入django中需要使用的模块
#接收到请求后,根据请求的url定位到对应模块执行程序
urlpatterns = [ url(r'accounts',view.getAccounts), ]
```

完成后返回主目录,执行如下命令启动 Web 服务器,使服务器监听来自本地网络 8000 端口的请求:

```
$ sudo python manage.py runserver 127.0.0.1:8000
```

最后,打开浏览器,键入地址 http://127.0.0.1:8000/accounts,即可显示从当前执行的以太坊客户端中获取的账户,执行结果如图 10.6 所示。

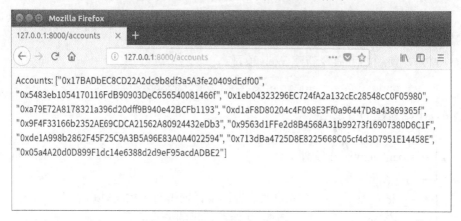

图 10.6　查看以太坊账户

10.3.2　目录创建

将"/home/copyRight"作为开发主目录,根据平台设计,在主目录中创建两个子目录用于存放 Web 应用程序与智能合约文件。

1. Web 应用程序

在主目录下新建"webApps"目录用于存放开发的 Web 应用程序,使用如下命令创建并初始化开发目录:

```
$ sudo django-admin startproject webApps
```

2. 智能合约

在主目录下新建"contracts"目录用于存放智能合约文件,切换至该目录后,使用如下命令创建并初始化开发目录:

```
$ sudo truffle init
```

创建完成后，整个目录结构如图 10.7 所示。

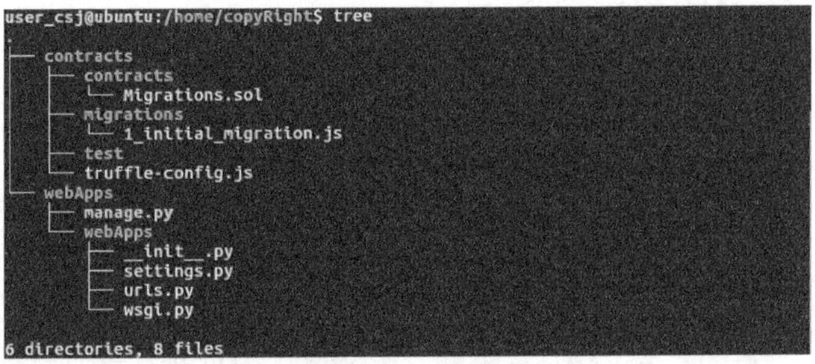

图 10.7　开发目录结构

10.3.3　合约编写

编写版权数据合约、交易存证合约和交易执行合约，用于实现版权数据的存证与查询、交易数据的存证和交易的执行。

1. 版权数据合约

版权数据合约（CRData.sol）主要实现两个功能，一是将用户的版权数据存储于区块链上；二是查询链上的版权数据并返回给用户。平台上的每一位用户都拥有一个版权数据合约，用户只能对属于自己的合约进行控制，通过调用合约中编写的方法进行版权数据的存证与查询等操作。

合约的具体实现代码如下所示。

```
pragma solidity ^0.5.8; //智能合约编译版本
//合约内容
contract CRData{
    //创作者基础信息
    address owner;        //创作者的账户
    string creator;       //创作者姓名
    string creatorId;     //创作者身份证
    int CRNums;           //已存证作品数量
    //创作者的所有存证版权数据
    mapping(int => CR) copyRights;

    //版权数据结构体
    struct CR{
        uint timestamp;    //时间戳
        string fileName;   //文件名
        string fileHash;   //文件哈希值
        string creator;    //创作者姓名
        string creatorId;  //创作者身份证
    }
```

```
//权限控制,合约中的方法被该方法修饰后,只有创建合约的人能使用
modifier onlyOwner{
    require( msg.sender == owner );
    _;   //原函数体替换该标识从而成为该函数的新函数体
}

//构造方法,仅在合约第一次被创建时调用
constructor(string memory _creator, string memory _creatorId)
public{
    CRNums = 0;
    owner = msg.sender;    //设定本合约的拥有者,即第一次发布合约的人
    creator = _creator;
    creatorId = _creatorId;
}

//版权数据存证
function CRStorage(string memory fileHash, string memory
fileName) public onlyOwner{
    copyRights[CRNums].timestamp = now;         //时间戳数据
    copyRights[CRNums].fileName = fileName;     //文件名
    copyRights[CRNums].fileHash = fileHash;     //文件哈希值
    copyRights[CRNums].creator = creator;       //创作者
    copyRights[CRNums].creatorId = creatorId;   //创作者身份证
    CRNums++;
}

//返回已存证版权数量
function getCRNums() public view onlyOwner returns(int){
    return CRNums;
}

//返回查询的版权数据
function getCopyRights(int _CRNums) public view onlyOwner
returns(uint, string memory, string memory){
    require(_CRNums <= CRNums);
    return (copyRights[_CRNums].timestamp, copyRights[_CRNums].
fileName, copyRights[_CRNums].fileHash);
}

//返回创作者信息
function getCreator() public view onlyOwner returns(string
memory, string memory){
    return (creator, creatorId);
}
}
```

2. 交易存证合约

交易存证合约（CTStorage.sol）主要用于实现交易信息存证功能。合约在平台运行之初便部署到以太坊中，之后保持在以太坊上不断运行。当网络中的两个用户之间成功发生一笔交易后会调用此合约，将交易相关信息存储至区块链上，利用区块链特性保证交易的真实有效且不可抵赖。

合约的具体实现代码如下所示。

```solidity
pragma solidity ^0.5.8;//智能合约编译版本
//合约内容
contract CTStorage{
    //合约版本,便于合约升级时的版本控制
    string version;
    //该合约的所有者地址
    address owner;
    //已存证的交易数量
    int MNums;
    //记录版权的交易数据
    mapping(int => CT) CTs;
    //版权交易数据结构体
    struct CT{
        uint timestamp;      //交易时间戳
        string fileName;     //文件名
        string fileHash;     //文件哈希值
        string prices;       //商品价格
        string saler;        //出售人姓名
        string salerId;      //出售人身份证
        string buyer;        //购买者姓名
        string buyerId;      //购买者身份证
    }

    //权限控制,合约中的方法被该方法修饰后,只有合约创建者能调用
    modifier onlyOwner{
        require( msg.sender == owner );
        _;
    }

    //构造方法,仅在合约第一次被创建时调用
    constructor(string memory _creator, string memory _creatorId)
public{
        version = "1.0.0";
        MNums = 0;
        owner = msg.sender;
    }
```

```
//交易数据存证
function Storage(string memory fileHash, string memory
fileName, string memory prices, string memory saler, string memory
salerId, string memory buyerId, string memory buyer) public {
    CTs[MNums].timestamp = now;
    CTs[MNums].fileName = fileName;
    CTs[MNums].fileHash = fileHash;
    CTs[MNums].prices = prices;
    CTs[MNums].saler = saler;
    CTs[MNums].salerId = salerId;
    CTs[MNums].buyer = buyer;
    CTs[MNums].buyerId = buyerId;
    MNums++;
}

//返回已存证的交易数量
function getCRNums() public view onlyOwner returns(int){
    return MNums;
}

//返回查找的交易数据
function getCopyRights(string memory _fileHash) public view
returns(uint, string memory, string memory, string memory, string memory,
string memory, string memory, string memory){
    for(int i = 0; i < MNums ; i++){
        if(keccak256(CTs[i].fileHash) == keccak256(_fileHash)){
            return( CTs[i].timestamp = now,
                CTs[i].fileName,
                CTs[i].fileHash,
                CTs[i].prices,
                CTs[i].saler,
                CTs[i].salerId,
                CTs[i].buyer,
                CTs[i].buyerId );
        }
    }
}
}
```

3. 交易执行合约

　　交易执行合约（Transaction.sol）主要用于执行买卖双方的交易。平台采取的基础交易模式为"押一付一"模式，即买家在购物时先支付商品的双倍价格，确认收货后，平台将支付总金额的一半交付卖家，另一半返回给买家。采用此种方式能有效保障买卖双方的正当权益：当买家没有收到货物时，合约一直处于锁定状态，卖家无法收到款项；当买家收到货物却抵赖不支付时，其支付的两倍金额也会一直被锁定在合约内无法取出。

合约的具体实现代码如下所示。

```solidity
pragma solidity ^0.5.8; //智能合约编译版本
//调用外部合约(交易存证合约),编写接口
contract CTStorage{
    function Storage(string memory fileHash, string memory
fileName, string memory prices, string memory saler, string memory
salerId, string memory buyerId, string memory buyer) public;
    }
//交易执行合约内容
contract Transaction{
    string version;      //合约版本
    address payable buyer;      //买家账户地址
    address payable saler;     //卖家账户地址
    address CTSAddr;        //交易存证智能合约地址
    uint value; //商品价格

    //交易状态
    enum State { Created, Locked, Inactive }
    State public state;

    //权限控制,合约中的方法被该方法修饰后,只有买家能调用
    modifier onlyBuyer() {
        require(
            msg.sender == buyer,
            "Only buyer can call this."
        );
        _;
    }
    //权限控制,合约中的方法被该方法修饰后,只有卖家能调用
    modifier onlySaler() {
        require(
            msg.sender == saler,
            "Only saler can call this."
        );
        _;
    }
    //权限控制,确保交易处于预置状态中的一种
    modifier inState(State _state) {
        require(
            state == _state,
            "Invalid state."
```

```
        );
        _;
    }
    //构造方法,初始化数据
    constructor(address _CTSAddr) public payable {
        version = "1.0.0";
        CTSAddr = _CTSAddr;
        buyer = msg.sender;
        value = msg.value / 2;
        require((2 * value) == msg.value, "Value has to be
even.");
    }

    event LogAborted();  //停止事件
    event LogPurchaseConfirmed(); //确认购买事件
    event LogItemReceived(); //收到货物事件

    //交易终止,只能由卖家在合约锁定前调用
    function abort() public onlySaler inState(State.Created)
payable{
        emit LogAborted();
        state = State.Inactive;
        saler.transfer(address(this).balance);
    }

    //买家确认订单(需支付两倍金额)
    function confirmPurchase() public inState(State.Created)
payable{
        require(msg.value == (2 * value));
        emit LogPurchaseConfirmed();
        buyer = msg.sender;
        state = State.Locked;
    }

    //买家确认收到货物,调用交易存证合约,将交易存储于区块链上
    function confirmReceived(string memory fileHash, string
memory fileName, string memory prices, string memory saler1, string
memory salerId, string memory buyerId, string memory buyer1) public
onlyBuyer inState(State.Locked){
        emit LogItemReceived();
        state = State.Inactive;
        buyer.transfer(value);
        saler.transfer(address(this).balance);
        CTStorage ct = CTStorage(CTSAddr);
        ct.Storage(fileHash, fileName, prices, saler1, salerId,
buyerId, buyer1);
```

```
        }
    }
```

10.3.4　合约部署

智能合约需要部署在以太坊上才能正常工作，部署过程主要分为两步：编译与迁移。部署成功后，可通过 Web 应用程序与智能合约进行交互，完成数据在区块链上的存取工作。以交易存证合约（CTStorage.sol）的部署为例，先切换至存放智能合约的主目录，使用如下命令进行合约的编译：

```
$ sudo truffle compile
```

Truffle 框架只编译上次修改后的合约，目的是减少不必要的编译耗时，如需要编译所有合约，则可通过在执行命令时添加参数 "--all" 实现。合约的编译结果如图 10.8 所示，从返回结果可知编译后的文件写入了 "build/contracts" 目录中。

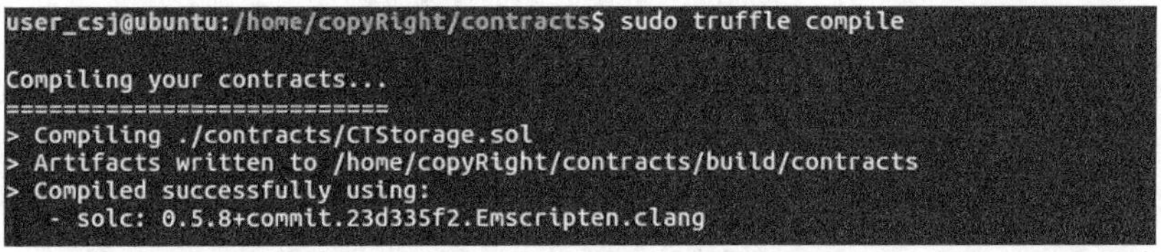

图 10.8　合约的编译结果

合约编译完成后即可开始进行合约的迁移。合约的迁移需要使用迁移脚本，迁移脚本由一个或多个 JavaScript 文件组成，功能是将编译好的合约发布至以太坊网络中。迁移脚本的命名由开头的数字加上 "_" 符号与标识文字组成，如 1_initial_migration.js、2_second_migration.js 等。迁移脚本文件不一定要与编写的所有智能合约一一对应，只需要在脚本文件中指定需要迁移的合约，然后按照依赖顺序依次部署即可。

在用于存放迁移脚本的目录中新建脚本文件 "2_CTStorage_migration.js"，编写代码如下所示。

```
    var CTStorage = artifacts.require("CTStorage");    //指定需要
迁移的合约
    module.exports = function(deployer){
        deployer.deploy(CTStorage);    //部署器,组织并执行部署任务
    };
```

执行迁移过程前需要先启动一个以太坊客户端，确保客户端监听的地址与端口无误后，使用如下命令执行迁移脚本：

```
$ sudo truffle migrate
```

智能合约迁移结果如图 10.9 所示，从图中可以获得智能合约迁移部署在区块链上的部分详细信息，包括合约地址、存储区块的编号、部署的开销等。

```
2_CTStorage_migrations.js
========================
Deploying 'CTStorage'
-------------------
> transaction hash:    0x381d716389111fa133f5bf80b11e2163df89a0e82a41eb3dc300
d10d10425fa6
> Blocks: 0            Seconds: 0
> contract address:    0xFfF79233239FC9de8F3BDaA8AE8DF33175847538
> block number:        3
> block timestamp:     1563961430
> account:             0x876AF74dA07Bd0816D5b5c56662A1628E83b30f6
> balance:             99.98873692
> gas used:            259738
> gas price:           20 gwei
> value sent:          0 ETH
> total cost:          0.00519476 ETH


> Saving migration to chain.
> Saving artifacts
-------------------
> Total cost:          0.00519476 ETH
```

图 10.9　智能合约迁移结果

用户使用版权数据存证等服务并不需要与智能合约直接交互，而是通过具有良好交互性的 Web 应用程序完成，因此在完成智能合约的编写后需要进行 Web 应用的开发。接下来对 Web 应用开发中与以太坊智能合约交互的部分关键代码进行说明。

使用 web3.py 扩展包完成交互任务。先获取智能合约在以太坊上的合约地址与应用程序二进制接口（application binary interface，ABI），这两个字段可以通过解析合约编译时生成的 json 文件获得，具体代码如下所示。

```
#get_json 函数用于获取 json 文件的指定字段
def get_json(cPath):
    #建立字典,存储解析获取的字段
    storage_config = {
        "abi":"",
        "address":"",
    }
    #通过 cPath 读取 json 文件
    with open(cpath,'r') as f:
        d = json.load(f)  #使用 load 方法解析 json 文件
        storage_config['abi'] = d['abi']
        storage_config['address'] = d['networks']['address']
        f.close()    #文件使用完毕后需关闭
    return storage_config
```

获取到合约的 address 与 abi 后，使用 web3.py 提供的 web3.eth.contract()方法即可从以太坊中获取该合约的合约对象并返回，web3.eth.contract()的调用方式如下所示。

```
#get_contract 函数用于获取智能合约对象
def get_contract(cPath):
    storage_config = get_json(cPath)
    #调用 contract 方法,使用 address 和 abi 数据获取智能合约对象
    contract = web3.eth.contract(address=storage_config['address'],
abi=storage_config['abi'])
    return contract
```

获取到智能合约对象后,便可使用合约中已编写好的方法与以太坊进行交互,完成数据的存取等操作。以数字作品的版权存证为例,在版权存证智能合约中提供的存证方法为 CRStorage(),在 Web 应用程序中的相关调用代码如下所示。

```
#storage 函数用于存证版权数据
def storage(request):
    #读取 web 前端传入的表单,即需存证的版权数据
    if request.method == 'POST':
        fileData = request.FILES.get("fileData", None)
        filename = request.POST.get('fileName')
        creator = request.POST.get('creator')
        creatorId = request.POST.get('creatorId')
    #计算上传的文件哈希值
    fileHash = get_SHA1(fileData.read())
    cPath = '../contracts/build/contracts/CRStorage.json'
    #获取智能合约对象并调用存证方法
    SContract = get_contract(cPath)
    SContract.CRStorage(fileHash, filename, creator, creatorId)
```

10.3.5　前端页面

Web 应用程序有多个功能页面,因此需要修改主目录中的 urls.py 文件,通过配置 path 确定页面的跳转关系,内容如下所示。

```
from django.contrib import admin
from django.urls import path
from . import index

urlpatterns = [
    path('admin/', admin.site.urls),              #管理员页面(默认)
    path('index/', index.call),                    #主页面
    path('index/storage', index.storage),          #作品存证页面
    path('index/works', index.works),              #已存证作品页面
    path('index/transaction', index.transaction),   #交易页面
    path('index/orders', index.orders),            #订单管理页面
]
```

显示页面存放于 webApps/htmls 目录中,编写完成后的页面效果如图 10.10

所示，可根据需要在 Django 框架下更改页面样式。

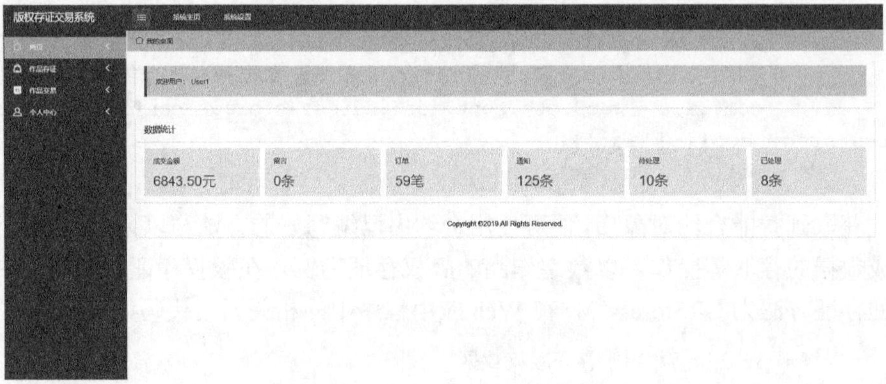

图 10.10　页面效果图

运行 Django 服务器，打开浏览器在地址栏中键入 http://127.0.0.1:8000/index，即可开始使用本平台进行作品版权的存证与交易。版权存证页面如图 10.11 所示，填写相关信息，选择上传文件即可进行版权的区块链存证；已存证作品查询如图 10.12 所示，页面显示当前用户的所有存证作品信息。

图 10.11　版权存证页面

图 10.12　已存证作品查询

作品交易页面如图 10.13 所示，交易完成后，交易记录查询页面如图 10.14 所示。

图 10.13　作品交易页面

图 10.14　交易记录查询页面

参 考 文 献

[1] 袁勇, 王飞跃. 区块链技术发展现状与展望[J]. 自动化学报, 2016, 42(4):481-494.

[2] 翟社平, 李兆兆, 段宏宇, 等. 区块链关键技术中的数据一致性研究[J]. 计算机技术与发展, 2018, 28(9):94-100.

[3] 袁勇, 王飞跃. 平行区块链:概念、方法与内涵解析[J]. 自动化学报, 2017, 43(10):1703-1712.

[4] 徐蜜雪, 苑超, 王永娟, 等. 拟态区块链——区块链安全解决方案[J]. 软件学报, 2019, 30(6):1681-1691.

[5] 斯雪明, 徐蜜雪, 苑超. 区块链安全研究综述[J]. 密码学报, 2018, 5(5):458-469.

[6] RENNER T, MULLER J, KAO O, et al. Endolith: A blockchain-based framework to enhance data retention in cloud storages[C]. Euromicro International Conference on Parallel, Distributed and Network-Based Processing, Cambridge, 2018:627-634.

[7] XIE C, HE D F. Design of traceability system for quality and safety of agricultural products in e-commerce based on blockchain technology[C]. International Symposium on Project Management, Chongqing, 2019:45-50.

[8] DO H G, NG W K. Blockchain-based system for secure data storage with private keyword search[C]. World Congress on Services, Honolulu, 2017:90-93.

[9] 郝琨, 信俊昌, 黄达, 等. 去中心化的分布式存储模型[J]. 计算机工程与应用, 2017, 53(24):1-7, 22.

[10] 赵国锋, 张明聪, 周继华, 等. 基于纠删码的区块链系统区块文件存储模型的研究与应用[J]. 信息网络安全, 2019, 218(2):34-41.

[11] 武岳, 李军祥. 区块链共识算法演进过程[J]. 计算机应用研究, 2020, 37(7):2097-2103.

[12] LARIMER D. Delegated proof of stake [EB/OL]. [2020-04-10]. http://docs.bitshares.org/en/master/technology/dpos.html.

[13] ONGARO D, OUSTERHOUT J. In search of an understandable consensus algorithm[C]. Proceedings of the USENIX Annual Technical Conference, Philadelphia, 2014: 305-319.

[14] SCHWARTZ D, YOUNGS N, BRITTO A. The ripple protocol consensus algorithm [EB/OL]. [2020-04-10]. https://ripple.com/files/ripple consensus whitepaper.pdf.

[15] REN L. Proof of stake velocity: Building the social currency of the digital age [EB/OL]. [2020-04-10]. https://assets.coss.io/documents/white-papers/reddcoin.pdf.

[16] BENTOV I, LEE C, MIZRAHI A, et al. Proof of activity: Extending bitcoin's proof of work via proof of stake[J]. Performance Evaluation Review, 2014, 42(3):34-37.

[17] DUONG T, FAN L, ZHOU H S. 2-Hop Blockchain: Combining proof-of-work and proof-of-stake securely [EB/OL]. [2020-04-10]. https://eprint.iacr.org/2016/716.

[18] KOSBA A E, MILLER A, SHI E, et al. Hawk: The blockchain model of cryptography and privacy-preserving smart contracts[C]. Security & Privacy, San Jose, 2016:839-858.

[19] ZHANG F, CECCHETTI E, CROMAN K, et al. Town crier: An authenticated data feed for smart contracts[C]. Computer and Communications Security, New York, 2016:270-282.

[20] LUU L, CHU D, OLICKEL H, et al. Making smart contracts smarter[C]. Computer and Communications Security, New York, 2016:254-269.

[21] CHEN T, LI X, LUO X, et al. Under-optimized smart contracts devour your money[C]. Evolution and Reengineering, Klagenfurt, 2017:442-446.

[22] ANISH D J. Bitcoin mining acceleration and performance quantification[C]. Electrical & Computer Engineering, Toronto, 2014:57-63.

[23] SOMPOLINSKY Y, ZOHAR A. Secure high-rate transaction processing in bitcoin[C]. Financial Cryptography and Data Security, San Juan, 2015:507-527.

[24] EYAL I, GENCER A E, SIRER E G, et al. Bitcoin-NG: A scalable blockchain protocol[C]. Networked Systems Design and Implementation, Santa Clara, 2016:45-59.

[25] DECKER C, WATTENHOFER R. A fast and scalable payment network with bitcoin duplex micropayment channels[C]. International Symposium on Stabilization, Safety and Security of Distributed Systems, Edmonton, 2015:3-18.

[26] MILLER A, BENTOV I, BAKSHI S, et al. Sprites and state channels: Payment networks that go faster than lightning[C]. Financial Cryptography and Data Security, Basseterre, 2019:508-526.

[27] 陈思吉, 翟社平, 汪一景. 一种基于环签名的区块链隐私保护算法[J]. 西安电子科技大学学报, 2020,47(5):86-93.

[28] 于戈, 申德荣. 分布式数据库系统:大数据时代新型数据库技术[M]. 北京: 机械工业出版社, 2016.

[29] SATOSHI N. Bitcoin: A peer-to-peer electronic cash system[EB/OL]. [2020-06-18]. https://bitcoin.org/bitcoin.pdf.

[30] 翟社平, 杨媛媛, 张海燕, 等. 区块链中的隐私保护技术[J]. 西安邮电大学学报, 2018, 23(5):93-100.

[31] HOWARD R. Data encryption standard[J]. Computers & Security, 1987, 6(3):195-196.

[32] WRIGHT M A. The advanced encryption standard[J]. Network Security, 2001, 2001(10):11-13.

[33] LAI X, MASSEY J L. A proposal for a new block encryption standard[C]. Advances in Cryptology-Eurocrypt, Aarhus, 1991:389-404.

[34] RIVEST R L, SHAMIR A, ADLEMAN L. A method for obtaining digital signatures and public-key cryptosystems[J]. Communications of the ACM, 1978, 21(2):120-126.

[35] DIFFIE W, HELLMAN M E. New directions in cryptography[J]. IEEE Transactions on Information Theory, 1976, 22(6):644-654.

[36] ELGAMAL T. A subexponential-time algorithm for computing discrete logarithms over[J]. IEEE Transactions on Information Theory, 1985, 31(4):473-481.

[37] MILLER V S. Use of elliptic curves in cryptography[C]. International Cryptology Conference, Santa Barbara, 1985:417-426.

[38] 国家密码管理局. SM2 椭圆曲线公钥密码算法: GM/T 0003—2012[S]. 北京: 国家密码管理局, 2012.

[39] RIVEST R L. The MD4 message-digest algorithm[C]. International Cryptology Conference, Santa Barbara, 1990:303-311.

[40] RIVEST R L. The MD5 message-digest algorithm[J]. Network Working Group Ietf, 1992, 473(10):492-499.

[41] DOBBERTIN H, BOSSELAERS A, PRENEEL B, et al. RIPEMD-160: A strengthened version of RIPEMD[J]. Lecture Notes in Computer Science, 1996, 1039:71-82.

[42] CHAUM D. Blind signatures for untraceable payments[C]. International Cryptology Conference, Santa Barbara, 1982:199-203.

[43] RIVEST R L, SHAMIR A, TAUMAN Y. How to leak a secret[C]. International Conference on the Theory & Application of Cryptology & Information Security, Queensland, 2001: 552-565.

[44] 刘明达, 拾以娟, 陈左宁. 基于区块链的分布式可信网络连接架构[J]. 软件学报, 2019, 30(8):2314-2336.

[45] GILBERT S, LYNCH N. Brewer's conjecture and the feasibility of consistent, available, partition-tolerant web services[J]. ACM Sigact News, 2002, 33(2):51-59.

[46] LAMPORT L. The part-time parliament[J]. ACM Transactions on Computer Systems, 1998, 16(2):133-169.

[47] LAMPORT L, SHOSTAK R E, PEASE M C, et al. The byzantine generals problem[J]. ACM Transactions on Programming Languages and Systems, 1982, 4(3):382-401.

[48] CASTRO M, LISKOV B. Practical byzantine fault tolerance[C]. Proceedings of the 3rd Symposium on Operating Systems Design and Implementation, New Orleans, 1999:173-186.

[49] 翟社平, 段宏宇, 李兆兆, 等. 区块链技术:应用及问题[J]. 西安邮电大学学报, 2018, 23(1):1-13.

[50] Facebook, Libra Association Members. An Introduction to Libra[EB/OL]. [2020-04-10]. https://libraasia.cc/public/downloads/LibraWhitePaper_EN.pdf.

[51] 翟社平, 汪一景, 陈思吉. 区块链技术在电子病历共享的应用研究[J]. 西安电子科技大学学报, 2020, 47(5):103-112.